写给孩子的

世界兵器

威力之王

于子欣◎主编

北京工艺美术出版社

图书在版编目（CIP）数据

写给孩子的世界兵器．威力之王 ／ 于子欣主编．--
北京：北京工艺美术出版社，2023.11
ISBN 978-7-5140-2630-6

Ⅰ．①写… Ⅱ．①于… Ⅲ．①武器-世界-儿童读物
Ⅳ．① E92-49

中国国家版本馆 CIP 数据核字 (2023) 第 055746 号

出 版 人：陈高潮　　　策 划 人：杨　宇　　责任编辑：王亚娟
装帧设计：郑金霞　　　责任印制：王　卓

法律顾问：北京恒理律师事务所　丁　玲　张馨瑜

写给孩子的世界兵器　威力之王
XIE GEI HAIZI DE SHIJIE BINGQI WEILI ZHI WANG

于子欣　主编

出　　版	北京工艺美术出版社	
发　　行	北京美联京工图书有限公司	
地　　址	北京市西城区北三环中路6号　京版大厦B座702室	
邮　　编	100120	
电　　话	(010) 58572763（总编室）	
	(010) 58572878（编辑室）	
	(010) 64280045（发　行）	
传　　真	(010) 64280045/58572763	
网　　址	www.gmcbs.cn	
经　　销	全国新华书店	
印　　刷	天津海德伟业印务有限公司	
开　　本	700 毫米×1000 毫米　1/16	
印　　张	8	
字　　数	79千字	
版　　次	2023年11月第1版	
印　　次	2023年11月第1次印刷	
印　　数	1～20000	
定　　价	199.00元（全五册）	

高精尖的兵器，是强大国防的基础；强大的国防，则是生活安定、经济繁荣的保障。让孩子了解兵器相关的知识，并非要其做"好战分子"，而是通过适当引导，培养孩子热爱科学、珍惜和平的优良品质，更能促使其立志报效祖国。所以，家长可以引导和培养孩子对兵器知识的兴趣。

市面上有关兵器的书籍极多，这些书籍通过各种角度对兵器特别是现代兵器进行介绍。我们在认真揣摩孩子的心理、知识面和认知水平的基础上，编著了这套《写给孩子的世界兵器》，目的是有针对性地为孩子们打造一套易读、有趣而又不乏专业性的兵器知识科普读物。

我们在各分册中分门别类地对枪械、坦克、战机、战舰、导弹等兵器进行了介绍，且选择的都是世界各国的尖端兵器。对每一种兵器，我们都会有趣地介绍它的研发历程和在战场上的"表现"，至于枯燥的基本参数、设计结构及性能，也尽量用

深入浅出的文字进行介绍。此外，我们还精心为每种兵器提供了涉及各个角度、多处细节的插图，方便孩子加深对该兵器的了解。除此之外，本书还用小栏目的形式介绍一些有关兵器的趣味小百科。这样的内容编排可以提升孩子的阅读兴趣，并启发他们深入了解兵器，最终树立为祖国国防建设设计出更加先进的兵器的远大理想。

"国虽大，好战必亡；天下虽安，忘战必危"。战争离我们并不遥远，孩子作为祖国的未来，一定要坚定保家卫国的信念，努力学习各种知识，才能在将来为建设祖国、保卫祖国作出贡献。希望我们这套《写给孩子的世界兵器》，能够为扩充孩子的知识面、提升孩子保家卫国的信念尽一点儿绵薄之力。

CONTENTS 目录

目录 CONTENTS

《《 空中截手——地对空导弹 》》

《《 舰船杀手——反舰导弹 》》

陆地重剑

地对地导弹

美国"大力神"Ⅱ型导弹

"大力神"Ⅱ型导弹是美国研制的一种单弹头洲际弹道导弹，代号为 LGM-25C。

研发历史 >>>

20 世纪 50 年代末，美国与苏联在战略核武器上进行博弈，双方都希望领先一步发展核武器。美国首先研制出"大力神"Ⅰ型，代号为 HGM-25A，该导弹为美

基本参数	
直径	3.05米
全长	31.3米
重量	149 700千克
速度	19马赫
有效射程	15 000千米

国洲际战略核打击力量提供了有力保障。但在使用过程中存在诸多问题：系统维护操作难度高，发射准备时间长，发射到地面时，容易被侦察、定位和摧毁，因此其生存率不高。

美国继续着手研发新一代的洲际导弹，新导弹的研发首先从"大力神"Ⅰ型上着手，将新研制导弹的型号定名为"大力神"Ⅱ型。1960年，洛克希德·马丁公司负责"大力神"Ⅱ型的研制工作。1962年，"大力神"Ⅱ型首次试射成功。1963年，"大力神"Ⅱ型取代"大力神"Ⅰ型，并陆续装备部队。

设计结构 >>>

"大力神"Ⅱ型导弹的动力装置由一级发动机和二级发动机组成。该导弹一级发动机包括两台大推力的发动机，它们位于同一机座上，每台发动机分别包括推力室、涡轮泵、燃气发生器和发动机起动系统。两台发动机同时运行，共用一个点火系统；二级发动机只有一台发动机，主要包括推力室、涡轮泵、燃气发生器、推进剂自动增压系统、滚动控制系统和发动机控制系统。"大力神"Ⅱ型导弹采用全惯性制导系统，弹头前部为钝锥形（后来改为尖头），中间为圆柱形，后部形状类似裙子。"大力神"Ⅱ型导弹直接从地下井发射，整个发射装置全部由液压系统操纵。

性能解析 >>>

"大力神"Ⅱ型导弹作为美国第二代洲际战略弹道导弹，主要对大型硬目标、核武器库等地面目标进行打击。该导弹具有双目标选择的能力，配备了陆基战略导弹武器中最大的核弹头，破坏力极大。

"大力神"Ⅱ型导弹发射时间较"大力神"Ⅰ型大幅度缩短，其本身的威力有了极大的提高。与"大力神"Ⅰ型导弹相比，"大力神"Ⅱ型导弹发射重量和导弹射程有所改善，再加上发动机推力大、弹头威力大、成本低等特点，因此其退役时间不断推迟。

服役情况 >>>

1963 年，美国分别在堪萨斯州、亚利桑那州、阿肯色州三处空军基地部署了"大力神"Ⅱ型导弹。每个基地都配有两支由 9 枚导弹组成的中队，一共部署了 54 枚导弹。1982 年，"大力神"Ⅱ型导弹开始退役，直到 1987 年，全部退役。该导弹退役后仍发挥余热，大多被改装为运载火箭用于卫星发射。1988 年，"大力神"Ⅱ运载火箭一共进行了十几次发射，成功将多颗军用气象卫星送入了预定轨道。

兵器 小百科

"大力神"Ⅱ型导弹曾发生爆炸事故。1980 年，在美国的一个导弹发射场中，工程师在对该导弹进行保养作业时，不慎掉落一个套筒扳手。扳手落入井底后，该套筒扳手反弹起来击中了导弹的第一级燃料箱的外壳，最后因毒蒸气从裂纹逸出而引发了爆炸。

美国"民兵"导弹

美国研发的"民兵"导弹是第一种采用分导式多弹头技术的导弹，是美国波音飞机公司研制的洲际弹道导弹。

研发历史 >>>

苏联于 20 世纪中叶，率先在液体燃料洲际导弹领域取得了进展，成功研发出了 R-7 弹道导弹这一领先美国的武器。美国紧随其后，研制出了 SM-65 系列弹道导弹，并进行了列装。SM-65 系列弹道导弹普遍拥有以下不足：防护性能欠佳，低温液体燃料只能实现短期保存，反应迟钝，打击灵活性和精准性较差。

为了从根本上解决 SM-65 系列弹道导弹的上述缺点，美国加紧了新一代固体燃料弹道导弹的开发研制工作，其成果便是"民兵"Ⅰ型 A/B 导弹。美国波音飞机公司于 1958 年年底着手研发该导弹，并于次年正式服役。至 1965 年 6 月，美国军队共装备 800 枚"民兵"Ⅰ型导弹，该型导弹完全替换掉了此前的 SM-65 系列弹道导弹。不仅如此，美国为了进一步增强自己的战略威慑力量，又启动了"民兵"Ⅱ型导弹的研制计划。该型导弹于 1964 年 9 月完成

基本参数	
直径	1.7米
全长	1.82米
重量	35 300千克
速度	23马赫
有效射程	13 000千米

首次发射，随后开始服役。然而，美国军方并没有止步于此。1966 年，"民兵"Ⅲ型导弹的研制工作全面展开。1970 年，"民兵"Ⅲ型导弹开始装备美国空军。

设计结构 >>>

此前的同类型导弹采用的都是液态燃料，而"民兵"Ⅰ型导弹使用的则是固态燃料。"民兵"Ⅱ型导弹的尺寸与吨位均比"民兵"Ⅰ型导弹更大；此外，该型导弹的射程也更远，这归功于其改良过的第二节推进火箭。"民兵"Ⅲ型导弹的"身材"较"民兵"Ⅱ型导弹更为宽大，这是由于该型导弹新引进了一种第三节推进火箭。

性能解析 >>>

作为美国一款洲际弹道导弹，"民兵"Ⅲ型导弹是支撑美国"三位一体"战略核威慑的支柱。在洲际导弹数量减少的情况下，为了保持美国的战略威慑能力，美国军方正致力于"民兵"Ⅲ型导弹的升级工作，他们希望升级过的该型导弹能拥有更强的安全性和打击精准性。

服役情况 >>>

"民兵"Ⅰ型A/B导弹自1969年开始陆续退役，取而代之的是"民兵"Ⅱ型导弹，"民兵"Ⅰ型A/B导弹现用作运载火箭。

"民兵"Ⅲ型导弹可谓是"民兵"系列导弹家族的骄子，它仍然是美国当下军事核力量的中流砥柱。由于其性能卓越，在20世纪90年代初，美国国防部就已经决定延长其服役期限至2020年。

兵器 小百科

美国和俄罗斯在1993年签订了一项关于进一步减少和限制进攻性战略武器的协定。直到2003年，"民兵"Ⅲ型洲际导弹被裁减到500枚，同时取消了MK-12A可控多弹头。美国在2006年将"民兵"Ⅲ型洲际弹道导弹弹头更换为MK-21弹头。

苏联/俄罗斯SS-18 "撒旦" 导弹

SS-18 "撒旦" 导弹是苏联研制的一种多弹头洲际弹道导弹，苏联将其命名为 RS-20。该导弹是世界上射程最远、体积最大、威胁最强的导弹之一。该导弹一问世，北约就为它起了一个响亮的名字——"撒旦"，代号为 SS-18。

研发历史 >>>

基本参数	
直径	3.0米
全长	33米
重量	78 000千克
速度	23马赫
有效射程	12 000千米

20 世纪 70 年代，正处于美苏冷战的高峰期，美国和苏联两个国家在不同领域展开了激烈的竞争。核武器是事关国家安全的根基，无疑是美苏军备竞赛最为激烈的部分，两个大国都在竭力想办法在核武器的数量和质量上压制对方。美国在 1970 年首次投入使用了 "民兵" Ⅲ型导弹，使得美国核武器能力在数量和质量上都有了极大的提高。

在美国核武器领域处于绝对优势的情况下，苏联当然不会退缩。苏联著名的导弹设计机构——南方设计局立即着手研发新的弹道导弹，并很快推出了SS–18导弹。1971年，苏联开始SS–18导弹的冷发射演练。1973年，全程飞行试验成功。1975年，正式装备部队。

设计结构 >>>

SS–18导弹搭载的是分导式多弹头导弹，虽然弹体总长度稍有差异，但是各舱段内部大体一致，都是通过爆炸螺栓连接的。SS–18导弹的弹体采用以铝合金为主的夹层焊接结构，弹体外表的黑色涂料是一种多用途涂层，它的作用是减弱核爆产生的电磁辐射的影响。

性能解析 >>>

SS–18导弹不仅击中目标的概率非常大，还可精准地攻击敌人的弹道导弹防御系统，是目前打击效率最高的导弹之一。虽然SS-18导弹是一个体积巨大的武器，但是其内部结构非常紧凑、严密，这样紧凑的结构大大增加了投射弹头的重量。SS-18导弹采用的是潜射导弹地下井冷发射，排烟道中浇铸了水泥，这大大缩小了发射井的直径，提高了发射井的抗压强度，增强了抗核打击的能力。除此之外，SS-18导弹的弹体及其他电子设备都经过抗核爆电磁脉冲加固，如此一来，该导弹便具备了极强的作战能力。

服役情况 >>>

SS-18导弹自20世纪90年代以来，已经成为俄罗斯战略核力量的重要组成部分，也是俄罗斯对付美国反导系统的"撒手锏"。苏联研制了多种型号的SS-18系列导弹，主要有SS-18 Ⅰ型、SS-18 Ⅱ型、SS-18 Ⅲ型、SS-18 Ⅳ型和SS-18 Ⅴ型导弹。

到了21世纪初期，俄罗斯境内一共拥有3个SS-18导弹部队，装备了大量的SS-18 Ⅳ型和SS-18 Ⅴ型导弹。2002年8月，时任俄罗斯国防部长的伊万诺夫在乌拉尔山脉中的卡尔塔雷导弹基地进行视察时，高度赞扬SS-18导弹，称该导弹是俄罗斯"战略力量战斗力的核心"。数日之后，俄罗斯火箭军总司令索罗托佐夫上将宣布，将对3个地下井发射的SS-18导弹师的装备进行全面的升级，使它们至少服役到2014年，以保障国家的安全。

兵器 小百科

美国"和平保卫者"导弹退役后，SS-18"撒旦"导弹成为世界上唯一一种分导式弹头的陆基弹道导弹。分导式弹头能够同时攻击10个目标，即1颗导弹可以完成10颗导弹的打击任务。

苏联 "飞毛腿" 导弹

　　"飞毛腿"导弹是苏联在冷战时期研制的一系列短程地对地导弹，是苏联广泛出口到世界多个国家的一种导弹。

研发历史 >>>

　　第二次世界大战结束以后，苏联作为胜利一方，获得大量德国 V-2 导弹的资料和技术专家，苏联就以 V-2 导弹为原型，在此基础上研发出了一种新型导弹，苏联称其为 R-11 型战术导弹，北约国家称其

基本参数	
直径	0.88米
全长	11.25米
重量	985千克
速度	5马赫
有效射程	150千米

为"飞毛腿"导弹，美国称其为SS-1型导弹。最初研制的是"飞毛腿"A型导弹，后来经过多次改良，"飞毛腿"B型导弹被研发出来，并于1962年开始服役。1965年苏联又研发出"飞毛腿"C型导弹。1980年，"飞毛腿"导弹完成了最后一次升级，最终发展成为"飞毛腿"D型导弹。

设计结构 >>>

"飞毛腿"导弹采用简易惯性制导系统，配备核、化学弹头和中子弹头，采用液体火箭发动机，还搭配8轮式载重车作为运输、起竖、发射车，这样既可以在公路上快速前进，又可以在发射之后快速地装填弹药。

性能解析 >>>

"飞毛腿"导弹的主要作用是将核打击转变成常规打击，它可以携带一个常规高爆弹头，能够对敌人进行有效杀伤。"飞毛腿"导弹的弹头具有多样性，使"飞毛腿"导弹在战术用途方面得到极大提升。"飞毛腿"导弹还能对敌军进行纵深打击，摧毁敌军重要的通信系统。

服役情况 >>>

"飞毛腿"导弹在两伊战争中的表现值得一提。1988年2月27日，伊拉克派空中力量对伊朗首都德黑兰郊区的一座炼油厂发动空袭，29日伊朗向伊拉克首都巴格达发射了2枚"飞毛腿"导弹。截至3月8日，"飞毛腿"导弹总共发射了50多次。

1991年，海湾战争期间，伊拉克军队与美国军队进行了一场大规模正面交锋，这次行动尽管伊军战败，但是伊军发射了将近80颗"飞毛腿"系列导弹，让美军吃尽了苦头。

兵器 小百科

苏联作为"飞毛腿"导弹的发源地，不但把所有淘汰下来的导弹都卖了出去，还向外输出了大量发射、起竖、运输三用车。从1973年开始，"飞毛腿"导弹出口到埃及、叙利亚、利比亚、朝鲜、伊拉克等国。

苏联/俄罗斯RT-2PM "白杨"弹道导弹

RT-2PM "白杨"导弹，是苏联研制的一种洲际弹道导弹，北约代号为 SS-25 "镰刀"。

研发历史 >>>

基本参数	
直径	1.80米
全长	29.50米
重量	45 100千克
速度	21马赫
有效射程	10 000千米

1975 年，莫斯科热力研究所开始 RT-2PM 导弹的研发工作，计划在 SS-16、SS-20 导弹的基础上进行改进，导弹设计之初为单弹头，后来改为可携带多弹头。1982 年 10 月，导弹开始研制。1983 年 2 月，试验人员取得两次飞行试验成功，但发射试验依然没有停止。直到

1987年，经过十几次发射试验后，RT-2PM导弹才得以定型，随后在苏联军中服役。后来，逐渐被RT-2PM2弹道导弹、RS-24弹道导弹所取代。2016年，RT-2PM导弹仍然在俄罗斯军中服役，已远超出最初设计的使用寿命。

设计结构 >>>

RT-2PM导弹采用三级固体火箭发动机，可以在地下井进行热发射，在地面上可以通过车辆在事先准备好的道路上进行发射。导弹通常储存在一个有坡度的房屋中，一旦接到指令，导弹就会被送往野外的发射场，并在必要的时候，可以从房屋中把导弹起竖发射。

RT-2PM导弹的发射车很大，车轮非常多，这使得发射车有很强的运载能力，能够载着40多吨重的导弹快速行驶。

性能解析 》》》

RT-2PM 导弹可以全部装备在机动发射车上，具有很强的机动性，生存能力较强。该导弹能在飞行途中变换轨道，再加上它能携带一枚或多枚分导式弹头，这使得它具有很强的突防能力。其射程在 10 000 千米以上，即便是从俄罗斯境内发射也可以命中美国本土的任何一个角落。RT-2PM 导弹可在机动发射车上发射，使得该导弹装填十分方便，而且不易被敌方锁定。不过由于发射车性能复杂，在作战中代价昂贵，操作和维护保养费用也很高。

服役情况 》》》

1985 年，最早的 18 颗 RT-2PM 导弹完成部署，其目的就是淘汰老旧的 SS-11 导弹，其设计服役期为 10 年。

2013 年，一颗 RT-2PM 弹道导弹在卡普斯京亚尔发射中心进行了试验，作战训练用的导弹弹头在哈萨克斯坦的一个导弹靶场上进行了测试。同年，俄罗斯战略火箭兵在普列谢茨克发射场发射了一枚 RT-2PM 弹道导弹，该弹道导弹在俄远东堪察加半岛的库拉靶场上精准命中目标。

2015 年，俄战略火箭兵在里海附近试射了一枚 RT-2PM 弹道导弹，该弹头准确击中了哈萨克斯坦境内的预定目标。

兵器 小百科

RT-2PM "白杨" 导弹是世界上第一种陆基机动式小型洲际导弹，后来，它逐渐被 RT-2PM2 "白杨" M 导弹取代，该导弹在性能上比 RT-2PM "白杨" 导弹强出一个档次，威慑力也达到了新的高度。俄罗斯将领经常以 RT-2PM2 "白杨" M 导弹为荣，称其为当今世界上最优秀的洲际弹道导弹。

俄罗斯RS-24洲际弹道导弹

RS-24 导弹是俄罗斯研发的一种洲际弹道导弹，北约代号为 SS-29。

研发历史 >>>

RS-24 弹道导弹在设计之初，就是为了取代 R-36M 弹道导弹，因为苏制的陆基机动导弹容量有限，最多只能

基本参数	
直径	1.9米
全长	22.7米
重量	47 200千克
速度	22马赫
有效射程	11 000千米

搭载一颗弹头，严重限制了打击能力，俄罗斯致力于发展新型导弹。RS-24 弹道导弹的研发工作由莫斯科热工研究所负责。2007

年，RS-24 弹道导弹首次试验成功，准确击中了俄罗斯远东地区堪察加半岛上的库拉靶场。2008 年，该导弹在普列谢茨克航天中心进行两次发射试验；2009 年，俄罗斯战略火箭兵开始换装 RS-24 弹道导弹；2010 年，RS-24 弹道导弹开始服役。

设计结构 >>>

RS-24 弹道导弹，搭载了"布拉瓦"洲际弹道导弹的附加助推装置和分导式弹头，采用了主动式电子干扰系统、红外干扰系统等先进技术。运载及发射方式主要分为两种，分别是移动式和固定式。固定式发射部署在导弹发射井内；移动式发射使用通用型 16 轮载具移动发射，移动式发射车采用的是液压气动式独立悬挂系统，可以在任何道路上行驶。

性能解析 >>>

RS-24 弹道导弹具有很强的突防能力以及极强的抗干扰能

力，能够穿透被保护的目标，进而降低被反导系统拦截的概率，也可以突破任何当前弹道导弹防御系统。RS-24 弹道导弹还能够以铁路机动的形式部署在火车上，不管在什么条件下都能够实施还击。

服役情况 >>>

2009 年，俄罗斯战略火箭兵的一个团开始装备 RS-24 弹道导弹，并且投入战场。2011 年，俄罗斯战略火箭兵一个团的三个营，配备了 RS-24 弹道导弹；2011 年，俄罗斯战略火箭兵另外一个团的两个营，配备了 RS-24 弹道导弹；2014 年，俄罗斯战略导弹部队司令宣称，2015 年本国战略导弹部队可能会拥有 20 多枚 RS-24 弹道导弹；2015 年 5 月，在俄罗斯卫国战争胜利 70 周年的庆典上，RS-24 弹道导弹公开亮相。

兵器 小百科 <<<

RS-24 弹道导弹是在 RT-2PM2 导弹的基础上研发而成的，也就是 RT-2PM2 弹道导弹的升级版。RS-24 弹道导弹是俄罗斯战略火箭军的核心打击武器系统，是俄罗斯核威慑能力的中坚力量。

俄罗斯9K720"伊斯坎德尔"弹道导弹

9K720"伊斯坎德尔"导弹是俄罗斯新一代战术弹道导弹武器系统，北约代号为 SS-26。

研发历史 >>>

基本参数	
直径	0.92米
全长	7.30米
重量	3 800千克
速度	6.2马赫
有效射程	500千米

20世纪末，俄罗斯机械制造设计局开始了 9K720 导弹的研制工作。2005 年，9K720 导弹设计定型并开始批量生产，2006 年，该导弹投入使用。除装备本国军队，9K720 导弹还被出口到了亚美尼亚。

设计结构 >>>

9K720 导弹系统由导弹、发射车、指挥车、装填运输车、技术勤务保障车、情报信息处理车和成套训

练设备组成。9K720导弹装备了3种常规弹头，分别是钻地弹、子母集束弹和破片杀伤弹。9K720导弹采用惯性和图像匹配相结合的制导系统。

性能解析 >>>

9K720导弹主要用于摧毁敌人的火力打击系统、防空系统、机场和指挥所等目标，该导弹抗干扰和突防能力强，并具有对付反导系统的能力。9K720导弹威力巨大，而且可以搭载多种类型的战斗部，可以有效地攻击各种不同类型的目标。9K720导弹反应速度快，可直接通过太空、空中、地面侦察平台获取目标的情报，并能够在短时间内确定弹着点的位置。

服役情况 >>>

自 9K720 导弹服役以来，俄罗斯已经在陆军装备 9K720 导弹。2006 年年底，北高加索军区成立了首个 9K720 导弹营。后来，在伏尔加河沿岸乌拉尔军区，一支独立导弹旅开始更换为 9K720 导弹。

兵器 小百科 ‹‹ ‹ ‹

9K720 导弹发射车可以随机选择发射地点，并自动确认所在位置的坐标，战斗中只需 3 个人就可以完成发射任务，从展开设备到导弹发射只需要短短的几分钟，即使刚移动位置解除行军状态后，也能够在短时间内发射导弹。

苏联/俄罗斯OTR-21"圆点"地对地导弹

OTR-21"圆点"导弹是苏联研制的一种地对地导弹，北约代号为SS-21"圣甲虫"。目前，该导弹仍是俄罗斯地对地导弹武器的中坚力量。

研发历史 >>>

20世纪60年代后期，苏联机械制造设计局开始了OTR-21地对地导弹的研制

基本参数	
直径	0.65米
全长	6.4米
重量	2 010千克
速度	5.3马赫
有效射程	185千米

工作。当时，苏联为了取代陆军使用的9K52火箭，提出要研制一种准备时间短、能够在恶劣的天气中使用、载具性能和机动性强的导弹，于是OTR-21导弹应运而生，并于1976年开始服役。后来该导弹又研发出改进型，于20世纪80年代末装备部队。

设计结构 >>>

OTR-21导弹的弹体较短，采用两组控制面，第一组控制面位于弹体尾端，第二组控制面位于弹体后部，尺寸比第一组大。该导弹上配备了数字式计算器和自主式惯性控制系统，并在尾部安装了空气动力舵。该导弹还可以搭配常规弹头、化学弹头、核弹头、子母弹弹头和末制导弹头等多种弹头。

性能解析 >>>

OTR-21导弹主要用途是打击敌人的机场、指挥所、地面侦察设备、导弹发射架、弹药库、燃料库等重要目标，同时还可攻击敌方重要的防空导弹系统，有效地压制敌人的防空火力。一套OTR-21导弹系统由1辆发射车和1辆弹药车组成，发射车和弹药车都具有较高的机动能力。

服役情况 >>>

由于OTR-21导弹价格低廉，技术含量较低，冷战结束后被大规模出口到国外。1983年，苏联向叙利亚提供了大量OTR-21导弹。也门政府也在20世纪末得到了OTR-21导弹。该导弹出现在旷日持久的也门内战以及叙利亚战争中，并且大放异彩。

兵器 小百科

早期的OTR-21导弹最远射程仅为70千米，无法对深度目标进行有效打击。1989年以后，该导弹性能有了极大的提升，最远射程达到了185千米。

天降神兵

空对地导弹

美国AGM-65 "小牛" 空对地导弹

AGM-65 "小牛" 导弹，是美国研制的一种短程空对地导弹，又称 "幼畜" 导弹。

研发历史

研制 AGM-65 "小牛" 导弹的项目是由美国休斯飞机公司（现在为休斯导弹系统公司）负责研发。

基本参数	
直径	0.3米
全长	2.49米
重量	304千克
速度	0.9马赫
有效射程	22千米

1965 年开始研制。1968 年开始生产。1969 年，首次进行空中发射试验。1971 年，经过美国空军的验证，随

后投入生产。1973 年，基本型 AGM-65A 开始服役。后来，休斯飞机公司在 AGM-65A 导弹的基础上不断改进，开发出一套完整的空对地导弹系列。

设计结构 〉〉〉

AGM-65 导弹采用的是正常式气动外形布局，弹体为圆柱形，弹体的中部和后部均有 4 片三角形弹翼，弹体后部是 X 形尾舵。弹体内部结构为舱段式，共有三个舱段，分为前段、中段和后段。该导弹采用了模组化的设计方式，能够使不同的战斗部与寻标器结合在相同的固体燃料火箭发动机弹体上。导引系统包括激光、光电、感光耦合元件、红外线等。AGM-65 导弹有两种弹头，一种弹头头部安装了接触引信，另一种弹头配置了延迟引信。

性能解析 〉〉〉

AGM-65 导弹能够由不同载机按照作战要求，选定适用的导弹型号，执行作战任务。该导弹具有全天候、全地形作战的特点，能对装甲单位、防空设备、舰艇、地面运输部队及燃料储存设施等目标进行有效打击。

AGM-65 导弹采用三种不同的制导方式，分别是电子制导、激光制导和红外热成像制导。电子制导适宜在晴朗的白天使用，驾驶员发现目标后，可以根据电视摄像机的目标图像发射和控制导弹；激光制导可以在白天和夜晚使用，但在雨天、雾天激光制导的作用不明显；红外热成像制导在白天、黑夜、恶劣的环境中都能使用。

服役情况 >>>

两伊战争中，伊朗曾用 F-4 战斗机装配 AGM-65 导弹来攻击波斯湾油轮和伊拉克的地面部队。海湾战争中，美军曾用 A-10 攻击机和 F-16 战斗机装配 AGM-65 导弹，来攻击伊拉克的坦克部队。

兵器 小百科

AGM-65 系列导弹广泛装备美国空军、美国海军的各种作战飞机，如 F-4、F-5、F-16、F-111、A-4、A-6、A-7、A-10、AV-8A、F/A-18 等。除了美国的战机上装备了 AGM-65 导弹，其他许多国家的战机上也装备了 AGM-65 导弹。

美国AGM-88 "哈姆" 空对地导弹

AGM-88 "哈姆" 导弹是美国德州仪器公司为美国海、空军研制生产的空对地导弹，它是美国研制的一种机载高速反辐射导弹，绰号为 "哈姆"。

基本参数	
直径	0.254米
全长	4.1米
重量	355千克
速度	1.86马赫
有效射程	150千米

研发历史 〉〉〉

美国在研制AGM-88 "哈姆" 导弹之前，就已经拥有两种反辐射导弹：一种是 AGM-78 "标准" 反辐射导弹，另一种是 AGM-45 "百舌鸟" 反辐射导弹。后来，这两种导弹逐渐暴露出一些问题。

为了弥补 AGM-78 "标准" 和 AGM-45 "百舌鸟" 两种反辐射导弹的不足，美国军方对新导弹提出了更高的要求。1974 年 5 月，德州仪器公司被选为主要研发公司。1983 年，美国批准了 "哈姆" 导弹的批量生产计划，首批导弹顺利交付美国海军，美国军方将其编号为 AGM-88。1985 年，AGM-88 导弹首次装备在 "小鹰" 号航空母舰上的 A-7 攻击机机队，A-7、A-6、F/A-18、EA-6B 等战机都可以携带 AGM-88 导弹。威力非凡的 AGM-88 导弹自推出以来被大量生产并出口，除了美国，德国、西班牙、土耳其、澳大利亚、希腊、韩国、日本等国也有使用。

设计结构 >>>

AGM-88 导弹的弹体呈柱状，并采用卵形的弹头设计。它拥有两组控制面：第一组位于导弹弹体的尾部，4 片对称安装，每片的后缘为平直造型，前缘则微微后掠，它们的外端平面与导弹轴线相平行；第二组位于弹体中部，也是 4 片对称安装，前缘后掠角度先陡后缓，后缘与弹体垂直。AGM-88 导弹的动力装置是高速、无烟、双推力的固体火箭发动机。AGM-88 导弹采用三种攻击方式：自卫方式、预定攻击方式、攻击随机目标方式。

性能解析 >>>

AGM-88 导弹具有射程远、射速快等优点，凭借此优势，该导弹可最大程度地压缩敌方的反应时间，攻击各种型号的雷达，摆脱飞机过载与机动限制。此外，该导弹还具备与战机联网的能力，这使得它能够在未锁定目标的情况下先行发射，然后依靠其他平台的数据来锁定攻击目标及协助该导弹对目标进行攻击。AGM-88导弹还能在最后关头反馈数据，以此确定目标是否被击中。

服役情况 >>>

美国空军在1986年使用AGM-88导弹空袭利比亚，前后共投射了36枚，这些导弹捣毁了利比亚的5个雷达阵地。在海湾战争中，美国向伊拉克发射了大量AGM-88导弹，摧毁了伊拉克大部分的预警雷达和地对空导弹制导雷达系统。该导弹还出现在"沙漠之狐"行动和科索沃战争中。

兵器 小百科

AGM-88G导弹可谓是全方位的雷达杀手。为了实现打击效果，该导弹使用的是多模式制导套件，它装备了GPS辅助惯性导航系统和毫米波雷达，这使得目标纵然停止了发射辐射信号，或者是保持静止状态，该导弹依旧能准确地锁定目标。

美国AGM-114 "地狱火" 空对地导弹

AGM-114 "地狱火" 导弹，是美国洛克希德·马丁公司研制的一款空对地导弹，该导弹推出后，被美国陆军、海军和海军陆战队广泛使用。

研发历史 >>>

基本参数	
直径	0.178米
全长	1.63米
重量	49千克
速度	1.3马赫
有效射程	8千米

1970年，美国洛克希德·马丁公司在 "大黄蜂" 导弹的基础上研制出了AGM-114导弹，该导弹设计之初，就被定义为由直升机发射的导弹，主要攻击坦克或地面上的小型目标，属于美军第三、四代反坦克空对地导弹。

并将其命名为 AGM-114A。1971 年进入试验阶段，1982 年正式投产。

设计结构 >>>

AGM-114 导弹采用模块化设计，可根据作战要求和天气情况选择不同的制导方式，并配备不同导引头。AGM-114 导弹弹体呈棍状，由两组控制面组成。第一组控制面位于弹体的尾部，4 片对称安装，径向长度较大，翼展较小，前端有切角。第二组控制面位于弹体头部，尺寸较小，呈方形结构。弹体头部有一个激光束接收窗口，比较透明，能够看见内部的装置。

性能解析 >>>

AGM-114 导弹具有射程远、精度高、威力大等优点，采用激光制导，抗干扰能力强。该导弹能够进行全天候作战，能在烟尘、雨雾的环境下锁定目标。直升机发射AGM-114导弹后，行动不会受到限制，可以在第一时间躲避敌人的反击。

服役情况 >>>

1982年和1983年，AGM-114导弹分别装备在美国空军UH-60"黑鹰"直升机与英国"山猫"直升机上。1989年年底，美军入侵巴拿马，首次使用了AGM-114导弹，该导弹用来袭击巴拿马国防军司令部。在1991年的海湾战争中，AGM-114导弹被大量装载在AH-64A型攻击直升机和AH-1W型"超级眼镜蛇"攻击直升机上，摧毁了许多伊拉克的装甲车和各种防御设施。2003年，在伊拉克战争中，美军发射了多枚AGM-114导弹。

兵器 小百科

AGM-114导弹作为美军新式空对地导弹，由于其强大的毁伤能力，成为遏制敌方攻击和威胁的重要战略武器。目前该导弹已推出多种类型系列，主要有AGM-114B/C、AGM-114D/E、AGM-114F、AGM-114G、AGM-114H、AGM-114J、AGM-114K等型号。

美国AGM-154联合防区外空对地导弹

AGM-154 联合防区外空对地导弹是一种主要用于打击防空设施的空对地导弹，由美国海军和美国空军共同研发。

基本参数	
直径	3.3米
全长	4.1米
重量	497千克
速度	0.3~0.9马赫
有效射程	380千米

研发历史 >>>

AGM-154 导弹是一种先进的远程武器，它的主承包商是德州仪器公司。1992 年，该公司开始进行研发工作，1995 年首次进行试验，1998 年该导弹正式投入生产并装备服役。

设计结构 >>>

AGM-154 导弹的弹头呈锥形，中部则是箱形，至弹体后部，主尺寸逐渐收缩。该导弹的尾翼有 6 片，呈花瓣状分布，排列得十分整齐。导弹的整体形状近似于一艘迷你版的潜艇。基本型 AGM-154A 导弹的中间部分设计有上单翼，当它处于悬挂飞行状态时，上单翼向后折叠，等到自由飞行时便会向前舒展。导弹的尾翼是由 2 片一字形翼面和 4 片 X 形翼面共同组成的。

AGM-154 导弹采用模块化设计，弹体结构还具有隐身性能，在此基础上，可通过加装各种样式的控制舵面和弹翼或使用不同种类的发动机，使其形成一套有着不同性能水平的防区外发射武器系列。

性能解析 >>>

AGM-154 导弹拥有很远的射程，它的有效射程是 380 千米，而且能够在安全高度进行投掷。导弹内部装有子弹药，这些子弹药为末敏弹，能自行攻击。基于此，该导弹的杀伤力极其强大。

服役情况 >>>

1999 年 1 月 24 日，一架美国海军的 F/A-18 战斗攻击机在伊拉克"禁飞区"投放了一枚 AGM-154 导弹，这是该导弹第一次参与实战，并且成功命中了伊拉克军方的一座防空设施。另外，该导弹在科索沃战争中也大放异彩。

兵器 小百科

AGM-154 联合防区外导弹一共有三种型号：基本型 AGM-154A、改进型 AGM-154C 和 AGM-154B。前两种主要供海军使用，第三种主要供空军使用。

美国AGM-158联合防区外空对地导弹

AGM-158 联合防区外空对地导弹是美国空军装备的一种新型空对地巡航导弹，该导弹是目前世界上最先进的巡航导弹之一。

基本参数	
直径	0.4米
全长	4.27米
重量	1 021千克
速度	0.8马赫
有效射程	1 000千米

研发历史 >>>

1994 年，洛克希德·马丁公司取消"AGM-137 三军防区外攻击导弹"计划后，提出研制新一代通用防区外空对地导弹，并将其命名为 AGM-158 导弹。该导弹的使命与 AGM-137 三军防区外攻击导弹相同，主要用来攻击敌防区外的高价值目标。1995 年，AGM-158 导弹开始研制，但是由于一些试验阶段中出现的问题而推迟，直到 2009 年，才开始装备美国空军和美国海军。

AGM 158

设计结构 》》》

AGM-158 导弹采用的是涡轮喷气发动机，可采用爆破杀伤弹、穿甲弹等多种类型的战斗部；采用的惯性制导、GPS 空中制导及红外成像末端制导，可以使导弹具备了评定攻击效果的能力；安装的抗干扰模块，可使导弹在 GPS 干扰的环境下正常使用，并集中攻击目标；该导弹主要采用的是隐身技术，因此具有昼夜全天候作战的能力。

性能解析 》》》

AGM-158 导弹不仅具有精确打击和隐身突防能力，还具有大范围的破坏力。该导弹能够在高对抗性的战场环境下，凭借自身拥有的自主决策能力完成作战任务。该导弹凭借精确的制导能力，使飞行员不需要冒险飞过目标区就能摧毁高价值的目标。同时，AGM-158 导弹弹体是隐身设计的，很难被敌人的防空系统探测和拦截。

LOCKHEED MARTIN

服役情况 >>>

从 2004 年 5 月起，洛克希德·马丁公司就一直在扩大生产规模，从一个月生产 8 枚，最终增加到月产 40 枚。美国空军打算购买 4 900 枚，而美国海军从 2007 年起购买了数百枚。

AGM-158 导弹首次出场是在 2018 年美国空袭叙利亚期间，当时美军两架 B-1B 轰炸机抵达叙利亚后，将多枚 AGM-158A 型导弹投掷到叙利亚化学武器实验室，一瞬间实验室化为一片火海。

兵器 小百科

2004 年，美国研发出了 AGM-158B 导弹和 AGM-158C 导弹。AGM-158B 导弹是反舰型，其射程被极大提高，于 2014 年服役；AGM-158C 导弹被称为"微型监视攻击巡航导弹"。

神兵利器

空对空导弹

美国AIM-9"响尾蛇"空对空导弹

AIM-9"响尾蛇"空对空导弹是美国雷锡恩公司研制的一款近距红外制导空对空导弹，是目前世界上第一种投入实战，并有击落飞机纪录的空对空导弹，同时也是世界上产量最高的空对空导弹之一。

基本参数	
直径	0.127米
全长	3.02米
重量	85.3千克
速度	2.5马赫
有效射程	18.2千米

研发历史 >>>

20世纪40年代，美国海军军械测试站开始研制AIM-9空对空导弹。20世纪50年代初"响尾蛇"导弹的原型XAAM-N-7导弹试射成功，后来编号又改为 GAR-8，后来美国将"响尾蛇"导弹的编号统一改为 AIM-9。

美国后来又对 AIM-9 导弹进行了多次升级，相继研制出 AIM-9C、AIM-9D、AIM-9G、AIM-9H、AIM-9E、AIM-9J、AIM-9P 等多种型号。

时至今日，AIM-9 导弹已成为庞大的空对空导弹系列。

设计结构 >>>

AIM-9 导弹的导引头采用了一种仿人眼的结构，使用了一个长方形透镜，长方形透镜安装在导弹头部，红外制导安装在透镜的后方。AIM-9 导弹弹体呈圆柱形，装有防止滚动的后尾翼，弹头后部还搭配一个可以拆卸的双三角形控制面。AIM-9 导弹由四个部分组成，分别是导引控制段、主动光学靶标探测器、战斗部和动力系统。

性能解析 >>>

AIM-9 导弹具有全方向、全高度、全天候作战等优点，该导弹之所以称为"响尾蛇"，是因为其在攻击方式等方面模仿了响尾蛇的特点，运用了红外感应力来对目标进行侦察和搜捕，在实战中曾被广泛使用。AIM-9 导弹的动力系统采用了 MK-36 无烟发动机，该导弹在空中飞行时不会留下明显的尾迹，使敌方的飞行员很难通过肉眼发现。

服役情况 >>>

1956 年，美国海军的大西洋舰队"伦道夫"号航空母舰上的 VA-46 中队在战斗机上部署了 AIM-9 导弹，同年 8 月，太平洋舰队"好人理查德"号航空母舰上的 VF-211 中队也在战斗机上部署了 AIM-9 导弹。首款实战型 AMI-9"响尾蛇"导弹在这一年进入了美国空军服役。

该导弹因其优异的性能，受到军方高度认可，同时还被大量销往国外。除了美国，还有 50 多个国家装备了 AIM-9 导弹。

兵器 小百科

AIM-9 导弹对后来红外导引空对空导弹的设计产生了非常深远的影响。例如，俄罗斯的第一款红外导引空对空导弹 K-13 就是仿造 AIM-9 导弹设计的。

美国AIM-120 "监狱" 空对空导弹

AIM-120 "监狱" 空对空导弹是一种主动雷达导引空对空导弹，时至今日，该导弹仍在服役。

研发历史 >>>

基本参数	
直径	0.18米
全长	3.7米
重量	152千克
速度	4马赫
有效射程	120千米

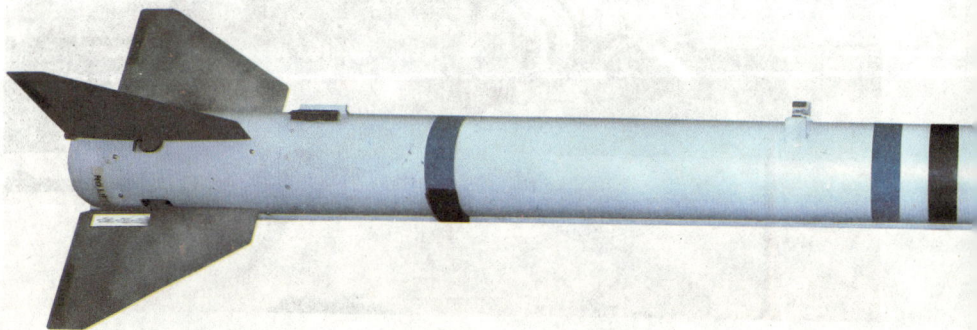

20世纪70年代，美国军方对空军战术以及导弹拦截功能进行了一系列研究和评估，他们发现，中距雷达制导空对空导弹对当前的空战环境是至关重要的，为了尽快研制出新型的导弹，美国政府曾与其他几个北约成员国达成协议，签署协议的成员需要提供发展空对空导弹相关生产技术并分享，AIM-120导弹正是这一协议的产物。根据协议规定，其他北约成员国需要研发出新一代短程空对空导弹；美国则需要肩负起研制

新一代中距离空对空导弹的任务，即 AIM-120 导弹。但由于各种原因，目前该协议已经失去效力，几个国家之间的合作也不欢而散。对美国来说，该协议的终止不仅失去了合作伙伴，还导致欧洲国家在导弹研制上开始与美国竞争，为了超越美国的 AIM-120 导弹，欧洲国家研制出"流星"导弹。而美国一方也不甘示弱，经过不断地开发，AIM-120 导弹成功问世，并于 1991 年 9 月开始服役。

设计结构 >>>

AIM-120 导弹是美国现役的主动雷达导引空对空导弹，该导弹集 20 世纪 70 年代以来多领域中最尖端的科技成果，如固态电子学、导航控制、结构材料、雷达技术、高速数字计算机技术等。AIM-120 导弹使用了小翼展、大长细比以及尾部控制的正常式气动外形布局，不同型号之间的外形略有差异。

性能解析 >>>

　　AIM-120 导弹拥有超视距以及全天候作战的能力，这些特点使美国军队在未来空战领域的优势显著提高。该导弹终将取代 AIM-7 "麻雀" 导弹，成为下一代空对空导弹。AIM-120 导弹较曾经的导弹而言更为轻便小巧，所以也拥有更为引人瞩目的飞行速度，也更能出色地应付低空目标。导弹内部设置有惯性基准元件、主动雷达和微电脑设备的组合，这使得该导弹拥有较低的载具火控系统依赖性。每当 AIM-120 导弹靠近目标时，导弹上的主动雷达就会自动运行，以起到拦阻目标的目的。这种被称为 "射后不理" 的强大功能为驾驶员带来了许多便利，驾驶员将不再需要全神贯注地持续使用雷达照明去锁定目标，如此一来驾驶员便能够同时攻击更多敌方目标，而且导弹锁定目标后还可以自行躲避。

服役情况 >>>

AIM-120 导弹在 1992 年 12 月击毁了伊拉克空军的 1 架米格 -25 "狐蝠" 战斗机，此战绩是该导弹自服役以来首次斩获的战果。在此之后，AIM-120 导弹又深入科索沃战争和伊拉克战争，并多次在战场上取得战绩。

AIM-120 导弹凭借其超强的性能在国际市场上备受青睐，它被远销至波兰、澳大利亚、埃及、新加坡、沙特阿拉伯和阿联酋等国家。

兵器 小百科

目前 AIM-120 导弹共有四种型号，它们依次是 AIM-120A 型、AIM-120B 型、AIM-120C 型、AIM-120D 型。为了增强美国空军和海军的作战能力、满足美军的多种作战需要，该系列导弹可装备在 F-14D、F-15、F-16、F/A-18C、F-22 和 F-35 等机型上。

美国AIM-54 "不死鸟" 空对空导弹

AIM-54 "不死鸟"导弹是美国研发的一种主动雷达制导的空对空导弹。该导弹的英文名字是 Phoenix,翻译成中文就是 "不死鸟"。

研发历史 >>>

美国海军计划把 AIM-54 导弹与 AWG-9 射控系统一同安装到 F-111B 舰载拦截机上,然而该拦截机的研发经费最终被美国国会取消了,面对这始料不及的情况,美国海军迫于无奈只得把上述的两个系统添加到 F-14 战斗机计划里。自 1965 年起,AIM-54 导弹开始了为期 7 年的漫长飞行测试,

基本参数	
直径	0.38米
全长	4米
重量	450~470千克
速度	5马赫
有效射程	190千米

直到 1972 年，美国海军才批准该导弹进入生产阶段。1974 年，首枚 AIM-54 导弹开始被装备在战机上，随后该导弹果真一飞冲天，相继有多种改进型导弹问世，目前已发展成一个系列。

设计结构 >>>

AIM-54 导弹的弹头略尖，呈卵形，弹体为圆柱体，该导弹的直径较宽，相对于身材较普通的空对空导弹而言更为粗大。AIM-54 导弹的控制翼分为两组，每组有 4 片。第一组控制翼位于弹体底端，形状为矩形，且尾端较小；第二组控制翼紧挨第一组安装，呈三角形形状，前缘起点被设计在弹体中部，弦长较长，翼展较小。AIM-54 导弹拥有主动制导、连续数据半主动制导和采样数据半主动制导等制导方式。该导弹拥有三种发射方式，分别是边跟踪边扫描发射、单目标跟踪发射和空战中机动发射。

性能解析 >>>

AIM-54 导弹可以在很多情况下使用，不仅不会受到昼夜因素的影响，而且自然环境对它的影响也比较小。该导弹拥有较远的射程，可以有效地对多个目标同时发起进攻，尤其是小目标或低空目标。该导弹处于强烈的电子干扰或严峻的气候状况时，依靠其较为强劲的攻击力，能够控制空域并保障舰队的安全。再配合战机上的火控系统，该导弹可同时攻击 6 个目标。

服役情况 >>>

出于对飞机阻力和操作重量限制的考虑，美国海军很少装载 AIM-54 导弹去执行常规性的巡逻任务，美国海军往往会在 F-14 战斗机的作战任务中只配备 AIM-9 导弹与 AIM-7 导弹。通过美国海军目前仅有的实战记录可知，在 1999 年 1 月 6 日，"南方守望"行动期间，F-14D 战斗机向两架伊拉克米格 -25 战斗机发射两枚 AIM-54 导弹，但由于发动机故障，这两枚导弹均偏离了目标，未能击中目标。

两伊战争期间，伊朗空军多次发射了 AIM-54 导弹，击落了大量伊拉克的飞机。2006 年后，AIM-54 导弹退役，伊朗从此成为世界上唯一一个还在使用 AIM-54 导弹的国家。

兵器 小百科

在一次 AIM-54 导弹的发射试验中，一架 F-14 战斗机搭载了 6 枚 AIM-54 导弹，飞到高空时接二连三地射击，6 枚 AIM-54 导弹击落了 6 个处于不同方向、不同高度的目标。从此，AIM-54 导弹的大名享誉世界。

苏联R-13空对空导弹

R-13导弹是苏联仿制的首款红外导引空对空导弹。苏联军方给予这款导弹 R-13 或 K-13、R-3 的代号，北约代号为 AA-2"环礁"。

研发历史 >>>

苏联自 1958 年获得"响尾蛇"导弹的样品以来，就展开了仿制工作，基于此点，作为仿制成果的 R-13 导弹和米格 -9B 有着十分相似的外观。第一枚 R-13 导弹在一架改装过的米格 -19 战斗机上进行试飞试验，接下来该导弹又在米格 -21 战斗机的原型机 Ye-6T 上进行试验并获得成功。最后 R-13 导弹成为米格 -21 战斗机的标准配置。

设计结构 >>>

R-13 导弹采用鸭式气动外形布局，由 5 个舱段构成，首舱至尾舱依次是：被动式红外导引头舱、能源系统舱、战斗部舱、红外近炸引信舱、火箭发动机舱。第五舱后部

基本参数	
直径	0.127米
全长	2.83米
重量	90千克
速度	2.5马赫
有效射程	35千米

的外表面还设置了 4 片稳定弹翼，这些弹翼与 4 片控制舵面串列使用。

性能解析 >>>

R-13 导弹是苏联早期海外销售最广泛、实战经验最丰富的一款空对空导弹。第一批 R-13 导弹的性能虽远不如美国生产的 AIM-9 "响尾蛇"空对空导弹，比如前者仅能在与目标尾部较近的范围内锁定目标。但经过改进后的 R-13R 导弹获得了半主动雷达导引，这使其获得了全方位的攻击角度，摆脱了只能在尾部锁定目标的限制。最后一种型号 R-13M 导弹的尺寸较早期型更为短小，但它的火箭发动机却可以提供两倍的推动力。除此以外，R-13M 导弹还能攻击那些可以散发高热量的小型地面目标。

服役情况 >>>

在越南战争中，世人得以一窥 R-13 导弹的实战表现，这也是它的首战纪录。尽管在 1966 年北越空军早已装备好 R-13 导弹与美方的战斗机狭路相逢，但一直到同年的 10 月，负责掩护 EB-66 电子对抗飞机的两架 F-4C 战斗机才成为该导弹的手下败将。此外，埃及在 1970 年到 1973 年这三年里也使用过 R-13 导弹。

兵器 小百科

R-3R（或 K-13R）与 R-13M（或 K-13M）均为 R-13 空对空导弹的衍生型号。在概念上，R-3R 导弹与 AIM-9C 导弹有着十分相似的引导方式，它们都使用了半主动雷达导引。

苏联/俄罗斯R-27空对空导弹

R-27 导弹是苏 –27 系列战斗机的标准空对空武器，北约称其为 AA–10 "杨树"，这是一款由苏联自主研发的空对空导弹。

基本参数	
直径	0.23米
全长	4.08米
重量	253千克
速度	4.5马赫
有效射程	80千米

研发历史 >>>

R-27 导弹是两家导弹设计公司竞争的产物，这两家公司分别是闪电和三角旗机械制造设计局，都是从事空对空导弹开发的专业团队。这两家公司为了给苏 –27 战斗机设计空对空导弹而相互竞争，所提供的导弹代号均为 "R-27"，由于三角旗设计局所提供的设计方案中导弹结构更为新颖、性能更加优越，因此被采用。

R-27 导弹研制成功后，于 1982 年开始量产，同年开始服役。

设计结构 >>>

R-27 导弹使用了三翼布局的设计，4 道小边条均匀分布在弹头的前部，操纵舵面位于其后方，它的尾部装有 4 枚弹翼，弹翼呈现出倒梯形的形状。该导弹的独具匠心之处体现在它率先使用了倒梯形的操纵舵设计，这是领先世界的新颖设计，这种操纵舵提高了该导弹的机动性。其主要的控制面位于弹体中部，由 4 片倒梯形大型弹翼组成。该导弹使用了模块化的舱段设计，由战斗部、控制、制导、引信以及发动机等部分组成。

性能解析 >>>

R-27 导弹打破了以往空对空导弹的传统设计，采用雷达制导型和红外制导型两大系统。通过模块化的设计，形成了一套完整的中远距空对空导弹系列，满足了多种载机执行不同作战任务的需要。

R-27 系列导弹技术先进，无论是射程、速度，还是威力等方面，都要比美国空军装备使用的 AIM-120A 导弹优异。

服役情况 >>>

1998 年，埃塞俄比亚与厄立特里亚两国爆发了一场关于边界问题的冲突，两个国家的战机都装备了著名的 R-27 导弹，这场空战很快就成了全球瞩目的焦点。但让人大跌眼镜的是，双方战机彼此向对方发射了数十枚 R-27 导弹，都没有命中对方。这种结果导致许多购买 R-27 导弹的国家集体向俄罗斯提出抗议，希望能够更换更加稳定的导弹。经此一役，R-27 导弹也有了"斯拉夫烧火棍"的戏称。

兵器小百科

自 1982 年服役以来，R-27 导弹已推出 R-27A、R-27B、R-27C、R-27D、R-27E、R-27F 等多种型号，该系列导弹可搭载于苏-27、苏-30、苏-35、米格-23、米格-29、雅克-141 等多种战斗机上。

苏联/俄罗斯R-73空对空导弹

R-73导弹是20世纪90年代世界上性能最为优秀的格斗型导弹，该导弹是由苏联研制的近距空中格斗导弹，北约称其为AA-11"射手"。

研发历史 >>>

20世纪70年代初，苏联研发出一款新型前线战斗机，苏军希望这款战斗机能使苏联与西方国家势均力敌，人们后来称呼这款战斗机为苏-27。有了新的战斗机，那么新型导弹也必须提上研发日程，因此一款改良版的R-60M导弹便问世了。可是，这款新型导弹没能满足苏军的新需求，因此苏军还需要加紧研制出一款拥有全面攻击性能和高机动性的导弹。1974年，三角旗设计局受命并开展了R-73导弹的研发工作。经过两年的打磨，R-73导弹的概念设计于1976年基本完成。

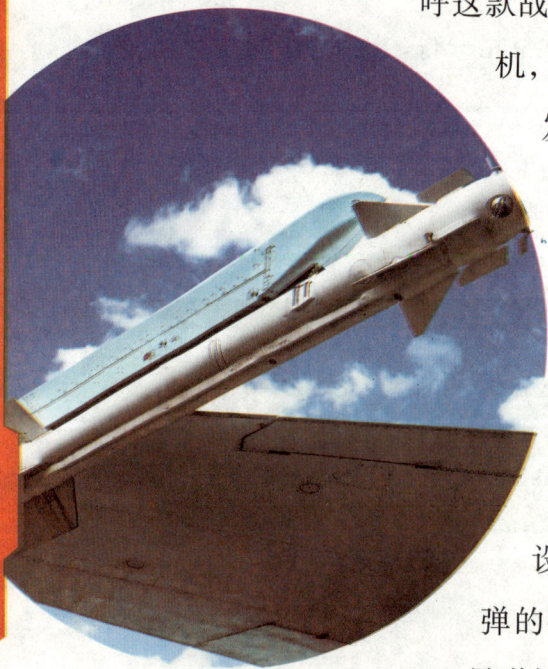

1985 年，R-73 导弹定型并开始服役。

基本参数	
直径	0.165米
全长	2.93米
重量	105千克
速度	2.5马赫
有效射程	40千米

设计结构 >>>

R-73 导弹使用的是鸭式气动布局，其舵面位于弹翼前部，弹翼与舵面位置又呈现出 X 形的对称排列，弹翼前部使用了前升力小翼，弹翼上使用了稳定副翼。

性能解析 >>>

苏联国土防空军的米格-29 和苏-27 战斗机都配备有 R-73 导弹，该种导弹拥有着全方位攻击的本领，比如当飞机机头已经偏离目标的情况下，该导弹仍能顺利发射出去，这无疑是该导弹最为显著的特点之一。另外，该导弹也可以与头盔瞄准具配合使用，在导弹与头盔瞄准具连接时，每当佩戴头盔瞄准具的飞行员"瞄准"了某个目标时，R-73 导弹便可以实施同步追踪，这一优越的特点显著增强了军队的作战效能。

服役情况 >>>

1985 年，首枚 R-73 导弹开始服役。20 世纪 90 年代东西两德合并后，西方收获了本来应该配备给东德米格 -29 战斗机的 R-73 导弹。经过测试，该导弹显示出极强的优越性，几乎在各个方面都碾压了美国的 AIM-9 导弹，这样惊人的性能无疑影响了 AIM-9 和其他空对空导弹的发展。R-73 导弹曾装载于苏 -27、苏 -32、苏 -35、米格 -29 战机上，并且该导弹也可以搭载在俄罗斯的攻击直升机上。

兵器 小百科

R-73 导弹被赋予 K-73E 的名称，出口到其他国家。1988 年，该导弹首次被运往东德。西方认为，该导弹是最难对付的导弹之一。

空中截手

地对空导弹

美国 "奈基" 地对空导弹

　　"奈基"导弹是美国研制的远程地对空导弹，该导弹又被称为"胜利女神"导弹。

研发历史 》》》

　　"奈基"导弹一共有两种型号，分别是"奈基"Ⅰ型和"奈基"Ⅱ型。"奈基"Ⅰ型于1953年装备部队，后来在使用的过程中暴露了一些问题，如结构复杂，抗干扰能力差，命中率低。

基本参数	
直径	0.80米
全长	12.50米
重量	4 500千克
速度	2.5~3.65马赫
有效射程	139千米

后来美国在"奈基"Ⅰ型的基础上，研制出了"奈基"Ⅱ型。

设计结构 》》》

发射架、导弹和地面制导站构成了"奈基"导弹武器系统。地面制导站由1部目标跟踪雷达、1部导弹跟踪雷达和1部搜索雷达组成。

"奈基"导弹系统以营为建制单位，编入战区防空炮兵旅；每个营管辖4个连，连是最小的人力单位，每个连拥有1个发射排和1个制导排；每个发射排又管辖3个组，每个组拥有4部发射架，每部发射架又配备有1枚待发导弹。因此全部计算下来，一个营共装备48部发射架。

性能解析 》》》

"奈基"导弹是美国较早开发和投入使用的一种导弹，主要用于抗击高空高速飞机，也可以对抗巡航导弹和战术导弹，不但可以用于国土和重要目标防空，还可以用于野战防空，保护大兵团部队或保卫城市、工业中心、军事设施等。此外，它还具备摧毁地面目标的能力。

服役情况 〉〉〉

自"奈基"导弹服役后，该导弹大规模装备美国陆军防空兵部队，美国在本土部署了一百多个"奈基"防空导弹连。现在，美国本土的"奈基"导弹都已退役，被"爱国者"导弹取代。此外，"奈基"导弹被大量生产并出口，如德国、法国、意大利、西班牙、荷兰、丹麦、韩国等国也装备这种导弹。

兵器 小百科

"奈基"导弹发射架可以固定在地面上，也可以安装在拖车上牵引。该导弹采用遥控的方式发射，发射时发射架呈85°仰角立于地面。

美国MIM-23 "霍克" 地对空导弹

美国研制的 MIM-23 "霍克" 导弹，是一种中程地对空导弹，它的名字来自 "Homing All the Way Killer"（全程归向杀手）的首字母 "HAWK"，中文译名为 "鹰"，因此也称 "鹰" 式导弹。

研发历史 >>>

1954 年 7 月，美国雷锡恩公司开始研制一种全天候、中低空、中程防空导弹——MIM-23 导弹。该导弹于 1958 年定型投产，1959 年装备美国陆军。MIM-23 导弹

基本参数	
直径	0.36米
全长	5.03米
重量	638.7千克
速度	2.5马赫
有效射程	40千米

有两种型号，其一是 MIM-23A 型，它是原型，目前已经全部退役，并移交给美国国民警卫队；其二是 MIM-23B 型，它是前者的改良型，自 1972 年起，取代原型，并装备美国陆军。

设计结构 >>>

整个 MIM-23B 导弹系统的设备，需要 23 辆越野车装运或牵引，其中包括导弹、连续波搜索雷达、测距雷达、脉冲搜索

雷达、高功率目标照射雷达、改进的排指挥所、情报信息协调中心、连指挥中心、导弹运输装填车和发射架。MIM-23A 导弹与 MIM-23B 导弹的气动外形相同，没有尾翼，只有弹翼，弹翼呈 X 形配置，其翼面为梯形，后缘与弹体垂直。弹翼后缘有矩形舵，它不仅能起稳定导弹的作用，还可以控制导弹的航向。导弹使用破片式战斗部，为了使导弹爆炸时能够形成体积均匀的碎片，战斗部内壁设计有刻槽。

性能解析 >>>

MIM-23B 导弹自动化程度高，防低空性能好，在各种天气下均适合作战。该导弹有较短的系统反应时间、较强的抗电磁干扰能力、较大的射程和射高、较强的战斗威力，并且它的设计简化了维修保养和后勤保障工作，很好地弥补了 MIM-23A 的一系列缺点。但 MIM-23B 导弹也并不完美，它的野战机动能力较差，全连装备的主要设备绝大多数为拖车装载，行军时需要牵引车牵引。它的隐蔽性也很弱，当其在阵地展开时，全连占地面积为 10 ～ 12 公顷，而且配置密度较大，很容易被敌方战机察觉。

服役情况 >>>

1988 年，美国陆军使用 MIM-23 导弹成功拦截了一枚战术导弹，此次拦截是在"爱国者"防空导弹雷达的辅助下成功的。1990 年，该导弹在白沙导弹靶场的一次试验中，成功拦截了一枚模拟的 SS-21 导弹。

MIM-23 导弹在第四次中东战争中展现出了较强的实战能力。"霍克"导弹被以色列军队大量使用，并成功拦截突袭以军阵地的阿拉伯国家飞机。该导弹还出现在海湾战争中。

兵器 小百科

美国军方不仅仅将 MIM-23 导弹装备在本国军队中，还出口至伊朗、以色列、新加坡、土耳其等国家，这反映出该导弹在商业上十分成功。

美国MIM-104 "爱国者" 地对空导弹

MIM-104 "爱国者" 导弹是美国雷神公司研制的一种防空导弹。目前，该导弹取代了 MIM-14 防空导弹，成为美军主要的防空武器。

研发历史 >>>

20 世纪 60 年代，美国雷神公司已经着手研发新一代地对空导弹，MIM-104 导弹是一种全天候、全空域中程地对空导弹系统，但由于资金和技术

基本参数	
直径	0.41米
全长	5.8米
重量	700千克
速度	4.1马赫
有效射程	160千米

等原因，当时并没有研发成功。到了1967年，由于空中力量不断发展和变化，美国陆军为适应未来复杂的作战环境的需要，提出研制一种新型防空导弹，雷神公司孕育多年的计划才正式得以启动。

1970年，美国首次对MIM-104导弹进行试验；1982年，该导弹研制成功，并于1984年开始装备部队。

设计结构 〉〉〉

MIM-104导弹系统包括导弹、电源、发射装置、作战控制中心和相控阵雷达等部分，整个导弹系统安装在制式卡车和拖车上。该导弹采用四联装发射箱，箱体呈矩形，有多道垂直于射向的加强箍。该导弹采用正常式气动布局，弹体呈圆柱形，头部为尖形，没有弹翼，控制翼面位于弹体底端，呈十字形配置。

性能解析 >>>

MIM-104 导弹具有较强的抗毁能力和攻击能力，可同时应对多个目标。该导弹能够在强烈的电子干扰的环境下拦截高、中、低空来袭的飞机或者巡航导弹；它还具有较强的自动性，一部相控阵雷达可以完成多项任务，如对目标进行搜索、探测、跟踪、识别等，而且射击反应时间非常短，仅需十几秒。

另外，MIM-104 导弹具有很强的机动性，不仅可以在陆地行驶，还可以灵活地进行海运和空运。作为防空武器系统，强大的作战能力是必不可少的。它还可以同时搜索和监视上百个目标，并且能够利用制导导弹对不同方向和高度的目标进行拦截，即便是面对大面积的饱和式攻击它也能轻易应付。

服役情况 >>>

MIM-104 导弹深受一些国家的喜欢，其中包括日本、波兰、希腊、土耳其、韩国等，这些国家购买 MIM-104 导弹后分别部署在不同的地方。日本购买的 MIM-104 导弹，主要部署在佐世保海军基地、普天间基地、三泽基地、横田空军基地、嘉手纳空军基地等。波兰购买 MIM-104 导弹主要为了应对俄罗斯针对欧盟的扩军计划。希腊军方购买 MIM-104 导弹是为了维护雅典奥运会期间的治安，防范来自空中的恐怖攻击。

北约外长会议在 2012 年 12 月批准土耳其的请求，在土耳其与叙利亚接壤的边境地区部署 MIM-104 导弹，目的是防止叙利亚的袭击。

兵器 小百科

1991 年海湾战争期间，MIM-104 导弹成功拦截了伊拉克发射的"飞毛腿"导弹，并在战后闻名世界，成为美国的代表性武器之一。MIM-104 导弹在海湾战争期间暴露了一些不足，美国陆军继续对其进行改进，研制了多种改进型号，主要有 MIM-104A、MIM-104B、MIM-104C 等。

苏联/俄罗斯S-300地对空导弹

S-300 导弹是苏联研制的一种全天候、多通道、机动式地对空导弹，北约将其命名为 SA-10 "轰鸣"。

研发历史 >>>

苏联国土防空司令部于 1968 年提出研发一种三军通用的反飞机多通道新型防空导弹系统的建议，这种新型导弹系统被称为 S-500U。当时苏联正面临美国巡航导弹和战区弹道导弹的双重威胁，原来苏联使用的 S-75 防空导弹和 S-200 防空导弹已经无法满足国土防空的需要，苏联军方决定研发一种更先进的防空导弹。

国土防空司令部的建议得到苏联国家军事工业综合系统领导的支持，但遭到了陆军火箭炮兵总部的反对。

基本参数	
直径	0.45米
全长	5.8米
重量	1 600千克
速度	2.8马赫
有效射程	24千米

在这种情况下，苏联国家军事工业综合系统领导进行统一协调，在通用化原则的基础上，研制出一款三军通用的防空导弹系统，并将这套系统命名为 S-300 导弹系统。

设计结构 >>>

S-300 导弹系统采用四联筒式垂直发射，导弹平时四联平放。该导弹弹体为圆柱形，弹头呈卵形，弹体头部安装了导引头、无线电引信、战斗部、惯导装置、舵舱及固体火箭发动机。弹体尾部安装了 4 个气动控制舵面。

性能解析 >>>

S-300 导弹具有机动性强、弹道能力好、杀伤威力大等优点。从总体上看，该导弹是世界上一种较先进的防空导弹系统，经过不断改进，已经发展成为一个系列，性能方面产生了很大的变化，有些性能已经超过了美国的 MIM-104 导弹。然而，整个 S-300 导弹系统比较庞大、笨重，在计算机技术和元器件的集成化程度等方面没有美国的 MIM-104 导弹那么成熟。

服役情况 》》》

S-300 导弹有多种型号，国土防空军装备的是 S-300P 型，陆军装备的是 S-300V 型，海军装备的是 S-300F 型。现在，除了俄罗斯本土装备了 S-300 导弹，土耳其、阿尔及利亚、乌克兰、印度等国家也有装备。

2010 年，俄罗斯军队将 S-300 导弹部署在阿布哈兹地区，该导弹将保护阿布哈兹地区的安全。2016 年，俄罗斯 S-300V4 防空导弹连部署在叙利亚塔尔图斯附近。2017 年，伊朗军方在防空部队演习期间成功测试了 S-300 导弹。

兵器 小百科

S-300V 导弹于 1987 年装备苏军陆军部队，该导弹由指挥车、圆扫描雷达、扇面扫描雷达、多通道导弹制导站、9M83 型导弹及四联装履带式发射车、9M82 型导弹及二联装履带式发射车等部分组成，能同时拦截多个目标。

俄罗斯S-400地对空导弹

　　S-400 防空导弹是俄罗斯研制的地对空导弹，因其良好的作战效能，成为世界上一种强大的地对空导弹，北约代号为 SA-21 "咆哮"。

研发历史 >>>

　　自 20 世纪 60 年代 S-300 导弹研发以来，在基本型 S-300 导弹的基础上，衍生出多种型号，其中 S-300PMU3 是该系列的最好的装备。后来，俄罗斯以全新的设计理念，在 S-300PMU3 的基础上，研制了新一代地对空导弹武器系统，这就是 S-400 防空导弹。

基本参数	
直径	0.45米
全长	7.5米
重量	1 600千克
速度	5马赫
有效射程	40千米

设计结构 >>>

S-400导弹的火力单位由目标指示雷达、导弹发射车、多功能雷达、低空补盲雷达等部分组成。该导弹的指挥控制系统由两辆车组成，一辆是搜索指示雷达车，另外一辆是指挥控制车。S-400导弹在飞行初期和中期采用的是带有无线电校正的惯性制导，拦截目标时采用的是自动制导。

性能解析 >>>

S-400导弹具有非常远的射程，还能探测隐形飞机。该导弹具有反导能力，但只能拦截那些距离S-400导弹发射装置比较近且射程比较短的弹道导弹。

S-400导弹系统设计新颖，并有很强的抗干扰能力。它的火力单元（最小作战单位）包括几辆导弹发射车和一辆相控阵制导雷达车。S-400导弹的照射制导雷达是一种先进的相控阵雷达，它能够远距离地执行探测和跟踪任务，还可以完成制导、搜索跟踪目标、反电子干扰等任务。S-400导弹可以同时对多枚导弹进行制导，攻击多个目标，特别适合在强电子干扰环境下作战。

S-400导弹可以承担传统的空中防御任务，可以执行非战略性的导弹防御任务，也能应对各种战役战术导弹、作战飞机、空中预警机及其他精确制导武器。

服役情况 >>>

美国情报机构根据 S-400 导弹系统所经历的测试推测，该导弹是一种强大的防空武器。S-400 导弹尚无实战经历，主要在俄罗斯服役。2011 年，俄罗斯开始寻求出口销售，中国、印度、土耳其、哈萨克斯坦等国都购买过该导弹。

兵器 小百科

S-400 导弹配备了射程更远的新型导弹和新型相控阵跟踪雷达，该雷达具有 360° 的全面覆盖能力。

苏联S-75 "德维纳河" 地对空导弹

S-75 "德维纳河" 防空导弹是苏联在 20 世纪 50 年代研制的一种实用化地对空导弹，北约代号为 SA-2 "导线"。

研发历史 >>>

S-75 导弹由拉沃奇金设计局设计，1954 年 10 月开始研制。1957 年，其在莫斯科 "五一" 节阅兵式上首度公开。1957 年 12 月，该款导弹被批准定型；次年，服役于苏联国土防空军；1960 年，被苏军广泛装备。

设计结构 >>>

S-75 导弹采用两级发动机，分别是第一级固体燃料助推段和第二级发烟硝酸－煤油液体发动机，前者会执行 4~5 秒的助推工作，后者会进行持续 22 秒的推动工作。发射营的火控系统站在跟踪一个目标的同时，可以动用三个通道同时引导三枚导弹阻挡目标。

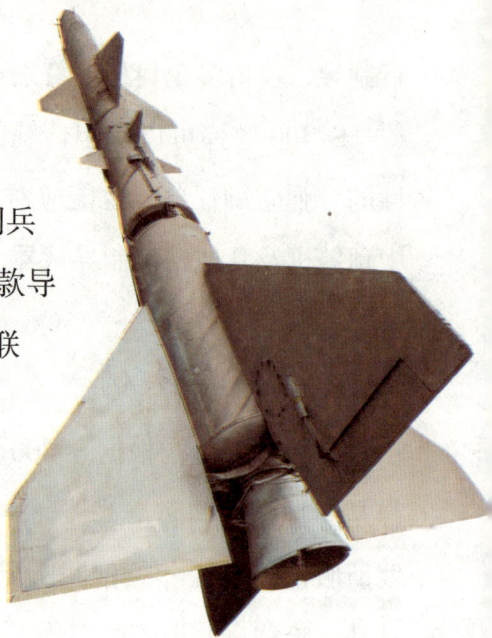

性能解析 >>>

S-75 导弹主要担负国土的安全保卫任务，主要应对远程轰炸机和侦察机。该导弹的实际性能有很多亮点，飞行速度、射程、发射重量、战斗部重量等数据在第一代舰空导弹中均处于领先地位。由于 S-75 导弹性能强大，因此受到了许多国家的青睐，被出口到埃及、印度和越南等国家。

基本参数	
直径	0.7米
全长	10.6米
重量	2 300千克
速度	3.5马赫
有效射程	48千米

服役情况 >>>

苏军于 1960 年 5 月 1 日在斯维尔德洛夫斯克州附近发射 S-75

导弹，击毁了美 U-2 高空侦察机，此次行动俘获了美军飞行员鲍尔斯。

S-75 导弹在越南战争中隆重登场，在第一次作战中，该导弹成功击毁了三架 F-4 战斗机。埃及军队在第四次中东战争中使用了 S-75 导弹，该导弹协助埃军击落了众多敌机，战争结束后，阿拉伯国家仍使用 S-75 导弹。在叙利亚战场上，S-75 导弹也有出色的表现。

兵器 小百科

S-75 导弹在许多国家中得到广泛的应用。1959 年 10 月 7 日，我国空军利用 S-75 导弹击落了一架在我国空域执行侦察任务的 RB-57D 侦察机。此后，我国空军又连续使用 S-75 导弹击落了 5 架 U-2 高空侦察机。

苏联S-125防空导弹

S-125 导弹是苏联金刚石中央设计局研发的一款地对空导弹。它又被称为"萨姆-3"防空导弹，北约代号为 SA-3"果阿"。

研发历史 >>>

S-75 导弹在服役的时候，暴露出两个严重的问题。其一，该导弹薄弱的电子对抗能力难以应对日新月异的电子对抗手段；其二，该导弹只适用于对抗高空中低速目标。为了解决上述问题，苏联在 S-75 导弹的基础上研制出 S-125 导弹。

设计结构 >>>

S-125 导弹的弹头呈尖锥形，并使用了破片杀伤方式，弹体为圆柱体。该导弹的弹体安装了 4 组控制面，它们依次位于弹体底部，助推器与主航发动机之间，导

基本参数	
直径	0.552米
全长	5.948米
重量	952.7千克
速度	2.5马赫
有效射程	21千米

弹的后部、主航发动机底端，弹体头部。第一组是助推火箭控制翼面，其面积在四组中最大，形状是矩形；第二组的面积最小，呈梯形；第三组的面积仅次于第一组，呈梯形，前缘后掠，翼尖有整流罩；第四组呈梯形，面积较小，前缘后掠。

性能解析 >>>

S-125 导弹的战斗部威力十足，并且还拥有全天候作战的能力，足以应对中、低空目标。但是该导弹容易受到电子干扰，而且它的总体性能也相对落伍。车辆众多，设备笨重，电子元器件落后是该导弹系统的主要缺点。除此以外，由于它同一时间只能射击一个目标，其杀伤目标群的能力也比较弱。

S-75 防空导弹营的设备比 S-125 导弹多，因此 S-125 导弹的地面机动能力更强。S-125导弹的制导系统具有多种制导方式和多种工作状态，这使其实用性和适应性大大提高。

服役情况 >>>

S-125导弹自服役以来，凭借其超强的性能得到很多国家的青睐，该导弹曾多次出现在局部战争中。

1973年，在第四次中东战争中，叙利亚的S-125地对空导弹营表现突出，拦截并重创了敌方43架飞机。S-125导弹的成名之战是在科索沃战场上，南联盟陆军用S-125导弹击落了一架美军的F-117"夜鹰"隐身战斗机，打碎了美国F-117战斗机不可战胜的神话。

兵器 小百科

S-125导弹最大的特点是其使用的是四联装导弹发射架，一个S-125导弹营会装备4座这样的发射架，这样一来一次最多可以发射16枚导弹，大大提高了作战能力。

苏联SA-8 "壁虎" 防空导弹

SA-8 "壁虎" 防空导弹是苏联研制的一种全天候机动式近程低空导弹系统。苏军将其命名为 "菱形"，又名 "黄蜂"，北约称其为 "盖科"，中文译为 "壁虎"。

基本参数	
直径	0.21米
全长	3.20米
重量	190千克
速度	2马赫
有效射程	12 000米

研发历史 〉〉〉

为了配合肩射型SA-7导弹系统和SA-2导弹系统，以及取

代 S-60 型反飞机高炮，苏联发展了 SA-8 导弹。1974 年，该导弹开始装备部队；1975 年，在莫斯科红场阅兵式中初露真容。

设计结构 >>>

SA-8 导弹采用的是鸭式布局，整体呈细长圆柱体，弹体的前部有 4 个控制舵，呈梯形；弹体的尾部是 4 个稳定翼，这 4 个稳定翼的后缘与发动机的喷口持平；舵和尾翼均按 X 形配置，尾翼是折叠式的。

SA-8 导弹采用"地滚"组合式射击指挥系统，该系统是由光学或低照度电视跟踪装置、计算机、1 部跟踪雷达、1 部搜索雷达组成的。该导弹的制导方式是复合制导，该导弹的装甲车能够在多种地形下行驶，包括沙地和雪地，甚至还能做到水陆两栖，如此出色的性能得益于它的三轴轮式构造。

性能解析 >>>

SA-8 导弹具有较远的射程、较好的机动性能，所以其作战空域较大。该导弹及雷达的体积非常小，重量很轻，可将整个系统装在同一辆车上。

SA-8 导弹填补了苏联近程低空防空的空白，并且它对 20 世纪 80 年代及以后的低空和超低空突防的来袭目标造成巨大的威胁。该导弹具有极强的生存能力，它拥有较强的抗干扰能力、全天候作战能力、自主或联网作战能力以及较高的机动能力。

服役情况 >>>

苏联陆军摩托化步兵师和坦克师下辖的防空导弹团均装备有SA-8导弹系统。该导弹还被广泛出口给其他国家，包括阿尔及利亚、叙利亚、约旦及伊拉克等国。

在海湾战争中，SA-8导弹帮助伊军震慑了多国部队的作战飞机。在第五次中东战争期间，叙利亚与以色列在贝卡谷地发生空战，以色列将叙利亚布置的3个SA-8导弹尽皆摧毁。

兵器 小百科

SA-8导弹衍生出多种型号，SA-8A"壁虎"导弹于1960年开始研发，1971—1972年开始服役；SA-N-4"壁虎"导弹是在SA-8A导弹的基础上改进的海军舰载型号，1972年开始服役；SA-8B"壁虎Mod-0"导弹于1975年开始服役；SA-8B"壁虎Mod-1"导弹安装了敌我识别系统，加强了对敌方直升机的杀伤力，1980年开始服役。

俄罗斯"铠甲"-S1防空系统

"铠甲"-S1防空系统是俄罗斯在苏联"通古斯卡"2K22系统上研制的一种弹炮合一防空系统，北约代号为SA-22"灰狗"。

研发历史 >>>

基本参数	
直径	0.17米
全长	3.2米
重量	90千克
速度	3.8马赫
有效射程	20千米

1994年，俄罗斯图拉仪器制造设计局开始了"铠甲"-S1导弹的研制工作，由于当时受到军工不景气的影响，差点儿就失败了。"铠甲"-S1导

弹是"通古斯卡"防空系统的升级版，2012年该导弹正式开启了服役生涯。

设计结构 >>>

"铠甲"–S1导弹系统主要包括搜索雷达、高炮、炮塔、地对空导弹、发射筒、跟踪雷达和光电火控系统，所有的设备不但可以布置在履带式或轮式运输车上，还能够布置在舰艇等其他设备上。"铠甲"–S1导弹装配有1个光学跟踪器、1个热成像系统、1个目标截获雷达系统和12枚导弹。

性能解析 >>>

"铠甲"–S1导弹可以同时跟踪多个目标，无论是在固定状态下，还是在移动的过程中，都能对目标实施打击。该导弹使用了十分先进的稳定装置，这是一种可以进行弹、炮同射的防空武器系统。导弹和机炮这两种武器可以相互配合，能够摧毁多种现代化武器。

可是这个系统也并不是十全十美的，该导弹系统存在扫描距离和高度不足、顶部存在视野盲区之类的缺陷，在实战中常常忽略一些小型无人机和低速目标。

服役情况 >>>

俄罗斯在 2010 年曾向阿拉伯联合酋长国供应了"铠甲"-S1导弹。该导弹是一种性能优良的中近程防空武器，在叙利亚的反无人机作战中表现出色。

兵器 小百科

2019 年，一辆俄军"铠甲"-S1 导弹发射车发生了侧翻事故，事故的原因竟然是发射车操控失灵。此前在叙利亚和俄罗斯索契地区，"铠甲"-S1 导弹发射车也发生过侧翻事故。

苏联9K35 "箭-10" 防空导弹

9K35 "箭-10" 防空导弹，北约代号为SA-13 "金花鼠"，该导弹是一种全天候机动式防空导弹。

研发历史 >>>

20 世纪 70 年代初，苏联开始了 9K35 "箭-10" 导弹的研发工作，该导弹是在 "箭-1" 导弹的基础上改进发展而成的，用于低空防空任务。改进后的 9K35 "箭-10" 导弹性能更好，苏

基本参数	
直径	0.12米
全长	6.60米
重量	12 300千克
速度	0.05马赫
有效射程	500千米

联每年都会生产出大量的 9K35 "箭 -10"导弹。1982 年 11 月，该导弹在莫斯科红场阅兵中首次进行展示。

设计结构 >>>

9K35 "箭 -10"导弹有着双波段红外导引头和较大的固体火箭发动机，得益于灵敏度颇高的导引头，该导弹的作战性能得以大幅提升。9K35 "箭 -10"导弹采用的是四联箱式发射。此外，该导弹还有 4 枚备份弹。

性能解析 >>>

9K35 "箭 -10"导弹可以全部安装在装甲车上，有着出色的机动性能。仰仗优越的自动化程度，只需要 1 个人就可以操纵整个系统，射手还可以进行短停顿射击，大大提高了作战性能，以及抗人为和背景干扰能力。

服役情况 >>>

9K35"箭-10"导弹在很多局部战争中频频露面。海湾战争中，伊拉克装备了大量的 9K35"箭-10"导弹。科索沃战争中，南联盟也曾凭借 9K35"箭-10"导弹驰骋沙场。

1985 年初，苏联曾向保加利亚、利比亚、安哥拉等国家提供了一批 9K35"箭-10"地对空导弹武器系统。

兵器 小百科

除基本型，9K35"箭-10"导弹还有两种改进型号，它们分别是"箭-10"M 与"箭-10"M2。前者的主要攻击目标是直升机和战斗机，它通过使用操纵员前镜来搜寻目标；后者能够凭借目标来袭的方向自动调整瞄准方式，被动自导。

英国 "警犬" 地对空导弹

　　"警犬"导弹是英国早期研制的一种中高空、中远程防空导弹武器系统，主要用来对付高空高速飞机。

研发历史 >>>

　　英国"警犬"导弹主要有两种类型，分别是MK1导弹和MK2导弹。MK1导弹于1949年开始研制，1958年装备于英国空军。该型导弹具有射程不足、低空性能差、命中精度低、杀伤力小等缺点。英国于1958年开始，在MK1导弹的基础上进行改进，研制出MK2导弹。1964年8月，MK2导弹开始服役，逐渐替代了MK1导弹。

设计结构 >>>

　　"警犬"导弹武器系统主要由导弹、发射装置、目标指示雷

达、目标照
射雷达和通信、发
控、指挥车等组成。"警犬"
导弹的弹体头部呈尖拱形，其他部
分呈圆柱体；弹身中后部的上方、下方各安装
了 1 台液体冲压发动机；弹身后部四周安装了
4 台固体助推器，每台助推器的尾部都安装了 1 片稳定尾翼。该
导弹采用飞机式平面升力面配置的气动布局，按倾斜转弯方式进
行水平机动。

性能解析 >>>

MK2 导弹比 MK1 导弹在性能上有所改进，但作为第一代防
空导弹，仍具有射程不足、低空性能差、命中率低和杀伤力小等
缺点。

基本参数	
直径	0.36米
全长	5.03米
重量	638.7千克
速度	2.5马赫
有效射程	40千米

为了增大射程，MK2
导弹采用 BRJ-801 冲压发
动机（MK1 导弹使用"雷
神"冲压发动机），大大增
加了导弹的推力。该导弹采
用的导引头为连续波体制，

提高了导弹的飞行能力和命中率。此外，该导弹还采用了烈性炸药战斗部和核装药战斗部，两种战斗部可以互换使用，这大大提高了导弹的杀伤力。

服役情况 >>>

20 世纪 60 年代中期，MK1 导弹已经全部被淘汰，换上了 MK2 导弹。MK2 导弹除装备于英国本土，还装备在瑞士、瑞典、澳大利亚、新加坡、马来西亚等国。

兵器 小百科

"警犬"导弹部队以营为建制单位，每个营设有一个发射控制站和一部目标指示雷达，每个营又包括两个连，连是最小的火力单位，能够独立作战。

舰船杀手

反舰导弹

美国AGM-84 "鱼叉" 反舰导弹

AGM-84 "鱼叉" 导弹是由美国麦克唐纳·道格拉斯公司研制的一款反舰导弹。

基本参数	
直径	0.34米
全长	4.6米
重量	691千克
速度	0.7马赫
有效射程	124千米

研发历史 >>>

1965 年，美国海军航空系统司令部启动了一项反舰导弹的研究方案，此方案的主要目的是为了攻击苏联当时装备 SS-N-3 反舰导弹的潜艇。SS-N-3 导弹只能在海上使用，所以美国海军计划研制一种能够在水面上进行发射作业的导弹，以便将其击沉。

1969 年，美国海军展开"鱼叉"反舰导弹的初步研究。1970年，美国海军确定开发计划。1971 年，美国海军进行招标，同年 6 月，美国海军从 5 家参与竞争的公司中选定麦克唐纳·道格拉斯公司作为承包商，这家公司随即进行开发和研究工作。1972 年，该导弹开始进行飞行试验。1977 年，试验结束，并开始服役。

✕ 设计结构 ⟫⟫⟫

AGM-84 导弹弹体上装有两组十字形翼面，弹体中部装有 4 片大面积梯形翼，弹尾有四面全动式控制面。AGM-84 导弹的战斗部、加力器采用的是钢质材料，外壳、翼面采用的是铝合金材料。AGM-84 导弹的动力装置是涡轮发动机。制导方式是中段惯性制导和末段主动雷达制导。弹头处安装了两种可互换导引头，即主动雷达导引头和红外成像导引头。

性能解析 >>>

AGM-84 导弹是美军主要的反舰武器之一，它具有射程远、威力大等优点。该导弹实现了一弹多用，可以在多种平台上发射，既可以在飞机上发射，也可以在各类水面军舰以及潜艇上发射。该导弹在潜射的过程中，使用无动力运载器，在水下发射时不会发出声音，在攻击时具有很好的隐蔽性。该导弹采用了宽带频率捷变主动雷达导引头，具有很强的抗干扰能力。

服役情况 >>>

AGM-84 导弹首次实战发生在两伊战争期间。1980 年，伊朗率先购买了美国的 AGM-84 导弹，并用该导弹击沉伊拉克海军的一艘两栖支援舰。1988 年，美国海军进入波斯湾，介入两伊战争，

在交战过程中，美国与伊朗均使用了 AGM-84 导弹。

1986 年美利冲突中，美军在锡德拉湾发射了 AGM-84 导弹，击沉了利比亚的巡逻艇和护卫舰。1991 年海湾战争中，沙特阿拉伯海军在波斯湾发射 AGM-84 导弹，击毁伊拉克的布雷舰艇。

2021 年，有媒体报道称，美国海军为打击挪威海岸的一艘靶船，使用 P-8A 反潜机发射了两枚 AGM-84 导弹，这是美军第一次在欧洲战区用 P-8A 反潜机发射 AGM-84 导弹。

兵器 小百科

AGM-84 导弹研制成功后，为了适应新的战斗需要和提高战术性能，在原型导弹的基础上不断被改进。例如，为英国海军研制的 RGM-84C（舰射型）和 UGM-84B（潜射型），为美国海军改进的对地打击导弹 RGM-84E 等。

美国BGM-109 "战斧" 巡航导弹

BGM-109 "战斧" 导弹是美国通用动力公司研制的一款巡航导弹，该导弹作为美军远程打击的主要力量，是一种全天候、亚声速、多用途巡航导弹。

基本参数	
直径	0.52米
全长	6.25米
重量	1 600千克
速度	0.73马赫
有效射程	2 500千米

研发历史 》》》

苏联是冷战期间最先在武装冲突上使用巡航导弹的国家，苏联还研制出各种类型的巡航导弹，这严重刺激了美国，给美国带来了很大的压力，美国也开始发展新型的巡航导弹。1970 年，美国通用动力公司推出一种巡航导弹，即 BGM-109 导弹。1972 年，该导弹开始研制；1976 年，首次进行试射；1983 年，开始服役。

经过多年的改进和发展，BGM-109 导弹已形成一个完整的系列。

设计结构 》》》

BGM-109 导弹外形类似弹翼飞机，弹体为圆柱体。该导弹采用两组控制面，第一组在弹体尾部，呈十字形安装；第二组在弹体中部，2 个尾翼对称安装，翼展较大。弹身包括 4 个舱段，分别是制导舱、战斗部舱、燃料箱舱和发动机舱。在导弹的最前端有一个导引系统模组，导引系统模组的后方是 1 ~ 2 个前段弹身配载模组，这个模组能够携带不同的弹头和燃料。

性能解析 》》》

BGM-109 导弹采用惯性制导和全球定位修正制导，能够实现对目标的精准控制。该导弹表面覆盖了一层能够吸收雷达波的涂层，使其很难被雷达发现，具有一定的隐身能力。该导弹还具有射程远、飞行高度较低、命中率高等优点，具备战略和战术双重打击能力，能够在各种平台发射。BGM-109 导弹体积小、重量轻，弹翼和尾翼可以折叠，十分有利于运输和发射。

服役情况 》》》

1991 年，海湾战争期间，美国发射了大量的 BGM-109 导弹。1993 年，美国向伊拉克发射了多枚 BGM-109 导

T4

NERAL DYNAMICS

弹，摧毁了伊拉克大量的建筑。1995 年，美国的"诺曼底"号巡洋舰向塞尔维亚发射了十几枚 BGM-109 导弹，这也是美国第一次对塞尔维亚使用 BGM-109 导弹。1998 年，在"沙漠之狐"行动中，美国向伊拉克动用大量的 BGM-109 导弹，其中有多枚导弹命中预定目标。

兵器 小百科

　　BGM-109A 和 BGM-109C 是"战斧"巡航导弹系列中的两种型号。BGM-109A 是第一种携带核弹头的导弹。BGM-109C 导弹于 1983 年装备于水面舰船，主要装备于攻击型核潜艇和护卫舰级以上的水面战舰，用于打击敌方海军航空兵基地指挥中心、桥梁、油库等重要目标。

苏联P-15反舰导弹

P-15导弹是由苏联研制出的一款反舰导弹，它的外形酷似小型飞机，其北约代号为SS-N-2。

基本参数	
直径	0.76米
全长	5.8米
重量	2 580千克
速度	0.95马赫
有效射程	80千米

研发历史 >>>

20世纪50年代，由于P-1导弹在使用的过程中出现了严重的不足，所以苏联将其淘汰，为补足这方面的空缺，苏联决定开发用于"肯达"级巡洋舰的P-5导弹。因为当时苏联的驱逐舰的反舰导弹没有进一步更新，所以，当时的苏联急需大量小型导弹艇作为海战的"拳头"，于是苏联提出研制P-15导弹的计划。1953年，该导弹进入研究阶段；1957年10月，首次试射；1960年，交付苏联海军。

设计结构 >>>

P-15 导弹是一种飞航式导弹。导弹发射时，助推器在自动脱落前会加速到接近 1 马赫的巡航速度；助推器脱落后，主发动机继续运行并会保证导弹在巡航速度下飞行。巡航期间，导弹由自动驾驶仪控制，巡航高度大约在 50 米范围内。当导弹飞入目标区内，红外末制导设备或末制导雷达将负责导引工作。

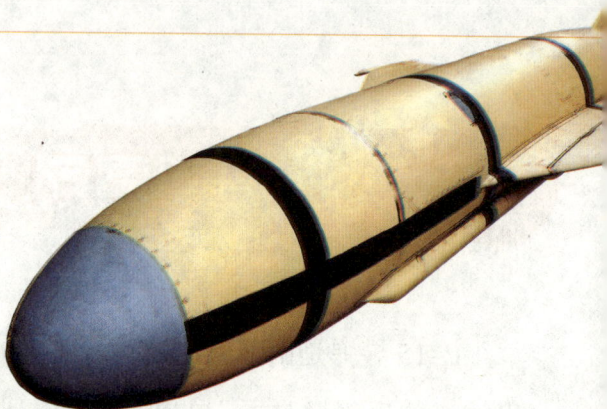

性能解析 >>>

P-15 导弹通常会装备在导弹艇上，该导弹的主要攻击目标为大中型水面舰船。该导弹可以在海面上空 50 米高度上飞行，凭借雷达高度表还能够飞得更低。

服役情况 >>>

P-15 导弹曾为埃及海军做出了巨大的贡献。在第三次中东战争中，埃及海军的"蚊子"级导弹艇使用 P-15 导弹击毁了以色列海军的"埃拉特"号驱逐舰，这一"小艇斩大舰"的辉煌纪录震撼了全世界。这场交战是海战史上的第一次海上导弹战，这个事件，彰显了反舰导弹的威力，同时又体现出导弹艇不容小觑的效能。

兵器 小百科

苏联曾对 P-15 导弹进行诸多改进，譬如加装折叠翼、缩小发射器空间等。后来又开发出多种型号，包括 P-15U、P-15T 等。

苏联/俄罗斯Kh-35反舰导弹

Kh-35 导弹是由苏联 / 俄罗斯研制的一款喷气式亚声速反舰导弹，海军使用代号为 X-35，北约代号为 SS-N-25 "弹簧刀"。

基本参数	
直径	0.42米
全长	4.4米
重量	610千克
速度	0.8马赫
有效射程	300千米

研发历史 >>>

1983 年，苏联启动了 Kh-35 导弹的研发工作，该导弹的研制进程受苏联解体的影响较大，最终在 2003 年才完成定型并开始批量生产。Kh-35 导弹主要用来对 5 000 吨级以下的舰艇进行打击。后来俄罗斯又研制出 Kh-35 导弹的衍生型号，分别是舰载型、机载型和车载型。

设计结构 》》》

Kh-35导弹的外形布局和美国海军的AGM-84"鱼叉"导弹相似，采用的都是4片三角形折叠式弹翼，分别位于弹体中部和弹体后部。导弹头部装有一个主动雷达导引头天线，其后为高爆穿甲战斗部和引信舱、涡轮喷气主发动机舱以及固体火箭助推器。涡轮喷气主发动机的进气道位于弹体中部下方，直通弹体尾部。

性能解析 》》》

Kh-35导弹可以搭载多个发射平台，可以在直升机、飞机、水面舰艇上发射，也可加装助推器在岸上发射。Kh-35导弹的主要作用是打击水面舰艇、导弹艇、鱼雷艇和炮艇，以及敌方护航舰队和登陆部队中的运输舰。Kh-35导弹装有主动雷达导引头天线，具有抗电子干扰的能力。

服役情况 >>>

Kh-35 导弹于 1995 年进入俄罗斯海军服役，该导弹可以搭载在苏 -24、苏 -30、米格 -29、苏 -35 等战斗机上，还可以安装在卡 -27 和卡 -52 等直升机上。

Kh-35 导弹除了大量装备俄罗斯海军，还出口到印度、缅甸、越南等国家，是俄罗斯海军装备数量较多的一种反舰导弹。

兵器 小百科

Kh-35 导弹与美国 AGM-84 "鱼叉" 导弹相比，无论是外形，还是性能都十分类似，因此它被人们戏称为 "鱼叉斯基"。

俄罗斯/印度"布拉莫斯"反舰导弹

"布拉莫斯"反舰导弹是俄罗斯和印度合作研制的新一代巡航导弹。俄方主要负责导弹的研制与生产，印方负责制导系统。

研发历史 》》》

1995年12月，俄罗斯与印度联合研制超声速反舰导弹，后来因为研制经费不足，终止了该项目的研发。1996年2月，俄罗斯导弹生产和设计商与印度联合组建布拉莫斯航空航天公司，决定共同研制代号为 PJ-10、名称为"布拉莫斯"的超声速巡航导弹。2001年6月，"布拉莫斯"导弹首次试射；2003年2月，"布拉莫斯"导弹在孟加拉湾进行的第三次飞行试验取得成功，这也是第一次在舰船上成功发射舰载型"布拉莫斯"导弹；同年12月，印度海军开始实施为期10年

基本参数	
直径	0.6米
全长	8.4米
重量	3 000千克
速度	3马赫
有效射程	300千米

的导弹武器装备计划；2004年4月，"布拉莫斯"导弹进行了第十次试射，并取得了进展。

设计结构 >>>

"布拉莫斯"导弹采用梭镖式气动布局外形设计，导弹表面涂有印度自主研发的雷达吸波涂料。该导弹采用"主动雷达+GPS"和卫星导航制导方式，巡航端采用惯性制导，末端采用主动和被动雷达导引头。其动力系统采用冲压喷气发动机和固体火箭助推器。

性能解析 >>>

"布拉莫斯"导弹具有超声速、多弹道的优点，主要打击敌方驱逐舰以上级别的大型水面战舰。"布拉莫斯"巡航导弹还具

BRAHMOS

BRAHMOS
WORLD'S BEST SUPERSONIC CRUISE MISSILE

有突防能力、抗干扰能力和抗反导拦截能力。

"布拉莫斯"导弹的搭载平台多种多样，不仅可以在水面战舰、潜艇上发射，还可以在陆基发射车上发射。该导弹表层涂有雷达吸波涂料，可以有效地提高隐身性能，最大限度地避免被雷达扫描到。

服役情况 >>>

2004，印度第一次进行陆基"布拉莫斯"导弹的发射试验，成功命中目标。2005 年，印度又进行了一次陆基"布拉莫斯"导弹的发射试验，成功击中 300 千米外的预定目标。

"布拉莫斯"巡航导弹研制成功以后，又发展出陆基型和空射型"布拉莫斯"导弹。印度对陆基型和空射型"布拉莫斯"导弹进行了多次飞行试验，取得了很好的进展。

兵器 小百科

"布拉莫斯"的英文名字为 BrahMos，该导弹的英文名字由印度 Brahmaputra（布拉马普特拉河）和俄罗斯 Moscow（莫斯科河）这两个英文单词缩写组合而成，其含义既有布拉马普特拉河狂放的一面，又有莫斯科河优雅的一面，象征了印度和俄罗斯两国之间的友谊。

法国 "飞鱼" 反舰导弹

"飞鱼"导弹，是法国宇航公司研制的反舰导弹，该导弹历经多次实战，是一款整体性能优异的反舰导弹。

研发历史 》》》

20世纪60年代，欧洲著名的军火制造商法国宇航公司开始了"飞鱼"反舰导弹的研制工作。1968年，基本型号MM-38舰射型正式对外公开。后来，法国宇航公司又在基本型的基础上研制出AM-39空射型、SM-39潜射型和MM-40舰射与陆基发射型。

设计结构 》》》

"飞鱼"反舰导弹的弹头呈圆锥形，弹身和弹尾上有4个弹翼，呈X形安装。整个导弹由导引头、前部设备舱、战斗部、主

发动机、助推器、后部设备舱、弹翼和舵面组成。"飞鱼"反舰导弹的动力系统由两个发动机组成，一台是端面燃烧的固体火箭发动机，另一台是侧面燃烧药柱的固体火箭发动机，两台发动机同时工作可使导弹达到最大射程。

基本参数	
直径	0.348米
全长	4.7米
重量	670千克
速度	0.92马赫
有效射程	180千米

性能解析 >>>

"飞鱼"反舰导弹具有体积小、重量轻、精度高和全天候作战等特点。该导弹主要装备在直升机、海上巡逻机和攻击机上，主要打击敌方各种类型的水面舰船。"飞鱼"反舰导弹拥有不同的发射方式，既可以在陆地上发射，也可以在舰船上和水下不同地点发射。"飞鱼"导弹携带冲击效应的聚能穿甲爆破型战斗部，具有较强的破坏力。战斗部上还有机械、惯性和气压三级保险装置，可以确保战斗部在战斗中及时解除保险，准时爆炸。

"飞鱼"反舰导弹在飞行时采用的是惯性导航，待接近目标后，该导弹就会启动主动雷达搜寻装置，正因为这样，该导弹在接近目标前不容易被发现。

服役情况 >>>

1982 年，马岛战争爆发，在这次战争中，"飞鱼"反舰导弹击沉了英国的"谢菲尔德"号驱逐舰，这也是英国自第二次世界大战结束之后第一艘被击沉的战舰，自此"飞鱼"反舰导弹声名大噪。

1987 年 5 月，伊拉克一架战机发射两枚"飞鱼"反舰导弹，击中美国海军"斯塔克"号护卫舰，使该舰严重损伤。

兵器 小百科

"飞鱼"系列导弹的成功，对法国来说意义非凡，法国拥有了自主研发生产的反舰导弹，其强大的性能也令法国军方十分满意。法国军方还将"飞鱼"导弹装备在"超军旗"攻击机、"超级美洲豹"直升机、"超级大黄蜂"直升机、"海王"直升机和"幻影"2000 战斗机上。

写给孩子的

世界兵器

陆地之王

于子欣◎主编

北京工艺美术出版社

图书在版编目（CIP）数据

写给孩子的世界兵器．陆地之王 ／ 于子欣主编．——
北京 ：北京工艺美术出版社，2023.11
　　ISBN 978-7-5140-2630-6

　　Ⅰ．①写… Ⅱ．①于… Ⅲ．①武器－世界－儿童读物
Ⅳ．① E92-49

中国国家版本馆 CIP 数据核字 (2023) 第 055743 号

出 版 人：陈高潮　　　　策 划 人：杨　宇　　　责任编辑：王亚娟
装帧设计：郑金霞　　　　责任印制：王　卓

法律顾问：北京恒理律师事务所　　丁　玲　　张馨瑜

写给孩子的世界兵器　陆地之王
XIE GEI HAIZI DE SHIJIE BINGQI LUDI ZHI WANG

于子欣　主编

出　　版	北京工艺美术出版社
发　　行	北京美联京工图书有限公司
地　　址	北京市西城区北三环中路6号　京版大厦B座702室
邮　　编	100120
电　　话	(010) 58572763（总编室）
	(010) 58572878（编辑室）
	(010) 64280045（发　行）
传　　真	(010) 64280045/58572763
网　　址	www.gmcbs.cn
经　　销	全国新华书店
印　　刷	天津海德伟业印务有限公司
开　　本	700 毫米×1000 毫米　1/16
印　　张	8
字　　数	79千字
版　　次	2023年11月第1版
印　　次	2023年11月第1次印刷
印　　数	1~20000
定　　价	199.00元（全五册）

高精尖的兵器，是强大国防的基础；强大的国防，则是生活安定、经济繁荣的保障。让孩子了解兵器相关的知识，并非要其做"好战分子"，而是通过适当引导，培养孩子热爱科学、珍惜和平的优良品质，更能促使其立志报效祖国。所以，家长可以引导和培养孩子对兵器知识的兴趣。

市面上有关兵器的书籍极多，这些书籍通过各种角度对兵器特别是现代兵器进行介绍。我们在认真揣摩孩子的心理、知识面和认知水平的基础上，编著了这套《写给孩子的世界兵器》，目的是有针对性地为孩子们打造一套易读、有趣而又不乏专业性的兵器知识科普读物。

我们在各分册中分门别类地对枪械、坦克、战机、战舰、导弹等兵器进行了介绍，且选择的都是世界各国的尖端兵器。对每一种兵器，我们都会有趣地介绍它的研发历程和在战场上的"表现"，至于枯燥的基本参数、设计结构及性能，也尽量用

深入浅出的文字进行介绍。此外，我们还精心为每种兵器提供了涉及各个角度、多处细节的插图，方便孩子加深对该兵器的了解。除此之外，本书还用小栏目的形式介绍一些有关兵器的趣味小百科。这样的内容编排可以提升孩子的阅读兴趣，并启发他们深入了解兵器，最终树立为祖国国防建设设计出更加先进的兵器的远大理想。

"国虽大，好战必亡；天下虽安，忘战必危"。战争离我们并不遥远，孩子作为祖国的未来，一定要坚定保家卫国的信念，努力学习各种知识，才能在将来为建设祖国、保卫祖国作出贡献。希望我们这套《写给孩子的世界兵器》，能够为扩充孩子的知识面、提升孩子保家卫国的信念尽一点儿绵薄之力。

CONTENTS 目录

目录 CONTENTS

陆战利器

坦克

美国M1 "艾布拉姆斯" 主战坦克

M1 "艾布拉姆斯" 主战坦克属于美国第三代主战坦克，是美国装甲部队作战的主力坦克，在战场上表现优良，也是美国军事实力的象征。

研发历史 >>>

20世纪70年代，美国为了应对苏联T-64、T-72主战坦

基本参数	
主炮口径	120毫米
车身全长	9.78米
战斗全重	63吨
最大速度	72千米/时
最大行程	465千米

克的挑战，专门成立了一个调查小组，确定了新一代美国坦克的各方面的性能指标和研发方案，不久便开始了新型主战坦克的研发工作。1976年，美国克莱斯勒公司和美国通用汽车公司分别生产了一辆新型坦克试验车。经过测试，克莱斯勒公司生产的名为

"XM1"的试验车略胜一筹,这便是今日的 M1"艾布拉姆斯"主战坦克。

1980年,第一辆标准型 M1"艾布拉姆斯"主战坦克开始进入美国陆军服役,之后美国陆军对 M1"艾布拉姆斯"主战坦克进行了大量采购。

M1"艾布拉姆斯"主战坦克的第一辆改进车是 M1A1"艾布拉姆斯"主战坦克,其安装了与"豹"2主战坦克相同口径的滑膛炮,威力更加惊人。1985年,M1A1"艾布拉姆斯"主战坦克开始装备美国部队。

设计结构 >>>

M1"艾布拉姆斯"主战坦克的炮塔采用钢板焊接而成,看上去低矮而庞大。它的车体舱位设置由前往后分别是加强舱、战斗舱和动力舱。可容纳4名战员,驾驶员配有3具整体式潜望镜,装填手配有1具可旋转的潜望镜,舱口处有1个环形机枪架。炮塔壁左侧设置有便于装填手操作的车内电台。炮塔尾舱是放置弹药的地方，装填手弯曲膝盖时，尾舱装甲隔门打开；站立时，隔门自动关闭。

性能解析 >>>

M1"艾布拉姆斯"主战坦克主炮采用北约制式大口径的线膛炮，火力更加强劲。该炮还改进了摇架的结构和重量，从而增大了炮塔内的空间。

M1"艾布拉姆斯"主战坦克采用的动力设备是燃气轮机，这在当时还属首例。M1"艾布拉姆斯"主战坦克采用优良的复合装甲、贫铀装甲进行主要部位防护，可有效对付反坦克武器。车内还安装了自动灭火系统和"三防"装置，使其具备了核生化环境下作战的能力。

服役情况 》》》

在 1991 年的海湾战争中，改良型 M1A1 主战坦克近距离与伊拉克坦克交火。事实证明，该型号主战坦克即使被伊拉克坦克击中，也不易被摧毁，战争中没有一辆 M1 系列"艾布拉姆斯"主战坦克被伊拉克坦克的正面火力击穿，表现出优良的防护性能。

兵器 小百科

艾布拉姆斯是美国原陆军参谋长，他也是美国将军巴顿手下的大将。艾布拉姆斯在第二次世界大战时期担任过装甲部队指挥官的职务，他的部队常常是敌方坦克大军主要的进攻对象。M1"艾布拉姆斯"主战坦克便是以他的名字命名的。

德国"豹"2主战坦克

"豹"2主战坦克一直以来都是世界主战坦克中的佼佼者，它以卓越的性能和雄厚的发展潜力，成为欧洲乃至世界多个国家所青睐和装备的主战坦克。

研发历史 >>>

1970年，联邦德国研制MBT-70主战坦克的计划失败后，接着做出了研制"豹"2主战坦克的决定。1972—1974年，德国克劳斯－玛菲公司制造出数个坦克车体和炮塔，并陆续对样车进行了部件系统技术试验和部队试验；1975年，"豹"2主战坦克样车在加拿大进行冬季试车，同年又在美国尤马试验场进行热带沙漠试验；1977年，联邦德国与克劳斯－玛菲公司签订了大量生产"豹"2主战坦克的合同。

1978年底，第一辆预生产型"豹"2主战坦克由克劳斯－玛菲公司交付联邦德国国防

基本参数	
主炮口径	120毫米
车身全长	7.69米
战斗全重	62吨
最大速度	70千米/时
最大行程	470千米

军，并用于部队训练。1979年10月，"豹"2主战坦克正式装备联邦德国国防军。

设计结构 >>>

"豹"2主战坦克车体和炮塔由间隙复合装甲制成，车体前端为尖角形设计，可增强防护性能。车体从前往后可分成驾驶舱、战斗舱和动力舱3个部分。

"豹"2主战坦克主炮采用的是莱茵金属公司制作的120毫米口径的滑膛炮，其辅助武器为1挺高射机枪和1挺并列机枪。滑膛炮的炮管内壁做了镀铬硬化处理，因此其抗疲劳、抗磨损能力较强。"豹"2主战坦克主炮的炮塔外轮廓低矮，增强了坦克的防弹性；炮塔尾舱放置主炮弹药，尾舱和战斗舱之间设有气密隔板。在炮塔的后部两侧还各装有一组八联装烟幕弹发射器。

"豹"2主战坦克有完备的火控系统，包括光学、机械、液压和电子等方面的部件，还装有集体式"三防"通风装置，并配有乘员舱灭火抑爆装置，其空气过滤器在外部便能实现更换。此外，该坦克还有热成像仪、激光测距仪等多种电子设备。

性能解析 >>>

"豹" 2主战坦克使用的滑膛炮火力性能优越，再加上稳像式瞄准镜的使用，大大提高了坦克在行进过程中射击运动目标的命中率。

另外，"豹" 2主战坦克的机动性能很优越，最大越野速度和公路速度均达到了较高的水准。"豹" 2主战坦克在没有做准备工作的情况下，可进入1米深的水域，稍作准备后，涉水深度可达2.35米。在陆地上，可轻松越过1米多高的垂直矮墙，也可以跨过3米宽的壕沟。

总之，"豹" 2主战坦克的火力配置、防护性能和机动性能优良而稳定，坦克可靠性高且经久耐用。

服役情况 》》》

　　"豹" 2 主战坦克曾在科索沃战争中亮相，但该坦克真正参加战争是在阿富汗战场。在阿富汗战争爆发之初，加拿大军队租借了德国 20 辆 "豹" 2 主战坦克以应对阿富汗战争之需。在一次攻击行动中，一辆 "豹" 2 主战坦克虽然触发地雷，但凭借良好的防护性能，并没有出现伤亡情况。

兵器 小百科

　　莱茵金属公司是一家制造战斗车辆、防卫产品和武器配件的军工企业集团，著名装甲车辆 M1A1、M1A2、"豹" 2 主战坦克和一些自行火炮的主炮便是出自该公司。莱茵金属公司生产的 L55 滑膛坦克炮非常有名，其制造火炮的技术在世界堪称一流，其业务遍及世界各地。

德国 "虎" 式重型坦克

"虎"式重型坦克是第二次世界大战时期著名的作战坦克，杀伤性极强，几乎成为当时神一样可怕的存在，被德军誉为"无敌坦克"。

基本参数	
主炮口径	88毫米
车身全长	6.32米
战斗全重	57吨
最大速度	45.4千米/时
最大行程	195千米

研发历史 >>>

1937年，德国武器军备发展局为了提高坦克的防护能力，提出了研发重型坦克的计划。德军将这一计划委托给德国的奔驰、保时捷、MAN和亨舍尔四家公司进行设计研发。不久，四家公司将各自的设计方案提交给了德军。不过，随着苏联新一代T-34中型坦克的出现，这些设计方案已经无法满足德军作战的需要，德军不得不再次提高新式重型坦克的性能标准。1942年，经过全方面比较测试，

德军采纳了亨舍尔公司的基本架构和保时捷公司的炮塔设计。同年，新式重型坦克正式定型，这便是"虎"式重型坦克。不久，"虎"式重型坦克开始批量生产，之后产量不断增加。

设计结构 >>>

每辆"虎"式重型坦克都安装了1门电动击发式火炮，还配备了1具高精度的瞄准器。除了主炮，每辆"虎"式重型坦克还装有2挺7.92毫米的机枪。"虎"式重型坦克采用的是镍合金钢装甲，且大部分装甲采用的是咬合连接形式，这种咬合连接形式使其结构更加紧凑。

性能解析 >>>

"虎"式重型坦克的主炮射击精度较高，在火力和装甲防护方面性能卓越，被评为第二次世界大战时期杀伤效率最高的坦克炮之一。

"虎"式重型坦克车体前方装甲和炮塔正前方装甲厚度分别为 100 毫米和 120 毫米，两侧和车尾装甲厚度为 80 毫米。这样的装甲厚度，在当时能够抵挡大多数接战距离特别是来自正面的反坦克炮弹的攻击。不过，"虎"式重型坦克的车顶装甲比较薄弱，其厚度仅有 25 毫米。

相较于苏联 T-34 中型坦克和美国 M4 "谢尔曼" 中型坦克，"虎"式重型坦克在机动性能方面稍显逊色，不过，其机动性能在同时期的重型坦克中仍然名列前茅。

"虎"式重型坦克因为重量过大，很难通过桥梁，为此，设计者增加了其涉水功能，使其可通过 4 米深的水域，不过，在涉水前要做好充分的准备工作：炮塔和机枪要做密封处理，并且固定在前方；坦克后方需要升起大型呼吸管。整个涉水前的准备过程大概需要 30 分钟。

服役情况 >>>

1942 年，"虎"式重型坦克参加了列宁格勒附近的战役，在德军指挥官的指挥下，该坦克凭借强劲的火力，击毁了 100 多辆盟军作战车辆。

1943 年，在应对苏军的攻势中，德军指挥官曼施坦因装备了大量"虎"式重型坦克。在战斗中，"虎"式重型坦克向 2 千米外的苏军的一个坦克集群发起了猛攻，结果苏军损失惨重。

兵器 小百科

"虎"式重型坦克是第二次世界大战时期的强有力的装甲战车。通常，重型坦克战斗全重为 42～80 吨，主要用于支援中型坦克作战，其特点是火炮的口径大、炮管长、攻击力强。而且，重型坦克车体拥有更厚的装甲，因此防护力较强，但因车体重量过大而机动性能较弱。

苏联T-34中型坦克

T-34中型坦克是第二次世界大战时期性能较全面的战斗坦克，其在火力、防护和机动性能方面实现了完美平衡，被公认为第二次世界大战时期最优良的坦克之一。

研发历史 >>>

1936年，苏联著名战车设计师科什金担任了柯明顿工厂的总设计师，开始负责新型中型坦克的研发，设计编号为A-20。

1937年，新型中型坦克的设计工作完成，设计方案集合了之前坦克的优点。后来，为了更好地适应苏军的作战要求，科什金在坦克车型上进行了改进，最终该坦克设计为纯履带式的车型，设计编号为A-32。

1939年初，苏联哈尔科夫厂生产出了这两种编号的坦克。此后，A-32坦克在火力和装甲方面进行加强，其生产工序也不断简化，逐渐改进为后来的

基本参数	
主炮口径	76.2毫米
车身全长	6.75米
战斗全重	30.9吨
最大速度	55千米/时
最大行程	468千米

T-34 中型坦克。1940 年，第一批 T-34 原型坦克完工。

第二次世界大战时期，各型 T-34 中型坦克的产量惊人。苏德战争期间，各型 T-34 中型坦克的产量超过德国所有坦克的产量总和，成为当时产量最大的一种坦克。苏联军队一直装备该种坦克作战，直到 20 世纪 50 年代，T-34 中型坦克才被 T-55 主战坦克取代。

设计结构 >>>

T-34 中型坦克的车体为焊接结构，可分为 3 个部分，驾驶舱位于车体前部，战斗舱位于车体中部，发动机和传动装置位于车体后部。T-34 中型坦克的炮塔为铸造结构，设置在车体中部上方，炮塔顶部靠后的位置是两个圆顶盖的通风口。最早型号的 T-34 中型坦克上装备了一台 76.2 毫米短管坦克炮，第二次世界大战期间，该坦克炮被 85 毫米的坦克炮替代，衍生出了 T-34/85 中型坦克。

性能解析 >>>

T-34 中型坦克采用倾斜装甲设计，正面装甲的厚度为 45 毫米，倾斜角度为 32°，使其防护能力等同于 90 毫米厚的装甲的防护能力；其侧面装甲倾斜角度为 49°，其防护能力等同于 54 毫米厚的装甲的防护能力。这样的装甲，可以有效地防御德国于 1941 年装备的坦克火炮在 500 米以上距离的攻击。

T-34 中型坦克还采用了新式悬挂系统，其车轮可以独立地随地形起伏运动，因此 T-34 中型坦克速度快、越野性能极佳，而宽履带的设计也大大减小了坦克的接地压力，这也是 T-34 中型坦克可以在雪地上自由行进的原因。

服役情况 >>>

T-34 中型坦克在坦克发展史上具有重要地位，在第二次世界大战中，苏联共生产了 4 万多辆 T-34 中型坦

克，T–34 中型坦克在苏联卫国战争中挽救了苏联红军，甚至可以说它扭转了第二次世界大战欧洲战场的战局。虽然纳粹德国在第二次世界大战中拥有"虎"式重型坦克与"虎王"重型坦克，但面对数量惊人、火力强大、机动性能超强的 T–34 中型坦克，德军装甲部队只能用"望洋兴叹"来形容当时的心情与局势。因此可以说，T–34 中型坦克才是第二次世界大战欧洲战场上的"王者兵器"。

兵器 小百科

通常，中型坦克战斗全重为 16 ～ 45 吨，是一种机动灵活、用途多样的坦克，多用于战场支援作战。某些中型坦克虽然行进速度和炮塔旋转速度都比较慢，但防护性能和火力性能良好，同样可以在作战时成为有力的移动火力平台。

苏联/俄罗斯T-72主战坦克

T-72主战坦克可以说是苏制坦克的招牌，也是目前很多国家的现役坦克。T-72主战坦克凭借可靠的性能、精简的构造和低廉的价格，目前被俄罗斯乃至叙利亚、埃及、伊拉克等国家的军队大量装备。

基本参数	
主炮口径	120~125毫米
车身全长	6.9米
战斗全重	44.5吨
最大速度	80千米/时
最大行程	450千米

研发历史 >>>

T-72主战坦克是在T-64主战坦克的基础上研制而成的。由于T-64主战坦克采用了大量的先进技术，制造成本极高，苏联军队无法大量装备使用。1967年，苏联便开始研制一款性能与T-64主战坦克相近，但造价相对低廉的坦克，以便在军队中大量使用和

外销其他国家。1971—1973 年，新型主战坦克在多地进行野外测试。1973 年，该新型主战坦克开始在苏联陆军服役，并被命名为 T–72 主战坦克。

T–72 主战坦克还出现了很多种改进型号，有的加装了反应式装甲，有的装备了技术更加成熟的 120 毫米滑膛炮。据最保守估计，如今仍然在世界各国服役的 T–72 主战坦克有 10 000 多辆。

设计结构 >>>

T–72 主战坦克外形紧凑低矮，车体使用钢板焊接而成，炮塔采用铸造结构，呈半球形。驾驶室位于车体前部中央位置，战斗室位于车体中部，室内配有转盘式自动装弹机，战斗室的布置围绕自动装弹机安排。

车体前装甲板上有 V 形防浪板，车体两侧翼子板上有工具箱和燃油箱，车体后部还可以安装两个装柴油的附加油桶。

性能解析 >>>

　　T-72主战坦克装备了一台125毫米的滑膛炮，可发射的弹药有破甲弹、尾翼稳定脱壳穿甲弹等，从T-72B主战坦克开始具备了发射反坦克导弹的能力。T-72主战坦克设置了弹药自动装填装置，可以安全稳定地进行弹药的自动装填。射击完毕后，自动装填系统会把残余的弹筒底壳抛出车外，以减少车内空间的浪费。

　　T-72主战坦克在其重点部位设计了复合装甲，有些部位的厚度甚至达到了200毫米。复合装甲板的中间采用的是类似玻璃纤维的新型防护材料，外面包裹的是均质钢板。T-72主战坦克还装备了反应式装甲，使其防护能力大为增加。不过，其装甲的外层很难应对小口径武器的攻击。

　　除此之外，T-72主战坦克还具备一定的涉水能力。

　　T-72 主战坦克的火控系统性能较差，远距离的命中精准度不高，尤其是进行反坦克导弹的发射时，需要将战车停下来才能进行导引射击，这样很容易错过最佳射击时机。

　　同时，T-72 主战坦克的消防抑爆系统也比较落后。当 T-72 主战坦克不幸被反坦克导弹命中时，不仅车体会被击穿，车内的弹药也会被引爆。其底盘装有的大量炮弹一旦被引爆，炮塔就会被炸飞。在这种情况下，车长和炮手连逃生的机会都没有。

服役情况 >>>

　　在海湾战争时期，伊拉克军队曾装备大量 T-72 主战坦克。不过，这并没有给伊拉克军队带来多少大的战果，战斗中大量的

T-72 主战坦克被美军击毁，导致伊拉克军队惨败。因此，T-72 主战坦克的作战能力一度遭到质疑。其实，伊拉克军队的战败除了装备的原因，还与伊拉克军队的指挥不当、信息系统落后和美军绝对的空中优势有很大关系。同时，伊拉克进口的 T-72 主战坦克是苏联简化过的车型，很难和现代化的美国 M1A1 主战坦克及英国的"挑战者"主战坦克相抗衡。

兵器 小百科

　　主战坦克是一种可对敌军进行积极的正面攻击的坦克。主战坦克在火力和装甲防护能力方面和以往的重型坦克水平相当，甚至有所超越。同时，主战坦克还具备中型坦克那样良好的机动性能，因此，可作为现代装甲兵的主要作战装备，进行地面作战和突击。

苏联/俄罗斯T-80主战坦克

T-80主战坦克是苏联研制的第三代主战坦克，也是历史上首款批量生产的、以燃气轮为动力的坦克，因为机动性能优越，被外界誉为"飞行坦克"。

基本参数	
主炮口径	125毫米
车身全长	9.72米
战斗全重	46吨
最大速度	65千米/时
最大行程	580千米

研发历史 >>>

20世纪60年代末，美国和联邦德国都开始积极研制新型主战坦克，美国M1和德国"豹"2主战坦克分别进入样车试验阶段，于是苏联方面也不得不应对国际局势的新挑战，着手研发一种性能可靠、设计新颖的新型主战坦克，以确保自身在世界坦克领域的领先地位。

1968 年，苏联基洛夫工厂受命进行新型主战坦克的研发任务，波波夫担任总设计师。基洛夫工厂借鉴当时最新型坦克的研发经验，在 T-64 主战坦克的基础上，终于在 1976 年研制出了新型主战坦克，即 T-80 主战坦克。该坦克是第一种量产的带燃气轮机的坦克，而美国 M1 "艾布拉姆斯" 主战坦克虽然采用了同样的燃气轮机，不过其定型生产要比 T-80 主战坦克晚了 4 年。

设计结构 >>>

T-80 主战坦克的设计结构和 T-64 主战坦克类似：驾驶舱处在车体前部中央的位置，战斗舱位于车体正中部，动力舱位于车体后部。车体前下装甲板外面装有推土铲，也可安装扫雷犁。

车体中部的炮塔为钢制复合结构，武器装备为 1 门

125 毫米滑膛坦克炮，另有 1 挺高射机枪和 1 挺并列机枪，同时还配备了 2 ~ 4 枚导弹。此外，T-80 主战坦克还装备了激光报警装置、激光测距仪等设备。

性能解析 >>>

T-80 主战坦克车体正面采用复合装甲，外层为钢板，内衬层为非金属材料，中间层为玻璃纤维和钢板，因此防护性能很好。

T-80 主战坦克采用的燃气轮发动机功率大、体积小、重量轻，使这种坦克拥有良好的高速性能和主推性能，即使在低温条件下也能快速启动发动机，因此车辆可靠性高。不过，T-80 主战坦克虽然机动性能很好，但由于耗油量巨大，对补给的依赖性很高。

服役情况 >>>

T-80 主战坦克第一次在战场上亮相是在 20 世纪 90 年代初爆发的车臣战争中。不过，因为 T-80 主战坦克不擅长城市作战，在这次的作战任务中 T-80 主战坦克有一定的损毁，所以并没有显示出其应有的实力。后来，在车臣共和国首府格罗兹尼激战过程中，一辆 T-80 主战坦克身中 3 枚榴弹、2 枚迫击炮弹以及 20 枚火箭弹的攻击，但仍然消灭了一个营的车臣叛军，自此，T-80 主战坦克成了人们口中的"不死的怪物"，其作战实力也逐渐被人们所认可。

兵器 小百科

坦克的动力装置是坦克运动的动力来源，主要由发动机和一些辅助系统组成。早期坦克多采用汽油发动机作为动力装置，现代坦克大多采用动力更为强劲的柴油发动机，有些还采用了更先进的燃气轮机，如 T-80 主战坦克。

俄罗斯T-90主战坦克

T-90主战坦克是苏联及之后的俄罗斯研制的新一代主战坦克，该坦克结实耐用，且易于维修，除了装备俄军，很多国家的军队也有装备。

基本参数	
主炮口径	125毫米
车身全长	9.53米
战斗全重	46.5吨
最大速度	65千米/时
最大行程	550千米

研发历史 〉〉〉

20世纪80年代中期，西方国家为了在坦克质量上压倒苏联，开始对新一代主战坦克进行各种改进。苏联同样不甘示弱，也开始加快改良型坦克的研制工作，相继推出了T-64、T-72和T-80三种主战坦克的改良车型。不过，苏军认为这些改良型坦克仍无法应对西方最新型主战坦克的威胁，因此苏军高层决定研制一种全新的主战坦克。

1986年，苏军授命莫斯科装甲坦克总局进行新型主战坦克的研制工作，随后莫洛佐夫、

　　下塔吉尔等设计局也纷纷加入新一代主战坦克的研制工作中。曾成功研制了 T-72 主战坦克的下塔吉尔设计局，在苏军正式下达研制第四代主战坦克的命令之前，就已经开始了新型坦克的研制工作，该设计局不仅有新型坦克的研制方案（"195"方案），甚至还有出口型坦克的简化方案。

　　下塔吉尔设计局研制出来的这款坦克确切地说属于 T-72 系列坦克的一种改进型，代号为 T-72BУ。后来，俄罗斯总统叶利钦看到这款坦克后，亲自将其命名为"T-90"，因此，这款坦克最终定名为 T-90 主战坦克。

设计结构 >>>

T-90 主战坦克在整体外观上基本与 T-72 主战坦克相同，驾驶员位于车体前部，车长位于车体后部。T-90 主战坦克的装甲包括 1 个主装甲壳体（内部装有塑料板和多层铝板）和 1 个可控制变形的装置，在主装甲外面还装有反应装甲。

T-90 主战坦克武器为 1 门 125 毫米的滑膛炮，并配有自动装填机。另外，T-90 主战坦克还设有 1 挺 12.7 毫米高射机枪和 1 挺 7.62 毫米并列机枪与 4 枚激光制导反坦克导弹。

性能解析 >>>

T-90 主战坦克装备的滑膛炮可以发射多种类型的弹药，如破甲弹、尾翼稳定脱壳穿甲弹和杀伤性榴弹。为了缩小火控系统与西方国家的差距，T-90 主战坦克还具备了发射 AT-11 反坦克导弹的能力，可进行远距离的攻击，直接打击直升机等低空目标。

T-90 主战坦克的动力装置为 1 台 12 缸的柴油发动机，相较于燃气轮机，这样的发动机经济性更好、机动性能更高。T-90 主战坦克可以越过 0.85 米高的垂直矮墙和 2.8 米宽的壕沟，在没有准备的情况下，可通过

1.2 米深的水域，经过短时间的准备后，涉水深度可达 5 米。

服役情况 >>>

1995 年，T-90 主战坦克正式开始服役。目前，T-90 主战坦克除了在俄罗斯陆军服役，还有一部分装备于西伯利亚军事基地和海军基地。2006 年，俄罗斯政府决定，T-90 主战坦克在满足俄罗斯陆军的装备需要的同时，还可以在国际军贸市场进行推广。如今，印度、叙利亚、沙特阿拉伯、朝鲜、伊拉克等国家，有的已同俄罗斯签订了购置合同，有的已经购置了一定数量的 T-90 主战坦克作为本国装备。

兵器 小百科

T-90 主战坦克装备的滑膛炮，是一种炮管内壁没有膛线的火炮，与其相对的是炮管内壁有膛线的线膛炮。滑膛炮相较于线膛炮发射初速快、命中率高，且成本低，现代大多数主战坦克采用的都是滑膛炮。

英国"挑战者"2主战坦克

"挑战者"2主战坦克是英国陆军以及阿曼皇家陆军装备的现役主战坦克。该坦克是目前世界上防护性能和作战性能最优越的主战坦克之一。

研发历史 >>>

基本参数	
主炮口径	120毫米
车身全长	8.3米
战斗全重	62.5吨
最大速度	59千米/时
最大行程	450千米

"挑战者"2主战坦克是由英国维克斯防御系统公司于20世纪80年代在"挑战者"1主战坦克的基础上设计研发的，不过两者可以通用的零件并不多。1993年，"挑战者"2主战坦克开始生产。1994年3月，首辆"挑战者"2主战坦克完工。1998年，"挑战者"2主战坦克进入英国军队服役。

设计结构 >>>

"挑战者" 2 主战坦克装备了 1 门 120 毫米线膛炮，该型火炮也曾装备于 "挑战者" 1 主战坦克和 "酋长" 主战坦克。"挑战者" 2 主战坦克辅助武器为 1 挺 7.62 毫米防空机枪，装填手舱门外还有 1 挺 7.62 毫米并列机枪。

"挑战者" 2 主战坦克的炮塔装备了第二代 "乔巴姆" 复合装甲，炮塔两侧各装有一组烟幕弹发射器。另外，"挑战者" 2 主战坦克的发动机还设计成可制造烟雾的形式，并安装有 "三防" 系统，炮身上装有炮管排烟装置。

性能解析 >>>

"挑战者" 2 主战坦克主炮具有良好的平滑度与硬度，耐磨性强，使用寿命也比较长，可发射初速更高的弹药。虽然英国 "挑战者" 2 主战坦克在同类型主战坦克中行驶速度较慢，但该型坦克极适合防御作战，具有对抗动能弹和化学弹的效能，其防护能力在当代主战坦克中极为突出。

服役情况 >>>

英国"挑战者"2主战坦克曾大量应用于伊拉克战争，特别是在巴士拉战役中，"挑战者"2主战坦克击毁数十辆伊拉克军队的坦克，而英方几乎没有伤亡。在这次战役中，英国"挑战者"2主战坦克成功用穿甲弹远距离击毁一辆伊拉克军队的坦克，并因此创造了有史以来最远的坦克击毁纪录。

兵器 小百科

英国不仅设计了"挑战者"2主战坦克，还是世界上第一个研发坦克的国家。第一次世界大战时期，为了应对欧洲战场的挑战，英国陆军设计了一款装甲战车。当时担任海军将领的丘吉尔为了不泄露军事机密，将这种装甲战车命名为"tank"，原意为"木箱"，这便是世界上第一款坦克。

法国雷诺FT-17轻型坦克

雷诺 FT-17 轻型坦克是法国在第一次世界大战时期研制的新型轻型坦克，这款坦克相较于之前的坦克做了很多创新，被著名历史学家扎洛加称为"世界第一部现代坦克"。

基本参数	
主炮口径	37毫米
车身全长	5米
战斗全重	6.5吨
最大速度	7千米/时
最大行程	65千米

研发历史 >>>

继英国研发出第一辆坦克后，法国也开始了坦克的研发。起初，法军委托法国施耐德公司研发坦克，但成果并不理想，于是法军转而向世界著名汽车制造企业雷诺汽车公司展开新型坦克的研发合作。1916年，雷诺汽车公司研发出了新型坦克的模型。第二年，第一辆坦克样车制成，经过官方试验，最终得到了法军的认可。同年，第一批生产型坦克出厂，并正式定名为雷诺FT-17轻型坦克。1918年，雷诺FT-17轻型坦克开始装备法军，到第一次世界大战结束时，该坦克一共生产了3 000多辆。雷诺FT-17轻型坦克还远销美国、巴西、芬兰、波兰、荷兰、西班牙、日本等国家。

设计结构 >>>

为了方便雷诺FT-17轻型坦克量产，其车身装甲板多采用直角设计，以方便快速接合。该坦克还首次将动力舱、战斗舱、驾驶舱设计成独立舱间的形式，这样可有效地将动力舱引擎产生的废气和噪声与其他舱隔绝开，以改善士兵的作战环境。

雷诺FT-17轻型坦克的炮塔位于全车的最高部分，即车体中前部，同时为了方便量产，设计时采用了铸造炮塔。此后，世界上很多国家研制的坦克都采用了铸造炮塔式结构。

雷诺 FT-17 轻型坦克共有 4 种基本车型：第一种装备有 1 挺 8 毫米的机枪；第二种装备有 1 门 37 毫米的短管火炮；第三种取消了炮塔，改为通信指挥车；第四种装备了 1 门 75 毫米的加农炮，但并没有装备部队。

性能解析 >>>

雷诺 FT-17 轻型坦克拥有可以 360° 旋转的炮塔，这种新型炮塔不仅大大地开阔了车长的视野，而且只需 1 门火炮和 1 挺机枪便拥有强劲且没有死角的火力，从而有效地提高了坦克的火力反应速度。这样的火力配置要比没有炮塔、装备很多火炮和机枪的英国传统坦克的火力配置更加优越。

雷诺 FT-17 轻型坦克精致小巧，机动灵活，不仅越野性能强，在爬坡或跨越壕沟方面也优于当时的其他坦克。

雷诺 FT-17 轻型坦克的正面装甲厚度有 22 毫米，其他部位装甲厚度仅有 6 毫米，在对抗轻武器和炮弹破片方面有良好的防护性能。

服役情况 >>>

雷诺 FT-17 轻型坦克首次参战是在第一次世界大战中的雷斯森林防御战。第一次世界大战结束后，该型号坦克还参加了西班牙内战。1940 年德军入侵法国时，法军也装备有大量雷诺 FT-17 轻型坦克，不过，这些坦克大部分被德军缴获，用作固定火力点或警卫勤务，在 1944 年德军被逐出法国后，这些坦克才被归还法国。雷诺 FT-17 轻型坦克参加了两次世界大战，在坦克发展史上占有重要地位。

兵器 小百科

雷诺 FT-17 轻型坦克具有轻型坦克的共同特点，即重量轻、外形小巧、通行性高、速度快、机动灵活。第二次世界大战后，轻型坦克仍然是一些国家的主要武器装备，而在大量装备主战坦克的国家，轻型坦克常作为特种坦克使用。

法国AMX-56"勒克莱尔"主战坦克

AMX-56"勒克莱尔"主战坦克是在法国 AMX-30 主战坦克的基础上研制而成的，其在火力、机动性能和防护性能方面表现优良，号称世界首款第四代数字化坦克。

研发历史 >>>

基本参数	
主炮口径	120毫米
车身全长	9.9米
战斗全重	56.5吨
最大速度	72千米/时
最大行程	550千米

20 世纪 70 年代初，随着其他国家各类主战坦克的推出，法国生产的 AMX-10、AMX-30 这类"薄皮"坦克已经不再适应战争的需要。为了应对国际局势的挑战，法军决定研发一种新型主战坦克。法军摒弃了之前以机动性能为主的设计理念，开始在防护、火力方面下功夫。法国陆军相继提出了多种坦克概念。

该研发工作交由 GIAT 集团负责。1985 年，新一代坦克的基本设计方案确定，并最终将新一代坦克命名为 AMX-56"勒克莱尔"主战坦克。1989 年年底，第一辆 AMX-56"勒克莱尔"原型车被推出。1990 年，AMX-56"勒克莱尔"主战坦克在圣多利举行的欧洲陆军展中首度亮相，随后 AMX-56"勒克莱尔"主战坦克经过各项测试，开始陆续进行批量生产。1991 年，首批 AMX-56"勒克莱尔"主战坦克交付法国军方装备军队。

设计结构 >>>

AMX-56"勒克莱尔"主战坦克不仅具备 M1、"豹"2 主战坦克的杰出特质，还应用了大量尖端科技。其在设计之初便采用最新的科技与概念，在体积结构上更加紧凑精致，节省下来的体积和重量不仅可以用来提升装甲防护，也可以为今后的性能提升留下更多空间。除此之外，体积减小还能缩小坦克的被弹面积，也可以提高其机动性能，降低战略运输与桥梁承载的负荷，使其几乎能被各国的装甲救援车拖动，从而降低换装成本。

AMX-56"勒克莱尔"主战坦克车体和炮塔采用钢制焊接结构，不仅二者本身拥有一层基底装甲，炮塔四周还可以加挂复合装甲，这种在主战坦克上使用模块化装甲的技术在世界上首屈一指。

AMX-56"勒克莱尔"主战坦克的炮塔外形低矮扁平，考虑了防顶部攻击的问题。配备一门 120 毫米滑膛炮（其原始设计预留了换装 140 毫米主炮的空间）和一挺 12.7 毫米同轴机枪，车长与炮长舱口附近各有一具 7.62 毫米机枪枪架，不过平时只安装车长用机枪。

该坦克有着较为先进的火控系统，具备在 50 千米 / 时的速度下命中 4000 米外目标的能力。还装有法国地面武器工业集团研发的战斗载具防御系统，能够发射红外线干扰弹、烟幕弹、人员阻绝地雷等，有效担负起坦克的近程自卫任务。

性能解析 >>>

AMX-56"勒克莱尔"主战坦克最先进的部分是它的数字化电子系统。此系统不但可以告知坦克乘员本车现在的位置，还能够侦察敌军的方位，而且该车先进的车载电脑可以计算出坦克的最佳突击路线与撤退路线，大大提高了坦克的战场生存概率。

AMX-56"勒克莱尔"主战坦克拥有自动装填系统，这一设计减少了车组成员数，改善了坦克内部空间狭小的状况，简化了作战操作程序，从而提高了战斗力。

服役情况 >>>

1999年，科索沃战争爆发，法国派遣了15辆AMX-56"勒克莱尔"主战坦克到科索沃执行联合国的维和行动，这也是AMX-56"勒克莱尔"主战坦克的首次参战记录。法军在科索沃驻防期间，其装备的AMX-56"勒克莱尔"主战坦克表现出极高的可靠性，因此法国驻防的区域安全度较高。不过，到目前为止，AMX-56"勒克莱尔"主战坦克仍未接受过真正意义上的实战考验。

兵器小百科

"勒克莱尔"这个名字取自一位法国陆军名将的名字——菲利普·勒克莱尔，他曾参加第二次世界大战，曾率领法军第二装甲师成功解放了巴黎。

以色列"梅卡瓦"主战坦克

　　"梅卡瓦"主战坦克是以色列自主研发的、能在沙漠作战的主战坦克，号称是世界上防护性能最好的主战坦克。从诞生之日起至今，"梅卡瓦"主战坦克已经发展了四代，堪称世界上最具活力和特色的主战坦克。

研发历史 >>>

　　"梅卡瓦"主战坦克的研制最早可追溯到 20 世纪 70 年代。当时以色列政府为了防止坦克来源被外国切断，召开了一次军事会议，这次会议由以色列财政部长主持召开，国防部、财政部以及其他相关人士共同参与。通过讨论，以色列决定自己生产一款新型主战坦克，并确定了以防护能力为主的设计理念。1979 年，第一辆"梅卡瓦"主战坦克交付以色列国防军使用，其后开始大量生产。

基本参数	
主炮口径	105毫米
车身全长	9.04米
战斗全重	65吨
最大速度	64千米/时
最大行程	500千米

设计结构 >>>

"梅卡瓦"主战坦克的车体采用铸造结构，车体和炮塔装有防弹性能不同的装甲。"梅卡瓦"主战坦克战斗舱设置在车体的中部和后部，驾驶舱设置在车体前面靠左的位置，动力舱设置在车体前部靠右的位置。驾驶员所处位置还设有3个潜望式观察镜，中间的1个可换成被动式夜视镜。驾驶舱和战斗舱之间有1个通道，驾驶员可以利用这个通道进入战斗舱。

"梅卡瓦"主战坦克车体后部是放置炮弹的位置，弹药被放置在特制的弹药箱内，炮塔内只装有少量应急炮弹。弹架设置为可拆除的形式，拆除后的空间可多乘坐1组指挥人员，或放4副担架，或载10名步兵。

性能解析 >>>

"梅卡瓦"主战坦克是以"防护第一"为原则设计出来的，

因此其防护性能尤为突出，其次才是火力和机动性。由于其主要用于城市战斗，需要应对地雷、反坦克火箭炮等杀伤性武器，所以其装甲的防御力设计得极强。第一代"梅卡瓦"主战坦克主要采用的是披挂爆炸式附加装甲；第二代"梅卡瓦"主战坦克主要采用的是夹层式间隙装甲；第三代"梅卡瓦"主战坦克采用的是模块式复合装甲；第四代"梅卡瓦"主战坦克在模块式复合装甲组件的基础上，采用了新的材料和新的结构形式，使其装甲防护性能更加强大。

"梅卡瓦"主战坦克的动力性能也很优良，其前置的动力 - 传动系统使其运动速度更快，可在行进过程中越过 3.56 米宽的壕沟，也能爬上 37° 斜角的陡坡。

服役情况 〉〉〉

1982 年，第五次中东战争爆发，以色列"梅卡瓦"主战坦克首次参战并一战成名。"梅卡瓦"主战坦克击毁叙利亚数辆 T-72

主战坦克，而其本身凭借良好的防护性能没有出现伤亡情况，不仅打破了 T-72 主战坦克不可战胜的神话，也创造了"梅卡瓦"主战坦克不可摧毁的神话。随着巴以冲突的加剧，"梅卡瓦"主战坦克始终活跃在战斗第一线，堪称当今世界上最有实战经验的主战坦克。

2006 年，黎以冲突爆发，"梅卡瓦"主战坦克不敌真主党游击队的反坦克导弹，接连遭受重创，数十辆坦克被摧毁，几十名坦克兵阵亡，这次是"梅卡瓦"主战坦克自服役以来在战场上表现最不佳的一次。

兵器 小百科

坦克的防护功能可分为直接防护和间接防护两种。直接防护主要靠坦克的装甲壳体等进行防护，如在坦克中使用优良的装甲材料和使用隔舱结构等；间接防护包括伪装、规避、隐蔽等，如在坦克中采用对抗装置等。"梅卡瓦"主战坦克在这两方面的防护都很优良。

铁甲
雄风

装甲车

美国M1117装甲安全车

M1117装甲安全车是美国达信海上与地面系统公司在其研制的4×4轮式装甲车的基础上研发的一款全轮驱动轻型装甲车，具备优越的防护能力和越野能力，适合城市作战，在战场上有不错的表现。

基本参数	
车身全长	6米
战斗全重	13.47吨
最大速度	101千米/时
最大行程	764千米

研发历史 >>>

1995年12月，美国陆军对多种参与竞选的4×4轮式装甲车进行了综合评估，最终达信海上与地面系统公司研制的M1117装甲安全车竞标成功，并且美国陆军和达信海上与地面系统公司签

订了一份高价合同，要求该公司生产 4 辆 M1117 装甲安全车的原型车。1997 年初，原型车研制成功。2000 年，首辆生产型 M1117 装甲安全车交付美国军队，到 2006 年已全部交付完毕。

设计结构 >>>

M1117 装甲安全车车体中部为载员舱和单人炮塔，主要武器是 1 具重机枪和 1 具榴弹发射器，由车内的枪炮手进行遥控操作。在车体两侧各有一扇车门，车门上部各有一个防弹观察窗，窗下有射击孔。

M1117 装甲安全车采用的是四轮独立驱动系统，具有操作简单、驾驶稳定的特点，适合在城市狭窄的街道上使用。这种装甲安全车可由 C-130 运输机进行空运，可执行快速部署任务。

性能解析 >>>

M1117 装甲安全车车身较长，发动机动力较大，最重要的是配备了完全不同的独立式螺旋弹簧悬架，不仅极大地提高了乘员在车内的舒适度，还提高了 M1117 装甲安全车的机动性能。该车的防护性能介于"悍马"与"斯特赖克"装甲车之间，可抵御 12.7 毫米重机枪子弹、12 磅地雷破片或 155 毫米炮弹爆破片的攻击。

服役情况 >>>

M1117 装甲安全车曾伴随美国陆军在阿富汗和伊拉克等多个国家作战。1999 年，英军购进 M1117 装甲安全车用以装备宪兵队，并在阿富汗和伊拉克战场上投入使用。由于美国 M1114 "悍马"装甲车的防护能力无法满足大多数作战需要，所以美军大量购入 M1117 装甲安全车作为取代品。据统计，美军部署到伊拉克的 M1117 装甲安全车至今已有 77 辆。

兵器 小百科

最初的军用 M1114 "悍马"装甲车由美国 AMG 公司生产，如今，其商标使用权和生产权都属于美国通用汽车公司。M1114 "悍马"装甲车动力性能优异、操纵容易，且耐久性能良好，能够在许多运动型车辆无法通过的特殊路面行驶，因而受到称赞，被誉为"越野车王"。M1117 装甲安全车本是美军用来取代 M1114 "悍马"装甲车的，不过因为 M1117 装甲安全车过于昂贵，最终作罢。

美国M2"布雷德利"步兵战车

M2"布雷德利"步兵战车是一种伴随步兵机动作战的履带式、中型战斗装甲车辆。该战车不仅可以独立作战，还可以协同坦克作战。

研发历史 〉〉〉

基本参数	
车身全长	6.55米
战斗全重	27.6吨
最大速度	66千米/时
最大行程	483千米

20世纪60年代初，美国陆军对机械化步兵战斗车辆的发展提出了新要求，接下来的十多年间，美国战车制造企业先后生产了XM701、XM765和XM723三种样车，但前两种均未达到美国陆军的期望。1976年8月，美国陆军对XM723进行了单独测验，之后又根据要求做进一步改良，最终在1978年设计出XM2样车。1979年年底，XM2战车被正式命名为M2"布雷德利"步兵战车。1980年，此车投入生产；1983年，此车开始在美军机械化师和装甲师中装备使用，与M1、M1A1主战坦克协同作战。

后来，M2"布雷德利"步兵战车性能不断优化，陆续产生了
M2A1、M2A2、M2A3 等改进型。

设计结构 >>>

M2"布雷德利"步兵战车采用传统坦克布局结构，从前往后
分别为驾驶室、战斗室和载员室。驾驶室顶部设有 1 个后开的大
舱门，驾驶员的头部和胸部可完全探出，视野开阔。舱门上装备
了 4 具潜望镜，其中 1 具可换成潜望式微光驾驶仪。M2"布雷德

利"步兵战车火力配备为1门25毫米链式机关炮，以及1挺装在战车炮塔上的并列机枪。

性能解析 >>>

M2"布雷德利"步兵战车的机关炮虽然只有25毫米口径，但是能发射具有贫铀弹芯的穿甲弹，这种穿甲弹在集中使用时，能够将苏联T-55主战坦克的侧装甲击穿。

M2"布雷德利"步兵战车车体采用全焊接结构、混合装甲制成的爆炸反应装甲，可有效抵挡穿甲弹和炮弹的伤害，车前装有下附加装甲，侧面安装侧裙板，能有效防御地雷攻击。不过，相较于主战坦克，其装甲防护能力较弱，缺乏与主战坦克交战的能力。

M2"布雷德利"步兵战车没有装备激光测距仪和定位导航系统，在沙漠中容易迷失方向。不过，M2"布雷德利"步兵战车配备了各式先进武器，足以使该型步兵战车应对各种紧急情况。

服役情况 >>>

M2"布雷德利"步兵战车曾两次参与对抗伊拉克的军事行动。第一次是在1991年海湾战争，美军派出 2 000 辆 M2 "布雷德利" 步兵战车协同 M1A2 主战坦克作战，M2 "布雷德利" 步兵战车可以在沙漠中肆意行驶，为美军提供了重要支持，对伊拉克军队做出强有力的打击。

第二次是在 2003 年的伊拉克战争中，M2 "布雷德利" 步兵战车伴随美军主战坦克攻入伊拉克首都巴格达。其配有优良的观瞄设备，因此 M2 "布雷德利" 步兵战车最终摧毁的敌军坦克数量甚至比 M1 主战坦克还要多。

兵器 小百科

布雷德利是美国陆军五星上将，全名为奥马尔·纳尔逊·布雷德利，在第二次世界大战期间，他在北非战役和西西里岛、诺曼底登陆中立下赫赫战功。美军用其名字给 M2/M3 战车定名，也是对这位立下累累战功的将军的一种尊崇。

美国M3半履带装甲输送车

M3半履带装甲输送车是第二次世界大战时期半履带车中最著名的战车之一。M3半履带装甲输送车不仅可以用来护送和运输士兵，还能用来拖拽大炮，或装备防空火炮、反坦克火炮等武器，为步兵提供战斗支援。

研发历史 >>>

基本参数	
车身全长	5.6米
战斗全重	4吨
最大速度	89千米/时
最大行程	403千米

20世纪20年代，由于运输步兵的卡车越野能力差，且没有装甲防护，无法支援机械部队作战，因此很多国家开始研制机动性能和装甲防护更加优越的车辆，半履带式装甲车便应运而生了。1932—1940年，美国先后制造出T-1、T-8、T-14三种半履

带式装甲车，后来，T-14 装甲车发展成为可用于侦察和作为牵引车的 M2 半履带式汽车，而 T-8 装甲车最终发展成为 M3 半履带装甲输送车。这些车在第二次世界大战期间被广泛投入战场。

设计结构 >>>

M3 半履带装甲输送车采用传统的布置形式，发动机在车体前部，3 名乘员在车体中部，载员室在车体后部。为了方便车辆越过壕沟，车前设置了 1 个圆辊，有些车上用绞盘代替。

载员室安装了防弹玻璃窗，两侧车门可向前打开，在侧门上方开了 1 个观察孔，用滑动盖防护，为使视野更为宽阔，上半部车门可向外打开。M3 半履带装甲输送车的主要武器是 1 挺 12.7 毫米机枪，安装在载员室前部，并配有支架。

性能解析 >>>

M3 半履带装甲输送车，具有较高的越野机动能力和较强的防护性能。M3 半履带装甲输送车采用汽油发动机作为动力设备，可涉水、爬坡和翻越高墙。该车的车身由通过螺钉连接的轧制钢板制成，这样的装甲可有效防御小口径武器与弹药破片，但采用半敞开式设计，顶部缺少保护功能。

服役情况 >>>

第二次世界大战时期，M3 半履带装甲输送车曾大量装备盟军，被盟军士兵誉为"战场大巴"。第二次世界大战期间陆续有 10 多个国家和地区装备了 M3 半履带装甲输送车，中国驻印军也得到了一定数量的 M3 半履带装甲输送车，M3 半履带装甲输送车产量惊人，达到了 43 000 多辆。

兵器 小百科

以 M3 半履带装甲输送车为代表的半履带式装甲车，是一种车辆前部像汽车、后部像拖拉机的装甲车。车辆的后部履带和悬挂系统起推进和承重作用，而前部车轮主要起转向作用，二者的结合令这类装甲车可胜任多种作战任务。

苏联/俄罗斯BMP-3步兵战车

BMP-3 步兵战车是苏联设计研发的第三代 BMP 系列步兵战车,该战车既可以协同与支援 T-80 主战坦克作战,也可以单独行动。

基本参数	
车身全长	7.14米
战斗全重	18.7吨
最大速度	72千米/时
最大行程	600千米

研发历史 >>>

BMP-3 步兵战车是苏联于 20 世纪 80 年代初研制的第三代履带式步兵战车,通过测试后于 1986 年开始生产,1990 年 11 月,在莫斯科举行的红场阅兵式上首次亮相。相较于 BMP-2 步兵战

车，BMP-3 步兵战车的性能又有了进一步的升级。

设计结构 >>>

　　BMP-3 步兵战车采用箱型车体，车首呈楔形，车尾垂直。车体前部为驾驶室，车体中部为战斗室，车体后部为载员室和动力室。在总体布局上，BMP-3 步兵战车一改传统步兵战车的设计布局，将发动机放置在车体后部，这样的设置提高了防护能力，但给乘员上下车带来不便。为此，BMP-3 步兵战车的车尾设有两道车门以便载员上下车，战车的动力装置特意设计成扁平的样式，以降低车尾的高度。

　　BMP-3 步兵战车的炮塔上装备了 1 门 100 毫米的线膛炮，此炮可以发射破片榴弹和 AT-10 炮射反坦克导弹，在火炮的左侧配有 1 挺 7.62 毫米的机枪，右侧配有 1 门 30 毫米的机关炮。

性能解析 >>>

BMP-3 步兵战车的最大特点是采用了动力传动装置后置的布置。车身和炮塔由铝合金焊接而成，为加强强度和刚性，在其他一些重要部位加入了钢材，大大增强了其防护性能。

与 BMP-2 步兵战车相同，BMP-3 步兵战车也具备水上行驶功能，但差别是在水上行驶的方式有所改变，该车的水上行驶方式是由发动机带动喷水器，然后向后方喷水使战车前进。

服役情况 >>>

BMP-3 步兵战车的底盘功能全面，可供指挥车、修理车、疏散车等特种车辆使用。应俄罗斯国内外市场的需要，该车目前仍在生产，其底盘同样也活跃于市场中。

兵器 小百科

BMP-1、BMP-2 和 BMP-3 步兵战车被称为苏联步兵战车"三兄弟"，在世界的步兵战车中，最先研发出了三代。同时，该系列步兵战车拥有最多的装备数量、最多的装备国家。许多国际军事冲突中都有它们的身影，它们的实际战斗经验极其丰富。

苏联/俄罗斯BTR-80装甲输送车

BTR-80装甲输送车是苏联研制的一种轮式装甲车，具备人员输送功能。该车在苏联陆军中很受欢迎，不仅被大量装备，还经常出现在俄军的军事演习中，被称为"低端战场的风火轮"。

基本参数	
车身全长	7.7米
战斗全重	13.6吨
最大速度	90千米/时
最大行程	600千米

研发历史 >>>

BTR-80装甲输送车于20世纪80年代初开始研制。1984年，该车开始在军队中服役；1987年11月，该车在莫斯科红场大阅兵上第一次亮相。

设计结构 >>>

BTR-80装甲输送车的车身为轧制钢板材质，驾驶舱位于车体前部，战斗舱位于车体中部，载员舱和动力舱位于车体后部。载员舱顶部有2个方形舱盖，盖上各有 1 个圆形射击孔。车体两侧开有大门，门的上部可以朝前打开，下部可折叠成台阶，方便步兵上下车。BTR-80 装甲输送车可以用于观察地形，白天，乘员可以通过位于车体前部的挡风玻璃进行观察；在战斗或者夜间行军时，乘员可以利用多种型号的潜望镜进行观察。

BTR-80 装甲输送车的炮塔位于车体中部，火力配置包括 1 挺 14.5 毫米机枪以及 1 挺 7.62 毫米机枪，两挺机枪并列安装。

性能解析 >>>

BTR-80 装甲输送车的车体装甲较为薄弱，只能承受 7.62 毫米子弹的攻击，正面防护装甲可承受 12.7 毫米子弹的攻击。

BTR-80 装甲输送车具有两栖性，在水上依靠车后的喷水推进器推动行驶，速度可达每小时 9 千米。当遇到高度在 0.5 米以上的水浪时，可竖起通气管防止水流入发动机内部。另外，它还配备了防沉装置，车辆即使在水中受到损坏也不会迅速下沉。

服役情况 >>>

在苏联入侵阿富汗的战争中，BTR-80 装甲输送车战绩惊人。在科索沃战争中，俄罗斯军队使用该车抢占了科索沃普里什蒂纳机场。该车除服役于俄罗斯，在乌克兰和北马其顿等国的特种部队中也有装备。

兵器 小百科

以 BTR-80 为代表的装甲输送车诞生于 20 世纪 80 年代初，主要用于解决步兵和坦克的协同作战问题。装甲输送车可用来输送步兵和运送物资，被称为"战场出租车"，其机动性较强、火力良好，具有一定的战斗能力。

英国 "武士" 步兵战车

　　"武士" 步兵战车，是英国设计研发的一款履带式步兵战车。它是英国地面部队的中坚装甲力量，同时也是少数参加过实战的步兵战车之一，并在战场上取得了不错的成绩。

基本参数	
车身全长	6.3米
战斗全重	25.4吨
最大速度	75千米/时
最大行程	660千米

研发历史 〉〉〉

　　第二次世界大战使很多国家意识到履带式装甲运兵车能在战斗中发挥巨大的作用。战争结束后，各国都加快了研发新型履带式装甲运兵车的进程。英国陆军从欧洲大陆撤军后，也意识到自身在步兵车方面的不足，迫切需要研制一款兼具机动性和防护性的步兵战车。

英国陆军起初研制了一款名为"FV420"的装甲车，该车兼具运兵车、指挥车、工程车以及反坦克战斗车的功能，是一款功能全面的步兵车，深受英国陆军官兵的喜爱。英国"乔巴姆"装甲问世后，英国在FV420装甲车的基础上，研制出了防护能力更加强大的"武士"步兵战车。1984年，"武士"步兵战车正式装备英国陆军，并于1987年列入英国陆军机械化步兵营。

设计结构 >>>

"武士"步兵战车采用的是传统战车的结构布局，车体左前方是驾驶舱，驾驶席配有 3 台潜望镜，车体左侧还装有一个宽而扁的舱门，右侧为发动机舱。车体上部为车长与炮手所在的炮塔，车尾为载员舱，可容纳 7 人，有一扇可以向右开启的电动舱门供人进出。此外，载员舱顶部还有两扇可以分别向左、右开启的舱门，士兵可以打开舱门探出身子进行观测、射击或上下车。

性能解析 >>>

"武士"步兵战车的装甲多由铝合金焊接而成，可有效抵挡穿甲弹、炮弹破片的攻击，具有良好的防护性能。同时，该车还拥有"三防"能力，可满足士兵长时间作战的需求。

"武士"步兵战车采用了功率较大的"秃鹰"柴油发动机，并配置了自动变速箱和液压无段式动力辅助转向系统，因此该车的机动性能极佳。

服役情况 >>>

"武士"步兵战车曾在海湾战争、伊拉克战争中有过出色表现。在这两次较大规模的战争中，英国的"武士"步兵战车和"挑战者"1主战坦克协同作战，表现优异。在海湾战争中，英军第7装甲旅装备的"武士"步兵战车在行军整整4天后，依然能全部投入战斗，由此可见其优越的性能、极高的可靠性。海湾战争中仅有3辆"武士"步兵战车受到损坏，其中2辆还是遭到了美军A-10攻击机的误伤，"武士"步兵战车的坚固性可见一斑。

兵器 小百科

"武士"步兵战车是在竞争中脱颖而出的，同时也是在多方合作下产生的。在生产该车的过程中，英国国防部在众多企业之间公开招标，各家企业纷纷参与，各展其能，最终"武士"系列博采众长，无论是大的系统设施，还是小的部件，都是由多家公司分别生产的。

德国 "黄鼠狼" 步兵战车

"黄鼠狼"步兵战车是德国研制的一款新型履带式步兵战车,拥有超高的战斗全重,是一款比较成功的装甲战斗车辆。

基本参数	
车身全长	6.79米
战斗全重	33.5吨
最大速度	75千米/时
最大行程	520千米

研发历史 >>>

"黄鼠狼"步兵战车于1960年开始设计制造,其间因研制工作优先级别不够而停滞;1964年研制工作恢复;1967年样车研制完成;1969年开始批量生产;1971年,首批量产型"黄鼠狼"步兵战车交付部队并装备德国陆军。

设计结构 >>>

"黄鼠狼"步兵战车的车身左前方是驾驶舱，配有3台潜望镜。驾驶舱的右侧是动力室，配备1部水冷式柴油发动机，安装了1个变速箱，具有4个前进挡和2个后退挡。车尾门左右两边装有冷却器，供动力系统使用，采用的是扭力杆式承载系统，第1、2、4对车轮还装备了油压减震器。

"黄鼠狼"步兵战车的车身中央配备1个双人炮塔，车长在右，炮手在左。该车的主要火力配置是1门20毫米Rh202机关炮及1挺同轴机枪，按照需求可另外装上配有5发"米兰"反坦克导弹的发射器。

性能解析 >>>

"黄鼠狼"步兵战车的装甲结构为全焊接钢材，具有和轻型坦克装甲一样优秀的防御性能。车前装甲的厚度为30毫米，可抵御20毫米机关炮的杀伤；车身可抵挡步枪子弹和炮弹破片的杀伤。炮长和车长可以遥控射击，不用坐在炮塔中，因而炮塔体积小，不容易中弹。该车的车体两侧配有浮囊，可以在水面浮渡；装上发动机进气筒后，还可以在水深2米以内的江河中潜渡。

服役情况 >>>

  "黄鼠狼"步兵战车服役期间协同"豹"1主战坦克在德国国土防卫方面做出了重要贡献。"豹"1主战坦克退役后，"黄鼠狼"步兵战车还被部署到阿富汗。"黄鼠狼"步兵战车在服役的45年间，历经多次实战考验，曾销往智利等国。"黄鼠狼"步兵战车无疑是极其成功且富有成效的战斗车辆。

兵器 小百科

  步兵战车主要用来配合步兵机动作战，车上设有射击孔，步兵能乘车射击；与装甲输送车相比，其火力、防护力和机动性等方面都大大提高。步兵战车具有协同坦克作战的能力，可以消灭敌方步兵反坦克火力点、轻型装甲车辆、低空飞行目标等。

德国 "美洲狮" 步兵战车

"美洲狮"步兵战车是继"黄鼠狼"步兵战车后德国研制的新一代步兵战车。该车是 21 世纪步兵战车的典范，具有先进的设计理念和完美的技术整合，在未来将伴随"豹"2 主战坦克作战。

基本参数	
车身全长	7.4米
战斗全重	31.5吨
最大速度	70千米/时
最大行程	600千米

研发历史 >>>

"美洲狮"步兵战车，是由德国克劳斯－玛菲和迪尔两家公司于 1983 年投资研制的。1986 年春，第一辆样车研制成功，其机动性较好、功能多、费效比较高，可为战斗部队和支援部队提供充分的服务。2007 年，"美洲狮"步兵战车开始全面生产；2012 年，第一批 390 辆战车完成交付。

设计结构 >>>

　　"美洲狮"步兵战车采用传统的布局方案，乘员有 3 名，分别是车长、炮长和驾驶员。驾驶员位于车辆的左前方，动力组件安装在右前方，车长和炮长并排坐在车辆的中部，车长在右，炮长在左，各自配有观察设备。载员舱在后部，可载运 8 名士兵，后部还设有电控跳板门供士兵进出。

　　"美洲狮"步兵战车的车体设计与旧系统完全不同，其底盘和车体模块化设计任务由莱茵金属公司担任，可利用 A400M 运输机进行空运。

　　该车装备"三防"系统、空调、火灾探测与灭火抑爆系统，生产型"美洲狮"步兵战车系统更加完备，功能更加齐全，装备有战场敌友识别系统及指挥、控制与通信系统，另外还配备了功能强大的内置式测试设备。

性能解析 >>>

　　"美洲狮"步兵战车的主要武器是 1 门安全性能和命中概率极高的机关炮。该炮可发射尾翼稳定曳光脱壳穿甲弹和空爆弹等炮弹。"美洲狮"步兵战车采用的是结构紧凑、重量轻的 MT-902V-10 型柴油发动机，机动性能优越。

"美洲狮"步兵战车发射的空爆弹打击范围广，对直升机、轻装甲目标、反坦克导弹隐蔽发射点和主战坦克上的光学系统等都能造成威胁。

"美洲狮"步兵战车每侧设有 5 个钢质负重轮，安装在独立悬挂装置上。该设计不仅考虑了战车的高度机动性，还兼顾了减噪和减震问题。

服役情况 >>>

在 2004 年的费卢杰战役中，驻伊美军装备的"美洲狮"步兵战车对反美武装人员造成了极大威胁，该车因而一战成名。如今，相较于为美军立下汗马功劳的 M1114"悍马"装甲车，"美洲狮"步兵战车毫不逊色，甚至更胜一筹。

兵器 小百科

"美洲狮"步兵战车的装甲组件安装方便快捷。A 级防护的"美洲狮"步兵战车重 31.45 吨，具有抵御 14.5 毫米枪弹的能力。C 级防护的"美洲狮"步兵战车重 41 吨，车侧和炮塔位置有附加装甲，用来抵御小型武器的攻击。超强型防护的"美洲狮"步兵战车更重，有 43 吨。

德国"山猫"水陆两用侦察车

"山猫"水陆两用侦察车是联邦德国研制的一款水陆两用轮式侦察车。该车可深入敌方腹地，完成侦察、突袭、扰乱敌方阵地等多种作战任务。

研发历史 >>>

基本参数	
车身全长	7.74米
战斗全重	19.5吨
最大速度	90千米/时
最大行程	730千米

第二次世界大战后，随着国力不断增强，联邦德国国防军不愿再完全依赖美军提供的武器装备。1964年，联邦德国提出了对本国20世纪70年代军用车辆的要求，8×8的水陆两用侦察

车便应运而生。

1969 年，联邦德国联合开发局和奔驰公司各研制了 9 辆 8×8 水陆两用轮式侦察车，并开始进行长达两年的试验。1971 年，奔驰公司研制的侦察车最终被联邦德国国防部采用。1975 年 5 月，第一批侦察车生产完成。同年 9 月，该批侦察车交付联邦德国陆军，被称为"山猫"水陆两用侦察车。

设计结构 >>>

"山猫"水陆两用侦察车的整个车体为全焊接钢结构，车体侧面竖直，从车轮上方开始向内倾斜，两侧分别装有 4 个大型负重轮，前 2 个车轮的轮间距与后 2 个车轮的轮间距相等，车体左侧的车门处于第 2 个和第 3 个负重轮之间。前部装甲板倾斜明显，车体前部装备防浪板，车顶水平，炮塔装在中部稍微靠前的位置。车尾倾斜，下面安装有 2 具推进器。

"山猫"水陆两用侦察车最初装备的是红外夜视仪，以供乘

员使用，但现在已改为热成像夜视设备。

性能解析 》》

"山猫"水陆两用侦察车可水陆两用，特别之处在于前后两处都安装有驾驶舱，因此后退时也能方便驾驶员操作。如果遭遇难以对抗的敌人，可以快速撤退。

服役情况 》》

轮式装甲车一般结构设计简单，制作价格低廉。"山猫"水陆两用侦察车却反其道而行之，具有复杂的结构与不菲的价格，这不管对过去还是现在来说都是不理想的，因此截至1978年停产，该车仅生产了408辆用以装备德国军队。

兵器 小百科

以"山猫"水陆两用侦察车为代表的两栖装甲车辆，具备不依靠桥梁、渡船等辅助设备就能自行涉渡江河的能力，并能在水上航行和射击。第一次世界大战结束之后，由法国和美国首先试验的一种水陆两用坦克是最早的两栖装甲车辆。

南非RG-31"林羚"防地雷装甲车

RG-31"林羚"防地雷装甲车是南非研发的一款防地雷反伏击车,该车看起来很普通,但反地雷性能优良,在炮火连天的战场上可以畅通无阻,中国、美国等很多国家从南非引进了该车。

基本参数	
车身全长	6.4米
战斗全重	8.4吨
最大速度	105千米/时
最大行程	900千米

研发历史 >>>

RG-31"林羚"防地雷装甲车以梅赛德斯–奔驰 UNIMOG 配件为基础,从而降低了研发成本。该装甲车与"曼巴"装甲车十分相似。

设计结构 >>>

RG-31"林羚"防地雷装甲车的车体前部是动力舱，车长和驾驶员在其后，驾驶位根据需要可以配置在左面或右面，配有安全带的单独座位是供乘员面向内坐的，车体内部两侧分别装有 4 个座位，前排座位后面还设有另外的单个座位。车体周围设有大型防弹车窗，可为车内乘员提供良好的视野。

RG-31"林羚"防地雷装甲车的车体竖直，正面中央安装有水平散热格栅。水平引擎顶盖稍稍倾斜，连接与地面几近垂直的 2 块防弹挡风玻璃，车顶部位有水平舱门，车体侧面有竖直载物箱，车尾大门上方装有防弹窗。车身两侧分别安装有 2 个大型负重轮，车体两侧的下部还挂着备用轮。

性能解析 >>>

RG-31"林羚"防地雷装甲车具有优良的反地雷爆轰性能。车体采用 V 形结构设计，具有强大的抗地雷性能，既可抵御车轮下的反坦克地雷的爆炸攻击，还可以承受地雷爆炸所形成的冲击力。

RG-31"林羚"防地雷装甲车的弹道防护水平在不断提升，其衍生型号 Mk3 型装甲车的防护水平已经达到国际一级标准，而 Mk5 型装甲车的防护水平已经达到了国际二级标准。RG-31"林羚"防地雷装甲车的舱门向后打开，枪炮手可以在装甲防护下进行有效射击。车体顶部还配有 2 个舱盖，可用于开舱作战和紧急情况下逃生。

新改进的 RG-31"林羚"防地雷装甲车采用的是康明斯柴油发动机，并配备了先进的传动装置，因此机动性能很强。车上增设了饮用水箱和大功率空调扇，提升了乘员在热带沙漠作战的生存能力。

服役情况 >>>

2005 年末，RG-31"林羚"防地雷装甲车首次亮相于驻阿富汗的加拿大陆军部队。该车在遭遇地雷袭击时安然无恙，这令加拿大陆军部队感到非常欣喜，于是增购了该车。后来，美国陆军也看上了 RG-31"林羚"防地雷装甲车的防护性能，定购了该车并送往驻伊拉克的美军部队。

兵器 小百科

RG-31"林羚"防地雷装甲车在设计上下了不少功夫，采用了组合式的设计形式，外观可根据需要进行改变，比如，其新车型有些装备了侧门。另外，该车具有众多可选设备，如泄气保用垫圈、高级别防护装甲等。

瑞士"食人鱼"两栖轮式装甲车

瑞士的装甲车技术虽发展较晚，但可以说是匠心独运，青出于蓝。"食人鱼"两栖轮式装甲车的出现，标志着瑞士的装甲车技术处于世界领先地位。

研发历史

"食人鱼"两栖轮式装甲车是瑞士莫瓦格公司研制的水陆两用的轮式装甲车。自 1976 年量产以来，根据国内与国际市场的需要，该车共研发出 3 个

基本参数	
车身全长	4.6米
战斗全重	3吨
最大速度	100千米/时
最大行程	780千米

系列，即Ⅰ型、Ⅱ型和Ⅲ型。其中Ⅰ型技术来源于 20 世纪 70 年代中期；Ⅱ型基于Ⅰ型的基础改进而成，技术来源于 20 世纪 80 年代和 90 年代初期；Ⅲ型基于Ⅱ型的基础改进而成，技术来源于 20 世纪 90 年代中后期和 21 世纪初期。

设计结构

"食人鱼"两栖轮式装甲车的车体采用钢装甲全焊接结构，驾驶舱位置在车体前部左侧，发动机在驾驶舱的右侧，战斗室在

中部，载员舱在后部且有较大的空间。各型"食人鱼"装甲车具有较多的共同点，如都采用了独立悬挂装置、前置的动力装置、中央驱动系统与水上推进装置等。

性能解析 >>>

"食人鱼"两栖轮式装甲车速度极快、火力极强，确如食人鱼一般凶猛。它采用了动力强劲的底特律柴油机，机动性能优越。乘员还可以利用中央轮胎压力调节系统对胎压进行调节。车内还装有预警装置，一旦车辆行驶速度超过选定的轮胎压力极限，预警装置便会发出警报。该车还装有多个驱动系统，以保证某个驱动系统被炸毁后，车辆不会就此无法前进。

瑞士境内河湖众多，交错遍布，因此"食人鱼"两栖轮式装甲车在性能上非常重视涉渡能力，可水陆两用。

服役情况 >>>

"食人鱼"系列装甲车自 1976 年量产以来，就向多个国家进行销售，在加拿大、英国、智利、日本等国进行生产制造，在军火生意中常能看到它的身影。现在"食人鱼"两栖轮式装甲车已经发展到第五代，该系列的装甲车以及改进款在 10 多个国家服役。

兵器 小百科

"食人鱼"两栖轮式装甲车的名称源自南美洲一种名为"锯脂鲤"的肉食性鱼类，这种鱼生性凶猛贪婪，好群居，善掠夺。"食人鱼"两栖轮式装甲车速度快、攻击狠，就像食人鱼一样。

战争之神

自行火炮

美国M270 MLRS 多管火箭炮

M270 MLRS 多管火箭炮，拥有目前世界上最先进的火箭炮系统，在世界上许多国家军队中极受欢迎。

研发历史 >>>

M270 MLRS 多管火箭炮是 20 世纪 70 年代由美、英、法、德、意五国共同研制、由美国沃特公司生产的一款多管火箭炮，于 1983 年开始在美军服役，主要用于填补火炮和战术导弹之间的火力空白。

1983 年，美军首次使用 M270 MLRS 多管火箭炮，北约其他成员国也紧随其后纷纷开始采用，因此 M270 MLRS 多管火箭炮慢慢成为北约军队的制式武器。之后，美国与欧洲各国总共生产了约 1 300 套 M270 MLRS 多管火箭炮与约 70 万枚火箭弹。2003 年，最后一批 M270 MLRS 多管火箭炮交付埃及陆军之后，M270 MLRS 多管火箭炮正式停产。

设计结构 >>>

M270 MLRS 多管火箭炮采用模块化设计，整体安装于履

基本参数	
主炮口径	227毫米
车身全长	6.85米
战斗全重	24.9吨
最大速度	64千米/时
最大行程	480千米

带式底盘上。其火炮系统包括两部分，即发射车和弹药补给车，其中发射车采用改装的 M2 履带式步兵战车底盘。驾驶室可容纳 3 名乘员，位于车的前部。发射装置位于车后部的转盘上，利用铰链来固定。发射装置采用箱体式结构，分为两个弹舱，每个弹舱都配备 6 个发射管，每个发射管包含 1 枚火箭弹。车上配有无线电台、导航定位仪和火控计算机等，一次可瞄准射击 6 个目标，在 1 分钟内可发射出 12 枚火箭弹。

性能解析 >>>

M270 MLRS 多管火箭炮具有良好的机动性能和防护能力，还具有强大的火力以及较高的精度，而且还可以发射陆军战术导弹，西方国家公认它是最优异的火力支援系统。

M270 MLRS 多管火箭炮具有非常完备的计算机化火控系统，

可以极为有效地执行"打了就跑"的灵活战术。车体为铝合金装甲结构，具有防核武器、生物武器、化学武器的"三防"功能。虽然 M270 MLRS 多管火箭炮只能载员 3 人，但是其具有高度自动化的操作性能，装填弹药也十分方便快捷，在危急关头，大部分任务只需 1 个人就能执行。

服役情况 >>>

据统计，在海湾战争中，共有约 200 辆 M270 MLRS 多管火箭炮投入战争，对伊拉克军队造成极大的打击。1 辆多管火箭炮在一次齐射时，仅需约 50 秒就能使所有炮弹到达目标区域，覆盖面积相当于 6 个标准足球场，可见其火力之强劲。由于战斗力强、射速快、火力范围大，所以伊拉克士兵称 M270 MLRS 多管火箭炮的攻击为"钢铁雨"。

兵器小百科

火箭弹通过火箭发动机推动发射，具有消耗敌人有生力量、毁坏工事及武器装备等作用。火箭弹依据飞行稳定方式的不同，可分成尾翼式和涡轮式两种。M270 MLRS 多管火箭炮不仅可以发射火箭弹，还可以发射导弹。

美国M109自行榴弹炮

M109 自行榴弹炮，是世界上装备数量最多、服役时间最长的自行榴弹炮之一。M109 自行榴弹炮自投产至今，产量巨大，装备多国军队，是 20 世纪 70 年代至 90 年代西方国家标配的自行火炮。

研发历史 》》》

1952 年，美国陆军基于在第二次世界大战期间运用自行火炮得出的经验，为了满足未来战场上的非直射火力支援需求，提出应研制一种打击能力和机动性能更强的自行火炮，以取代当时服役的 M44 自行榴弹炮。1963 年，T196E1 自行火炮通过了初期测评及操作测评，其制式编号为 M109，并正式配备美国陆军。

基本参数	
主炮口径	155毫米
车身全长	9.1米
战斗全重	27.5吨
最大速度	56千米/时
最大行程	350千米

设计结构 》》》

M109 自行榴弹炮的车体为铝质装甲焊接结构，全车既非封闭设计，也无"三防"系统。

与之前的自行榴弹炮相比，该火炮结构新颖，采用了前置发动机、360°旋转炮塔等设计。这种新型结构设置对自行榴弹炮来说非常合理，所以被认为是现代自行榴弹炮结构布置的典范。

M109自行榴弹炮的主要火炮是1门M126式155毫米23倍径榴弹炮，身管中部安装有火炮抽气装置，装备M127式炮架，在炮口处配备了大型制退器。

性能解析 >>>

几十年来，M109自行榴弹炮一直在不断升级换代，始终处于世界领先地位。比如，M109A1型换用39倍径M185榴弹炮，且射程增加为18.1千米。M109A2型改良了输弹机、反后座装置和炮塔尾舱，可携带的弹药增加为36发。M109A3型是在M109A1型和M109A2型的基础上改进而成的。此外，M109A4型改良了"三防"装置，增强了可靠性和可维修性。而M109A5型在武器系统方面进行了改良，射程增加为30千米。

M109自行榴弹炮具备水陆两用的性能。面对突发情况，它可以直接在水深不超过1.8米的河流中涉渡，如果加装呼吸管等辅助设备，就能以约6千米的时速执行两栖登陆任务。

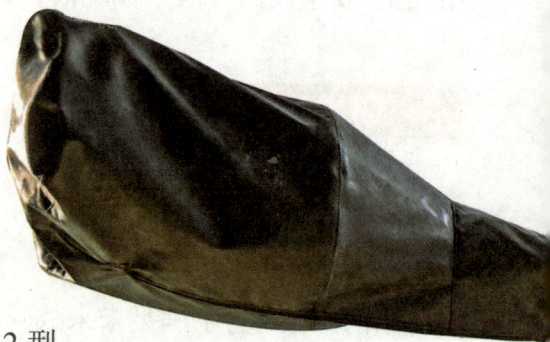

服役情况 >>>

M109 自行榴弹炮于 1963 年正式服役于美军，配属于装甲师、机械化步兵师和海军陆战队，后成为北约机械化部队的标准火炮武器。它参加过多次战争，如越南战争、阿以冲突、两伊战争和海湾战争中都有它的身影。M109 自行榴弹炮不仅装备美军，加拿大、德国、英国、以色列、伊拉克等国家和地区也有装备。

兵器 小百科

如今榴弹炮正朝着自行化方向发展，比如美国，除了轻型部队还在使用牵引式榴弹炮，其他部队使用的都是自行榴弹炮。自行榴弹炮包括轮式和履带式两种，相比之下，轮式自行榴弹炮具有更好的反应能力和更优越的机动性。

德国PzH-2000自行榴弹炮

PzH-2000 自行榴弹炮是由德国独立研制的当今世界上最先进的火炮之一，可进行精准打击和远距离战斗。PzH 为德文 "Panzer Haubitze" 的缩写，直译为 "装甲榴弹炮"。

基本参数	
主炮口径	155毫米
车身全长	11.7米
战斗全重	55.8吨
最大速度	67千米/时
最大行程	420千米

研发历史 >>>

20 世纪 80 年代，英国、德国和意大利合作开展了一项研发自行榴弹炮的计划，即 SP-70 计划，以取代美制的 M109 系列自行榴弹炮。结果，此计划因为各国意见不统一而不了了之。但德国并没有因此放弃，而是从中

吸取经验教训，重整旗鼓，开始独立研发新型自行榴弹炮，即 PzH-2000 自行榴弹炮。德国两大厂商联盟共同参与了这次研发工作，随后建造出了各自的原型车。经过测试评估，北方威戈曼集团建造的原型车胜出。1996 年，PzH-2000 自行榴弹炮开始批量生产，随后交付德国陆军使用。

设计结构 >>>

PzH-2000 自行榴弹炮的驾驶舱很有现代化色彩，被称为"玻璃化座舱"。该炮的人员编制通常为 5 名，分别为车长、炮手、驾驶员各 1 名和 2 名装填手。其主要武器为 1 门 155 毫米 52 倍径炮弹，辅助武器为 1 挺 7.62 毫米机枪。另外，PzH-2000 自行榴弹炮拥有高度自动化的导航和火力控制系统、高精度的火炮控制系统以及高度自动化的弹药装填系统，这些新设计大大增强了此款榴弹炮的战斗和生存能力。

为保护悬吊系统不被炮弹破片击中，PzH-2000 自行榴弹炮两侧设有同德国"豹"1 主战坦克相同的波状侧裙板。

性能解析 >>>

PzH-2000 自行榴弹炮是目前战术性能极为优越的陆军身管压制火炮，其最大特点就是射程远，在发射增程弹时，射程可达40 千米。该炮可在其他国家火炮的射程之外开火，最大限度地保证了自身安全。

PzH-2000 自行榴弹炮不仅射程远，而且发射速度快。该炮可在 30 分钟内将 60 发炮弹发射完毕，随后可利用自身的补弹系统快速补充弹药。

该炮还有一个特点，就是弹药储备量大，可装备 60 枚弹丸和 67 个装药，从而组成 60 发分装式炮弹，是老式美制 M109 自行榴弹炮弹药储备量的 2 倍多。这款榴弹炮配备的 155 毫米 52

倍径炮弹，一旦命中敌军坦克，便可将其完全摧毁。

PzH-2000 自行榴弹炮采用了模块化装甲，其炮塔装甲具有抵挡炮弹破片攻击与机枪射击的能力，且车身和炮塔顶部可加装反应装甲。

服役情况 》》》

PzH-2000 自行榴弹炮在新时代自行榴弹炮中一马当先，相较于 20 世纪 90 年代后的英国 AS-90 与法国"凯撒"等 155 毫米自行榴弹炮，其总体性能更胜一筹。德国自行研制的 PzH-2000 自行榴弹炮同"豹"2 主战坦克一样，深受各国欢迎，在意大利、荷兰、希腊等国军队中都有配备。

兵器 小百科

PzH-2000 自行榴弹炮是榴弹炮中的佼佼者。榴弹炮，顾名思义，是用来发射榴弹的火炮。16 世纪中期，英国人发明了一种球形炮弹，上面安装了许多金属小弹丸，如同有很多籽的石榴，因而得名"榴弹"，榴弹炮也就因此得名。

德国"犀牛"自行反坦克炮

"犀牛"自行反坦克炮是德国研制的一款装甲武器，主要任务为击溃敌方坦克装甲，阻止其步兵继续行进。

基本参数	
主炮口径	88毫米
车身全长	8.44米
战斗全重	24吨
最大速度	42千米/时
最大行程	235千米

研发历史 >>>

T–34 中型坦克直接催生了"犀牛"这类重型自行反坦克炮的产生。之前德军主要用牵引式的 Pak43/1 式 88 毫米反坦克炮来对抗 T–34 中型坦克，然而这种反坦克炮机动性极差，火炮运进和运出发射阵地需要消耗很多人力和车辆。德军为了克服这个困难，急需将这种火炮制成自行式；这就需要对应的履带式底盘。他们首先选中的是德国三号和四号坦克的底盘，由此诞生的火炮绰号为"大黄蜂"。

1944 年初，设计人员改动了驾驶室前装甲板的位置，火炮也随之更换为 Pak43 型，这样一来就产生了两种不同型号的火炮。采用 Pak43 型号的火炮被命名为"犀牛"。"大黄蜂"和"犀牛"自行反坦克炮由埃克特公司设计、德国埃森工厂制造，在第二次世界大战期间，这两款火炮产量不多，分别为 20 辆和 474 辆。

设计结构 >>>

"犀牛"自行反坦克炮的车身很高，燃油箱布置在战斗室的下部，炮架安装在动力舱的上部。车体及上部战斗室为钢装甲焊接结构，用螺栓连接而成。为了弥补装甲板较薄的缺点，也为了便于从车上拆卸发动机，"犀牛"自行反坦克炮的部分车体装甲板采用螺栓连接结构。战斗室空间充足，并且顶部为敞开式，增加了乘员在战斗室内的舒适度，缺点在于顶部的防护性不足。运输或行军途中，可在战斗室顶部罩上帆布，并将火炮安置在固定器上。

火炮右下部分有管道，在冬季可将发动机的暖气输送到战斗室。尽管顶部是敞开式结构，但车体后部仍开了两扇小门，便于乘员进出，小门下方装有备用负重轮。

性能解析 >>>

第二次世界大战期间，"犀牛"自行反坦克炮的主炮攻击性极强，即便面对处于 1 000 米距离以外、倾斜 30° 的 190 毫米轧压均质装甲车辆，它也可以利用配备的碳化钨包芯弹头将其击穿。在如此强大的威力下，其主炮可以在敌方坦克火炮射程之外攻击对手。虽然"犀牛"自行反坦克炮具有装甲薄弱、火炮外露部分过多，以及在平坦地形易暴露等不足，但其远程火炮攻击能力可以极大地弥补上述缺陷。

服役情况 >>>

20世纪40年代,"犀牛"自行反坦克炮主要服役于德军独立重型坦克歼击车营。另外,德军第525、第560、第655重型坦克歼击车营等也配备了该炮。"犀牛"自行反坦克炮大多应用于苏德战场,小部分应用于西欧战场及意大利战场。

"犀牛"自行反坦克炮首次参战是在库尔斯克会战中,面对苏军配备的T-34/76坦克,"犀牛"自行反坦克炮表现不俗,处于上风。然而,因为苏军坦克在数量上占有优势,加上对方还配备了SU-152自行火炮和"喀秋莎"火箭炮作为火力支援,德军最终战败。

兵器 小百科

世界各国命名坦克的方式各具特色,比如有用年代命名的、有用人物命名的、有用动物命名的,等等。其中,德国最喜欢用动物的名字为坦克和装甲战车命名,而且大多选择虎、豹等行动敏捷、外形凶猛的动物。因此有人称德国坦克是"虎豹成群",这丝毫不夸张。

德国 "猎豹" 自行高炮

"猎豹"自行高炮是德国研制的一款主炮口径为 35 毫米的双联装自行高炮，既可以用来跟进、掩护装甲部队，也可以用来射击地面目标。

研发历史 >>>

德国"猎豹"自行高炮的能力在当代自行高炮中力拔头筹。它不但在生产数量及装备数量方面位居前列，还将自行高炮引向了"三位一体"的新时代。第二次世界大战末期及战后的一段时间内，主流防空作战系统还分为高炮、指挥车、电源车三大块，在实际战斗中，此系统过于烦琐，不便于指挥作战。"猎

基本参数	
主炮口径	35毫米
车身全长	7.68米
战斗全重	47.5吨
最大速度	65千米/时
最大行程	550千米

　　豹"自行高炮出现后，高炮火力、指挥控制、电源供给三部分被
统一起来，自行高炮进入了"三位一体"的时代。

设计结构 >>>

　　"猎豹"自行高炮的炮塔上装备了2门瑞士生产的35毫米
机关炮和1个德国西门子公司研制开发的对空搜索雷达，在炮塔
前方还装备了目标追踪雷达。在防空作战时，先由车长操作对空
搜索雷达和目标追踪雷达，然后由炮手瞄准目标开火射击。

　　"猎豹"自行高炮以"豹"1坦克的车身为基础，车首增加
了1个70千瓦的辅助柴油机，车体上部增加了1个防空炮塔。

该自行高炮还配备了射控电脑和敌友识别器。

性能解析 >>>

"猎豹"自行高炮可以说是当今世界上战术、技术性能最优越、结构最复杂、造价最昂贵的高射炮系统之一。该炮属于全天候、全自动高射武器，机动性强，可高速行驶在各种地形上。其火控系统含有雷达、光电和光学三套装置，具有在各种情况下不受干扰从而持续作战的能力，同时具备"三防"功能。

服役情况 >>>

"猎豹"自行高炮不仅装备德国军队，还出口到约旦、罗马尼亚、巴西、智利、荷兰、比利时等国家。

兵器 小百科

自行高炮是在装甲底盘上装有高炮和低空导弹的机械化装备，是将火力与机动性合二为一的防空武器，一直以来都在野战和防空任务中占据着主导地位。

苏联SU-85自行火炮

SU-85自行火炮，是苏联研制的一款坦克歼击车。它在第二次世界大战期间配合苏联的装甲部队作战，有力地打击了敌军坦克。

研发历史 >>>

第二次世界大战时期，为了与德军"虎"式重型坦克对抗，苏联当局要求彼得洛夫设计局在先前设计完成的SU-122

基本参数	
主炮口径	85毫米
车身全长	8.15米
战斗全重	29.6吨
最大速度	55千米/时
最大行程	400千米

火炮底盘上配备1门85毫米火炮,研发新型自行反坦克炮。彼得洛夫设计局和TzAKB设计局提出了多种坦克歼击车设计方案,最终彼得洛夫设计局提出的一种配备D-5S火炮的方案得到采用,经过改造后就成了SU-85自行火炮。

设计结构 >>>

对比SU-122自行火炮,SU-85自行火炮的改动主要是将前者的122毫米M-30S榴弹炮更换为85毫米D-5T高速反坦克火炮。该自行火炮在设计时有2种型号:基本型包括固定的指挥塔和可旋转的观测仪;改良型SU-85M型火炮的车顶盖与SU-100自行火炮相同,车长指挥塔与T-34中型坦克相同。

性能解析 >>>

SU-85 自行火炮不仅具有良好的装甲防护能力，而且配备的火炮能远距离杀伤敌人，可对"虎"式重型坦克进行有效打击。此外，它的车体比 SU-122 自行火炮有所缩小，从而有效地提高了机动性能。

服役情况 >>>

在第二次世界大战期间，SU-85 自行火炮主要用于苏德战场。1943 年，在强渡第聂伯河战役中，SU-85 自行火炮首次出战，展现出优越的性能，因而在苏军中受到极大青睐。在 1944 年夏季的对德作战中，装备 SU-85 自行火炮的苏军第 1021 自行火炮团摧毁了 100 多辆德军坦克。

兵器 小百科

20 世纪 70 年代，北约和华约两大军事集团斗争激烈。为了增强防御优势，北约统一采用标准口径为 155 毫米的榴弹炮，而当时的华约集团采用的是 152 毫米的加农炮、榴弹炮。这使得华约的坦克纵队无法有效利用北约的火炮弹药。后来，华约成员国在自己的火炮上加装了特制弹带，解决了炮弹无法共用的问题。

苏联SU-100自行火炮

SU-100 自行火炮是苏联在第二次世界大战末期研制的一款火炮，可完成摧毁敌军坦克、支援己方坦克和步兵作战等任务。

研发历史 >>>

1944 年，苏军意识到 SU-85 自行火炮的战斗力难以对抗德军的新式坦克，苏军坦克和反坦克炮急需增强火力。于是苏联在 T-34 中型坦克底盘的基础上研制了一款威力巨大的主炮口径 100 毫米的自行火炮，即 SU-100 自行火炮。至 1945 年战争结束，SU-100 自行火炮一共制造了 3 000 多辆，可以说是第二次世界大战中最具成效的坦克歼击车之一。

基本参数	
主炮口径	100毫米
车身全长	9.45米
战斗全重	31.6吨
最大速度	48千米/时
最大行程	320千米

设计结构 >>>

与 SU-85 自行火炮相比，SU-100 自行火炮有了很大改进：正面装甲厚度从 45 毫米增至 75 毫米；车体右侧增设指挥塔，改善了 SU-85 自行火炮的指挥官视野受限的问题；同时车体后方的通风装置由 1 个增设到 2 个，解决了因主炮增强而产生的通风排烟问题。然而，由于装甲厚度增加、D-10 炮身较大等因素，SU-100 自行火炮的车内空间缩减，且 100 毫米炮弹相较于 85 毫米炮弹更重，体积更大，因此 SU-100 自行火炮可携带的炮弹量少于 SU-85 自行火炮。

SU-100 自行火炮的战斗室内装有控制系统、弹药、无线电设备和前部油箱，此外 SU-100 自行火炮的驾驶装置与 T-34 中型坦克相同。

性能解析 >>>

SU-100 自行火炮火力配置强大、机动性能良好，能远距离攻破德军坦克的前装甲。其穿甲弹能以每分钟 5 ~ 6 发的速度发射，能在 2 000 米外垂直穿破 125 毫米厚的装甲，还可以在 1 000 米外毁坏几乎全部型号的德军坦克和装甲车辆。

服役情况 >>>

第二次世界大战末期，苏军的任何一场战役中都有 SU-100 自行火炮的身影。1945 年 3 月，在匈牙利的巴拉顿湖战役中，苏军使用了众多 SU-100 自行火炮，击败了德军装甲部队。虽然此次胜利不具有决定性意义，但是面对德军，SU-100自行火炮展现出了其强大的压制能力。

SU-100自行火炮一直配合苏军作战到20世纪70年代，此外还被华约组织以及亚洲、非洲和拉丁美洲许多国家的军队装备。第二次世界大战之后，在中东战争、安哥拉冲突中也都有SU-100自行火炮的身影。现在，SU-100自行火炮仍在越南陆军中服役。

兵器 小百科

　　口径为专有名词，指的是枪或炮管的内直径，一般计量单位为毫米。通常，口径小于20毫米的称为枪，大于20毫米的称为炮。在其他条件不变的情况下，火炮的口径越大，使用的炮弹就越粗，药筒配备的发射药就越多，初速也越大，所以威力相对来说也越大，即火力越强。

苏联SU-122自行火炮

SU-122自行火炮，是苏联在第二次世界大战时期研制的一款火炮，可用于为步兵部队提供火力支援，对敌方的步兵阵地和轻装甲目标进行压制和打击。

研发历史 >>>

1942年，为了应对德军重型坦克和坦克歼击车的威胁，苏联要求研制出一种主炮口径为122毫米或更大口径的自行火炮，这

基本参数	
主炮口径	122毫米
车身全长	9.85米
战斗全重	45.5吨
最大速度	37千米/时
最大行程	220千米

一任务最终落在了苏联坦克工业部。各个设计局交出了自己的设计方案，最终乌拉尔厂设计的 U-35 样车被选中。U-35 火炮装备了 122 毫米榴弹炮，采用了 T-34 中型坦克的底盘。

1942 年，U-35 火炮通过了全部的测验，苏联国防委员会下令生产，并将其定名为 SU-35 突击炮，后改名为 SU-122 自行火炮。到 1942 年年底，SU-122 自行火炮总共生产了 25 辆。同年，苏联首个混合团成立，并装备了 8 辆 SU-122 自行火炮。

设计结构 >>>

SU-122 自行火炮最初设计得并不是很完善，存在机枪高度差较大、乘员舱通风不良、乘员位置不好等问题。后来，这些缺点都得到了改正，同时进行了其他方面的调整，如将狭缝进行简化、作战隔间重新布局、携带的弹药量增加以及指挥官潜望镜改良等。

SU-122 自行火炮是基于 T-34 中型坦克的底盘制作的，具有与 T-34 中型坦克相同的发动机和变速器，简化了生产流程并降低了成本。该火炮装有倾斜装甲，武器装备为 M-30S 榴弹炮，可以在一定范围内上下左右地移动。

性能解析 >>>

SU-122 自行火炮配备的 122 毫米榴弹炮火力强大，对堡垒、步兵阵地和轻装甲目标均有极大的破坏力。此外，SU-122 自行火炮也曾应用于反坦克作战。如果使用 1943 年部队装备的 BP-460A 高爆反坦克弹，SU-122 自行火炮理论上可以击穿 200 毫米厚的装甲。而 122 毫米榴弹炮可以对德军装甲车辆进行有效压制，即使是装甲厚重的"虎"式重型坦克也难逃一劫，所以在实战中，SU-122 自行火炮也可以作为自行反坦克炮使用。

SU-122 自行火炮也有一些缺陷，比如装填 122 毫米榴弹耗时较长，装甲厚度不大，全车只配有 1 个舱门供乘员进出而导致乘员逃生极其不便等。

服役情况 >>>

1943 年 1 月，在列宁格勒周边的战斗中有两个 SU-122 自行火炮团参战。1943 年 3 月，又有两个 SU-122 自行火炮团成立并进入战场作战。后来苏军对编制进行调整，将 SU-122 自行火炮团与中型自行火炮团组建在一起，每个团配有 16 辆 SU-122 自行火炮和 1 辆用于指挥的 T-34 中型坦克。

SU-122 自行火炮具备优异的火力以及强大的防护性能，因而在军队中很受欢迎。1943 年，SU-122 自行火炮配备了新型炮弹，可以在较远处毁坏敌军坦克及其他装甲车辆，其中就有德军的"虎"式重型坦克。后来，德军"大日耳曼"装甲师的一个"虎"式重型坦克营的少校在报告中谈论到，"虎"式重型坦克遭到一种 T-34 中型坦克底盘自行火炮的 122 毫米炮弹的攻击，导致损伤严重，很难进行修复。说的就是 SU-122 自行火炮。

兵器 小百科

自行火炮又称"战防炮""防坦克炮"，是不可或缺的地面直瞄反坦克武器，具有初速高、射速快、直射距离远、射角范围小、火线高度低等优点。最重要的是自行火炮和主战坦克的火力配置相同，机动性能良好，且价格相较坦克更低，重量相较坦克更轻，可有效支援军队作战。

苏联/俄罗斯BM-30 "龙卷风"自行火箭炮

BM-30 自行火箭炮是一种主炮口径为 300 毫米自行火箭炮，又被称为"龙卷风"。该火箭炮凭借强大的火力，在世界各国的多管火箭炮中脱颖而出。

研发历史 >>>

基本参数	
主炮口径	300毫米
车身全长	12.4米
战斗全重	43.7吨
最大速度	60千米/时
最大行程	850千米

20 世纪 70 年代末，由于战局变化，苏军作战指导理念也发生了转变，从大规模核突击战变为常规突击战，因而对重视精度的新型大口径火箭炮系统产生了需求，进而开始研制、列装。BM-28 "飓风" 220 毫米 16 管火箭炮（设计局代号 9K57）最先产生。与 BM-21 "冰雹"系统相比，BM-28 "飓风"系统的射程

增加了 2 倍，两者的相同之处在于都运用了无控火箭，使用范围广。之后研发的就是 BM–30 "龙卷风" 300 毫米 12 管火箭炮系统，其技术目前在世界上极为先进。

设计结构 >>>

BM–30 "龙卷风" 自行火箭炮可使用多种无控和末端制导火箭弹。这些火箭弹采用了初始段简易惯性制导系统，还采用了弹体旋转稳定技术、姿态控制技术、自动修正技术和火箭弹的散布精度控制技术。陀螺定向仪、自动修正系统和燃气控制系统的使用大大提高了该火箭炮的射击精度。

性能解析 >>>

BM–30 "龙卷风" 自行火箭炮拥有强大的火力，且射程远、射击精度高、打击范围广。该火箭炮配有 12 个发射管，装备杀伤子母弹，其最大射程可达 70 千米。士兵只需 38 秒就可将 12 管一次齐射，重新装填 12 管火箭炮弹药仅需 20 分钟。杀伤子母弹既可用来攻击人员，也可以击穿 10 毫米厚的轻型装甲。

BM-30 "龙卷风" 自行火箭炮一次齐射可以抛出 864 枚子母弹，打击范围极广。它配备了 MAZ-543 轮式发射车，在公路上的行驶速度最快可达每小时 60 千米，最大行程为 850 千米。此外，它还装备了供弹车，一次可装 14 枚火箭弹。

在战场上，BM-30 "龙卷风" 自行火箭炮可用于压制和歼灭敌方有生力量、提供火力支援，以及打击敌方机场、补给仓库等重要军事设施。

服役情况 ▶▶▶

1987 年，BM-30 "龙卷风" 自行火箭炮正式装备苏军，并在俄军中服役至今。另外，该火箭炮还出口到科威特、印度等国家。

兵器 小百科

自行火箭炮在战争中具有极强的杀伤力，因而很多国家都很重视发展自行火箭炮。不过，自行火箭炮的缺点也很明显，其防护力较弱，发射时容易暴露，因此只有在取得战场制空权、制电子权时，才能充分发挥它的巨大作用。

苏联2S7 "芍药" 自行加农炮

2S7 "芍药" 自行加农炮，由苏联列宁格勒的基洛夫工厂研制而成，其突出特点就是它装备的 203 毫米的大口径火炮，它也因此堪称是苏联陆军装备过的口径最大的自行火炮。

基本参数	
主炮口径	203毫米
车身全长	10.5米
战斗全重	46吨
最大速度	50千米/时
最大行程	650千米

研发历史 >>>

2S7 "芍药" 自行加农炮是苏联于 20 世纪 70 年代中期开始研制的新型大口径自行加农炮。1975 年，它开始投入使用，大多

装备给重炮部队，并凭借优越的作战性能逐渐取代了 S-23 式 180 毫米加农炮。

设计结构 >>>

2S7 "芍药" 自行加农炮采用 T-64 主战坦克的履带式底盘，加装 203 毫米榴弹炮。2S7 "芍药" 自行加农炮外形结构类似美国 M110 自行榴弹炮，车体高大，其前部为密闭式驾驶舱，乘员包括车长、驾驶员各 1 名及 2 名炮班组员。

车长与驾驶员并列，其位置前方设有可下拉的风挡，以及防护钢板，2 人分别拥有 1 具圆形舱盖，其中配备潜望镜。动力舱后方车体中央段设有第二个乘员舱，可乘坐 3 名炮班组员，单辆炮车一共可以容纳 7 名乘员。驾驶舱后方连接动力舱，传动系统位于驾驶舱下方。

性能解析 >>>

2S7 "芍药" 自行加农炮的优点是射程远、威力大，然而缺点也很明显，即缺少装甲防护，"三防" 能力不强。2S7 "芍药" 自行加农炮具有发射常规弹药与核弹的能力，装配了履带式弹药车和输弹机，射速极快。

服役情况 >>>

2S7 "芍药" 自行加农炮多服役于苏联陆军和统帅部炮兵部队。因为可以发射战术核炮弹，具备强大的远程火力打击能力，能够攻击北约战线后方的重要目标，所以它显著提升了苏联陆军的战斗力。

兵器 小百科

所谓 "三防"，即防核武器、防生物武器和防化学武器，现代的军舰、坦克、装甲车、自行火炮等大多具备 "三防" 功能。其中坦克的 "三防" 系统基本包括密封装置、空气过滤装置、增压空气调节装置、防毒衣具和关闭机构等。

苏联/俄罗斯2S5 "风信子" 自行加农炮

2S5 "风信子" 自行加农炮，是苏联研制的一款主炮口径为152毫米的自行加农炮，可完成破坏敌方指挥所、雷达，摧毁敌方坦克、火炮，歼灭敌人有生力量等多种任务。

基本参数	
主炮口径	152毫米
车身全长	8.33米
战斗全重	28.2吨
最大速度	62千米/时
最大行程	500千米

研发历史 >>>

1976 年，2S5 "风信子" 自行加农炮和它的牵引型号 2A36 "风信子" 加农炮一同开始生产。1978 年，2S5 "风信子" 自行加农炮正式服役并投入战争，当时北约称其为 M1981。2S5 "风信子"自行加农炮起初未公开展示，直到 1981 年才展示在世人面前。

设计结构 >>>

2S5 "风信子"自行加农炮的车体采用全焊接钢制结构，底盘是在 GMZ 型装甲布雷车底盘的基础上改进而成的，外形扁平低矮。车体后部装有火炮，火炮完全暴露在车外。炮身左侧为瞄准手位置，前方有防盾保护。炮尾部装有电力控制的链式输弹机，方便传送弹丸和火药到炮膛内。不过，2S5 "风信子"自行加农炮也有很大的缺陷，就是没有安装炮塔，无法有效地保护炮手。后来生产的 2S19 型自行榴弹炮弥补了这一不足。

2S5 "风信子"自行加农炮的车头下方配备了 1 具推土铲，

即使没有工程装备方面的支援，车辆也能自行排除障碍物或构筑工事。

性能解析 >>>

2S5"风信子"自行加农炮既可以使用车内的弹药，也可以使用车外地面上的弹药。装有自动输弹装置的2S5"风信子"自行加农炮的最大射速可达每分钟6发，其射程在同口径火炮中名列前茅。不过，2S5"风信子"自行加农炮的防护能力较弱，装甲最厚处也仅有15毫米，战斗室装甲尤其薄弱，很容易遭到敌方的攻击，面对核生化武器也无法进行有效防御。

服役情况 >>>

2S5"风信子"自行加农炮主要装备苏联陆军和其他华约成员国陆军，有少量服役于芬兰陆军。现在约120辆在白俄罗斯服役，24辆在乌克兰服役，18辆装备芬兰陆军，399辆在俄罗斯陆军使用，库存有500多辆。

兵器 小百科

加农炮，名字来源于拉丁文Canna，意为"管子"。对比一般榴弹炮，加农炮的炮管倍径更大，因此炮弹初速更快，射程更远，弹道较平直，同直瞄平射时的181型车载炮的弹道类似。加农炮的主要用途是平射打击坦克等活动目标和突出地面的单个垂直目标。

法国 "凯撒" 自行榴弹炮

"凯撒" 自行榴弹炮完美结合了牵引式榴弹炮与载重卡车的优点，对自行榴弹炮的发展产生了极其深远的影响，活跃于今天的军火市场中，业内称其为 "快反轻骑兵"。

研发历史 》》》

1994 年，法国地面武器工业集团与洛尔工业公司合作，共同研制出一种新式火炮，即 "凯撒" 自行榴弹炮，随后开始了预生产型火炮的制造。2000 年，法国武器装备总署与法国地面武器工业集团签订合约，为法国陆军订购了 5 辆预生产型火炮，并于2003 年完成交付。

基本参数	
主炮口径	155毫米
车身全长	10米
战斗全重	17.7吨
最大速度	100千米/时
最大行程	600千米

设计结构 >>>

"凯撒"自行榴弹炮是为了辅助快速反应部队作战而专门设计制作的，装备了1门155毫米火炮。该火炮是在相同口径的榴弹炮的基础上改造而成的。火炮架在车体后方，采用的是开放式设计，没有炮塔的保护。"凯撒"自行榴弹炮的载员包括1名驾驶员与5名炮班人员，相较于编制常在10人以上的拖拽式火炮，"凯撒"自行榴弹炮的炮班人员数量得到很大的缩减。

性能解析 >>>

"凯撒"自行榴弹炮射速快，射程远，结构稳固，机动性能优异，可以将炮弹在短时间内发射到几十千米外的地方。此外，它尺寸小、重量轻，可以远程快速地执行作战任务。

"凯撒"自行榴弹炮的配弹种类繁多，除了配备传统的榴弹，还可以配备布雷弹、子母弹、高爆弹、照明弹、发烟弹以及制导炮弹等。另外，它还能发射一种名为"红利"的反坦克炮弹，此炮弹适于打击坦克、装甲运兵车等重型装甲目标。法国陆军还给"凯撒"自行榴弹炮专门定制了一种名为"食人妖"的远程增程弹，该炮弹配合小炮弹发射，可击穿厚度为90毫米的装甲，覆盖35千米之外3公顷范围的靶场，威力令人咋舌。

"凯撒"自行榴弹炮的卡车底盘装备了1具直立六缸柴油机，动力强劲。此外，"凯撒"自行榴弹炮的驾驶舱装甲防护较强，可抵御炮弹破片的攻击。

服役情况 >>>

"凯撒"自行榴弹炮目前已经装备法国陆军并外销其他国家。随着"凯撒"自行榴弹炮正式投入使用，现今服役的TRF1式155毫米牵引榴弹炮，以及AUF1式155毫米自行榴弹炮会逐渐淡出人们的视野。

兵器 小百科

应现代战争的需要，车载式自行榴弹炮应运而生，其优点十分明显：战术机动性较强、反应迅速，相对于履带式自行榴弹炮，它具有更低的生产成本，且易于操作和方便维修。该型火炮的流行展现了近些年炮兵武器的独特之处与未来炮兵武器的发展方向，很多国家都着力研发车载自行式155毫米榴弹炮系统，其中"凯撒"自行榴弹炮最具代表性。

写给孩子的

世界兵器

空中战鹰

于子欣◎主编

北京工艺美术出版社

图书在版编目（CIP）数据

写给孩子的世界兵器．空中战鹰 ／ 于子欣主编．——
北京 ：北京工艺美术出版社，2023.11
ISBN 978-7-5140-2630-6

Ⅰ．①写… Ⅱ．①于… Ⅲ．①武器－世界－儿童读物
Ⅳ．① E92-49

中国国家版本馆 CIP 数据核字 (2023) 第 055744 号

出 版 人：陈高潮　　　策 划 人：杨　宇　　责任编辑：王亚娟
装帧设计：郑金霞　　　责任印制：王　卓

法律顾问：北京恒理律师事务所　丁　玲　张馨瑜

写给孩子的世界兵器　空中战鹰
XIE GEI HAIZI DE SHIJIE BINGQI KONGZHONG ZHANYING

于子欣　主编

出　　版	北京工艺美术出版社	
发　　行	北京美联京工图书有限公司	
地　　址	北京市西城区北三环中路6号　京版大厦B座702室	
邮　　编	100120	
电　　话	(010) 58572763（总编室）	
	(010) 58572878（编辑室）	
	(010) 64280045（发　行）	
传　　真	(010) 64280045/58572763	
网　　址	www.gmcbs.cn	
经　　销	全国新华书店	
印　　刷	天津海德伟业印务有限公司	
开　　本	700 毫米×1000 毫米　1/16	
印　　张	8	
字　　数	79千字	
版　　次	2023年11月第1版	
印　　次	2023年11月第1次印刷	
印　　数	1～20000	
定　　价	199.00元（全五册）	

　　高精尖的兵器，是强大国防的基础；强大的国防，则是生活安定、经济繁荣的保障。让孩子了解兵器相关的知识，并非要其做"好战分子"，而是通过适当引导，培养孩子热爱科学、珍惜和平的优良品质，更能促使其立志报效祖国。所以，家长可以引导和培养孩子对兵器知识的兴趣。

　　市面上有关兵器的书籍极多，这些书籍通过各种角度对兵器特别是现代兵器进行介绍。我们在认真揣摩孩子的心理、知识面和认知水平的基础上，编著了这套《写给孩子的世界兵器》，目的是有针对性地为孩子们打造一套易读、有趣而又不乏专业性的兵器知识科普读物。

　　我们在各分册中分门别类地对枪械、坦克、战机、战舰、导弹等兵器进行了介绍，且选择的都是世界各国的尖端兵器。对每一种兵器，我们都会有趣地介绍它的研发历程和在战场上的"表现"，至于枯燥的基本参数、设计结构及性能，也尽量用

深入浅出的文字进行介绍。此外，我们还精心为每种兵器提供了涉及各个角度、多处细节的插图，方便孩子加深对该兵器的了解。除此之外，本书还用小栏目的形式介绍一些有关兵器的趣味小百科。这样的内容编排可以提升孩子的阅读兴趣，并启发他们深入了解兵器，最终树立为祖国国防建设设计出更加先进的兵器的远大理想。

"国虽大，好战必亡；天下虽安，忘战必危"。战争离我们并不遥远，孩子作为祖国的未来，一定要坚定保家卫国的信念，努力学习各种知识，才能在将来为建设祖国、保卫祖国作出贡献。希望我们这套《写给孩子的世界兵器》，能够为扩充孩子的知识面、提升孩子保家卫国的信念尽一点儿绵薄之力。

CONTENTS 目录

目录 CONTENTS

空战能手

战斗机

美国F-22"猛禽"战斗机

F-22"猛禽"战斗机（以下简称F-22战斗机）是一款单座双发高隐身性战斗机，是目前世界上最先进的战机之一。

基本参数	
长度	18.9米
翼宽	13.56米
高度	5.08米
空重	19 700千克
最高速度	2 410千米/时

研发历史 >>>

F-22战斗机从1971年开始研发，当时的美国战术空军指挥部提出一项计划，名为"先进战术战斗机"计划。但后来因经费不足，该计划一直被搁置，直到1982年10月，才确定了最终方案，并对研发公司提出了技术要求。

1986年，波音公司和洛克希德·马丁公司一起成立了研发小组，他们提出一种名为"YF-22"的方案，成功获得竞标。1990年，YF-22战斗机首次试飞。1997年，F-22战斗机被洛克希德·马丁公司正式公开，并被命名为"猛禽"；同年，F-22战斗机完成了它的第一次试飞。2002年，F-22战斗机被美国空军更名为"F/A-22"。2005年12月，F-22战斗机在美国空军部队正式服役。目前，由于受到法规的限制，F-22战斗机不能出口到其他国家，因此只能被美国空军所使用。

设计结构 >>>

F-22战斗机采用了双垂尾双发单座布局，垂直尾翼向外倾斜大约27°，达到了常规隐身设计的水平。主翼和水平安定面均为小展弦比的梯形平面形，其后掠角和后缘前掠角相同。凸出于前机身上部的座舱盖呈水滴形。从压气机到发动机的进气口通道为S形，机翼前缘向下方延伸处有两个进气口，同喷嘴一样做了隐形设计，可以抑制红外辐射。机身内有4个弹舱，可以把所有武器都隐藏在机身内部。

性能解析 >>>

F-22 战斗机具有超声速巡航能力，能够超视距作战，在具备高机动性的同时，还可以对雷达和红外线隐形。因为该机的隐身性和灵活性突出，加上良好的态势感知能力，使它无论是对空还是对地，都拥有极强的作战能力，可以称得上是目前世界上综合性能最优秀的战斗机之一。

F-22 战斗机还具有出色的冲刺速度，在所有适飞高度上，以军用推力或者更小的推力很容易就能让战斗机进行水平加速，如果使用全力，该战斗机的加速度令人震惊。

服役情况 》》》

目前只有美国一个国家使用 F-22 战斗机。美国在阿拉斯加空军基地组建了 8 个中队，全部部署 F-22 战斗机。2007 年 2 月，另外一支中队在日本嘉手纳空军基地和日本航空自卫队的战机一同进行飞行训练，三个月后，这些战斗机陆续撤离，这是 F-22 战斗机第一次参与本国以外的基地驻防。

2007 年 11 月 22 日，两架俄罗斯图 -95MS 轰炸机被 1 架 F-22 战斗机成功拦截，这架 F-22 战斗机隶属阿拉斯加第 90 战机中队，这是 F-22 战斗机首次执行拦截任务并取得了成功。

兵器 小百科

战斗机是一种军用飞机，携带武器和特种装备，可以对空中、地面、水下目标进行攻击，最主要的任务是在空中与敌方战斗机进行战斗，以争取空中优势，还可以拦截敌方轰炸机、攻击机。

美国F-35"闪电"Ⅱ战斗机

F-35"闪电"Ⅱ战斗机（以下简称F-35战斗机）是一款单发单座多用途战斗机，是美国在21世纪的空战主力。

基本参数	
长度	15.67米
翼宽	10.7米
高度	4.33米
空重	13 154千克
最高速度	1 930千米/时

研发历史 〉〉〉

1993年，美国国防部提出"联合打击战斗机"计划，目的是开发新款军用飞机，用来执行支援、轰炸和拦截等多项任务。

洛克希德·马丁公司、麦道公司和波音公司都对此项计划很感兴趣。其中麦道公司的设计太过复杂，最先落选。随后，洛克希德·马丁公司研制出X-35原型机，波音公司研制出X-32原型机。最终洛克希德·马丁公司得到了更多的支持，成功获得该项目的竞标，获胜的X-35原型机被正式定名为"F-35"，并开始生产，于2015年开始服役。

设计结构 >>>

F-35 战斗机的外部形状与 F-22 "猛禽" 战斗机十分相似，与 F-22 战斗机采用了同样的双垂尾设计，只是 F-35 战斗机的发动机由双发改为单发。F-35 战斗机的起落架系统是古德里奇公司专门为其研发定制的，采用了固特异公司生产的智能轮胎，其内部安装了传感器和信号传输系统，能够监测胎压和胎温。

性能解析 >>>

相对于美国之前的战斗机来说，F-35 战斗机的隐身技术更为廉价，但维修费用比较低，而且它的数据交换系统十分先进，配

备了综合航电设备和传感器，极大地提高了驾驶员的状态感知、目标辨别以及武器投射能力，同时能够迅速地将信息传输到其他指挥和控制节点。另外，它还是首款采用头盔显示器系统取代抬头显示器的战斗机。

服役情况 >>>

F-35 战斗机是 21 世纪美国及其盟国的主要空中力量。2016 年底，第一架 F-35 战斗机被交付给以色列空军，2017 年到达以色列。2017 年 12 月 6 日，以色列国防军宣布将从美国采购的 F-35 战斗机装备于以色列空军。

此外，F-35 战斗机还有 3 种衍生型号，分别是 F-35A、F-35B 和 F-35C。其中，F-35B 于 2015 年 7 月在美国海军陆战队投入使用；F-35A 于 2016 年 8 月在美国空军投入使用；F-35C 直到 2019 年 2 月，才开始在美国海军服役。

兵器 小百科

"闪电"这个名字非常受各国空军喜爱，美国在第二次世界大战中装备的 P-38、纳粹德国的 Ar-234、英国在冷战时期装备的 F.1 超声速截击机、伊朗将 F-5 战斗机改进后研发出的 Saeqeh 战斗机，都以"闪电"命名。

美国F-15"鹰"战斗机

F-15"鹰"战斗机（以下简称F-15战斗机）是由美国麦克唐纳·道格拉斯公司研制的一种全天候、高机动性的战术战斗机，同时也是美国空军现役的主力战机之一。

研发历史 >>>

F-15战斗机研发项目是从1962年开始的，那时美国军队正开展F-X计划（新一代战机预言计划），而麦道公司在1969年赢得竞标，设计师参照了美国空军的F-4战斗机和F-14战斗机作为F-15战斗机最初的设计来源。1972年7月，作为F-15战斗机的单座型F-15A首次试飞，1973年7月，第一架双座型F-15B首次试飞。之后，又有11架原型机相继试飞。1976年1月，F-15战斗机开始服役。

基本参数	
长度	19.43米
翼宽	13.03米
高度	5.68米
空重	12 973千克
最高速度	3 000千米/时

设计结构 >>>

F-15战斗机的机身由前、中、后三段组成。前段由机头雷达罩、座舱和电子设备舱组成，制作材料为铝合金；中段与机翼相连，该段的部分制作材料为钛合金；后段为钛合金的发动机舱。机身背部安有一个单块式减速板，最大可以张开 35°，在任意速度下都不会影响飞机的飞行状态。机翼采用的是切尖三角翼的翼型，机翼的前梁由铝合金制成，后三梁由钛合金制成。该机拥有全自动式平尾，这种平尾具有较大的面积，既能适应高速飞行，也能满足机动需要。

性能解析 >>>

　　F-15 战斗机采用了具有良好的下视搜索性能的多用途脉冲多普勒雷达，通过多普勒效应，可以有效地消除地面噪声对目标信号的干扰，从而可以对具有较高速度的小型目标进行追踪。

F-15战斗机还采用了美国先进的科技成果，飞行员装备了头盔式目标选定瞄准系统，只需按动一个按钮，中央计算机就会立即输入飞行员头部转动角度，瞄准系统会通过中央计算机立即锁定飞行员选定的攻击目标，整个过程耗费的时间极短。

服役情况 >>>

因为F-15战斗机过于昂贵，所以除美国之外，早期只有日本、沙特阿拉伯和以色列三个国家购买，后来韩国和新加坡也装

备了 F–15 战斗机。

1982 年，F–15A/B 战斗机在以色列服役期间参与了黎巴嫩战争。在科索沃战争中，美军使用 F–15C 战斗机击落了多架南联盟的米格 –29 战斗机。另外，美国空军的 F–15 战斗机经常在全球热点区域出没，多次参加不同规模的武装冲突和局部战争。

兵器 小百科

　　F–15 战斗机除了执行空中作战和对地攻击任务，还有一个特别的功能，就是可以发射 ASM–135 反卫星导弹。ASM–135 反卫星导弹，是一种能够在几百千米范围内进行攻击的空射导弹。该导弹是全球首款具有击落卫星和拦截洲际弹道导弹能力的空天导弹。

美国F/A-18 "大黄蜂" 战斗攻击机

F/A-18 "大黄蜂"战斗攻击机（以下简称 F/A-18 战斗攻击机）是一款专为适应航空母舰起降而研制的全天候多功能舰载机，是目前美国海军最重要的舰载机种。

基本参数	
长度	17.1米
翼宽	11.43米
高度	4.7米
空重	11 200千克
最高速度	1 814千米/时

研发历史 >>>

F/A-18 战斗攻击机的研发历史最早可以追溯到美国空军发展的轻型战机（LWF）计划。当时，诺斯罗普公司设计的 YF-17 原型机在竞争中被对手通用公司的 YF-16 原型机击败，失去了与美国空军合作的机会。1974 年，美国海军急需一款轻型战斗机，YF-17 原型机重新得到了机会。

于是，诺斯罗普公司与麦道公司合作，共同在 YF-17 原型机的基础上开发新型战机。起初，两家公司计划制造战斗机版 F-18 和攻击机版 A-18 两种型号，但最终在美国海军的建议下将两种型号合二为一，制造出了 F/A-18 战斗攻击机。F/A-18 战斗攻击机于 1978 年 11 月 18 日完成首次试飞，并于 1983 年进入美军服役。

设计结构 >>>

F/A-18 战斗攻击机的机身采用半硬壳结构，大部分都由复合材料制成。机翼为悬臂式中单翼，前缘安装了全翼展机动襟翼，后缘内侧装有带液压动作的襟翼和副翼。尾翼采用的是悬臂结构。座舱采用气密、空调座舱，内装有弹射座椅。座舱还安装了采用"手不离杆"设计的油门杆和操纵杆，飞行员的视线不需要从目标上移开就能找到座舱中的开关。起落架为前三点式，前起落架上有供弹射起飞用的牵引杆。

性能解析 >>>

F/A-18 战斗攻击机的主要特点是可靠性和维护性好、生存能力强、大迎角飞行性能好、武器投射精度高。F/A-18 战斗攻击机的武器配置非常丰富，该机共有 9 个外挂点，可以挂载 AIM-9 "响尾蛇" 空空导弹、AGM-84 "鱼叉" 反舰导弹和 GBU-24 激光制导炸弹等。新型的 F/A-18E/F "超级大黄蜂" 战斗攻击机，不但增加了武器外挂点，还可以外挂 5 个副油箱，具备空中加油能力。

服役情况 >>>

F/A-18 战斗攻击机主要装备于美国海军、美国海军陆战队和国家航空航天局。在 1991 年的海湾战争中，F/A-18 战斗攻击机承担着美国舰队主力作战飞机的重任。2001 年，澳大利亚皇家空军将 4 架 F/A-18 战斗攻击机部署在迪戈加西亚岛，以支援美国对阿富汗塔利班组织的作战行动。

兵器 小百科

美国是用代表飞机类型的英文字母和表示设计时间顺序的阿拉伯数字为战机命名的。F 是战斗机、A 是攻击机、B 是轰炸机、C 是运输机。从 F/A-18 战斗攻击机的名字中就能看出，这是一架兼具战斗机和攻击机功能的飞机。

苏联/俄罗斯苏-27 "侧卫"战斗机

苏 –27 战斗机是一款双发单座全天候重型战斗机，由苏霍伊设计局研制，北约称其为"侧卫"（以下简称苏 –27 战斗机）。

基本参数	
长度	21.94米
翼宽	14.7米
高度	5.93米
空重	17 450千克
最高速度	2 876千米/时

研发历史 >>>

20 世纪 60 年代，美国相继研发出 F–15 重型战斗机和 F–16 轻型战斗机。为此，苏联在 1969 年开启了"未来前线战斗机"计划（PFI）。雅克列夫设计局、苏霍伊设计局和米高扬设计局

共同参与了该项目的竞标。最终，取得胜利的是米高扬设计局的米格-29战斗机和苏霍伊设计局的T-10战斗机。其中，苏霍伊设计局的T-10战斗机是苏-27战斗机的原型机。1977年，名为T-10-1战斗机的原型机正式出厂，并于同年5月完成首飞。原型机T-10-2战斗机于1978年出厂，但随后由于电子控制系统出了问题发生坠毁事件，飞行员因此丧生。后来，经过不断地改进和完善，1985年，苏-27正式在苏联军队投入使用，与米格-29战斗机一起被用来对抗美国的F-15战斗机和F-16战斗机。

设计结构 >>>

苏-27战斗机的体形十分庞大，机身采用全金属半硬壳结构，使用了大量的钛合金材料，在最大程度上减轻了重量。苏-27战斗机的头部略微向下倾斜，机翼安装在机身中部，采用了翼身融合技术，翼根处有光滑的弧形前缘，进气道安装在翼身融合体的前下方，气动性能较好。此外，苏-27战斗机还拥有双垂尾。

性能解析 >>>

苏–27 战斗机采用了线传飞行控制系统，机翼载荷较小，基本飞行控制能力较强，因此，其具有良好的机动性和灵活性，能够进行超视距作战。苏–27 战斗机的内部空间很大，可以储存大量燃料，而且设计师还在苏–27 战斗机的机背上装了一副油箱，这不仅没有影响它的气动布局，还让苏–27 战斗机拥有了很远的航程和很大的载弹量。但是，苏–27 战斗机的机载电子设备和驾驶室显示装备都比较陈旧，另外，它没有隐身性能。

服役情况 >>>

苏–27 战斗机曾多次在黑海海域、波罗的海海域对美军试图靠近的战略轰炸机和其他国家的侦察机进行拦截，拥有出色的表现。1992 年，中国购买了一批苏–27 战斗机。除此之外，苏–27 战斗机还被销往越南、印度、委内瑞拉等国家，参加过多次战役，获得了很多赞誉。

兵器 小百科

1989 年 6 月，苏联在巴黎国际航空展览会上派出了两架苏–27 战斗机，普加乔夫驾驶其中 1 架战斗机上演了一套令人瞠目结舌的"普加乔夫眼镜蛇"动作，震惊了全场的观众，同时也让整个航空界大为震撼。

苏联/俄罗斯米格-29 "支点"战斗机

米格-29战斗机是一款双发高性能制空战斗机，由米高扬设计局研制，北约代号为"支点"（以下简称米格-29战斗机）。

基本参数	
长度	17.32米
翼宽	11.36米
高度	4.73米
空重	11 000千克
最高速度	2 400千米/时

研发历史 〉〉〉

苏联于1969年启动了"未来前线战斗机"计划（PFI）。1971年，PFI项目分成了两个部分，分别是由苏霍伊设计局负责设计的重型先进战术战斗机（TPFI）和由米高扬设计局负责的轻型先进战术战斗机（LPFI），最终促进了苏-27战斗机和米格-29战斗机的诞生。1977年，米格-29战斗机的原型机首次试飞，1983年8月，开始在苏联军队服役。1986年，一

批米格 –29 战斗机飞抵芬兰，正式出现在大众视野内。

设计结构 >>>

米格 –29 战斗机的最大特色就是它经过精心设计的气动布局，采用翼身融合技术。该机的机翼为后掠中单翼，机身和机翼之间过渡平滑，机翼外段的后掠角约为 40°。在发动机尾部，有一个带有后掠角度的水平尾翼和双垂直安定面。机身材质以铝合金材料为主，只有少部分用于加强机身的隔框使用了钛合金材料，垂直尾翼采用碳纤维复合材料，以满足特定的强度和温度要求，除此之外，还有一小部分零件用了铝锂合金。

性能解析 >>>

　　米格 -29 战斗机拥有强大的机动性能，最高速度可达每小时 2400 千米，在同级别战斗机中属于佼佼者。为了使飞行员进行机种转换更加方便，米格 -29 战斗机的座舱尽量与米格 -23 战斗机类似，没有大量采用人体工程学设计。相对于以前的苏联战机来说，米格 -29 战斗机座舱内的视野得到了很大改善，但是与同时期的西方战机相比还有一定差距。

服役情况 >>>

俄罗斯作为米格-29战斗机的原产地，自然拥有最多的米格-29战斗机。此外，哈萨克斯坦、乌兹别克斯坦、马来西亚、塞尔维亚、印度、伊朗等国也使用了米格-29战斗机。

1987年8月，苏联空军的1架米格-29战斗机击落了4架苏-22战斗机，这4架苏-22战斗机企图侵袭阿富汗总统的住宅。

1999年科索沃战争中，北约对南联盟进行了一次空中打击，11架米格-29战斗机升空应战，没有1架被击落。

兵器 小百科 ★ ★ ★

美国曾从摩尔多瓦购买了多架米格-29战斗机，这些米格-29战斗机都被分配到了俄亥俄州的国家航空信息中心。到目前为止，这些飞机中只有1架被存放在美国俄亥俄州达顿市空军博物馆的库房里，其余则没有了踪迹。

英国 "台风" 战斗机

"台风" 战斗机是一种双发多用途战斗机，与法国 "阵风" 战斗机和瑞典 JAS-39 战斗机一起被誉为 "欧洲三雄"。

研发历史 >>>

英国、法国、德国、意大利和西班牙五个国家在 1983 年启动了 "未来欧洲战机" 计划。由于这五个国家在设计理念及方法上存在分歧，法国选择退出该计划，开始研制自己的 "阵风" 战斗机。英、德、意、西四国达成统

基本参数	
长度	15.96米
翼宽	10.95米
高度	5.28米
空重	11 150千克
最高速度	2 124千米/时

一意见，并签署了"都灵协议"，共同研发"台风"战斗机。"台风"战斗机的第一架原型机在 1994 年首次试飞，于 2003 年正式投入使用。

设计结构 >>>

"台风"战斗机的外形为鸭式，机身下方有一个长方形的进气口，机身主要由玻璃纤维增强塑料、碳素纤维复合材料、铝合金、钛合金和铝锂合金等材料制造，复合材料的使用比例达到 40%。"台风"战斗机的操纵系统为主动控制数字式电传系统，具有自动分配任务功能。此外，"台风"战斗机还使用了被动传感器和低雷达横截面等一系列隐身技术。

性能解析 >>>

"台风"战斗机是一种易于组装、作战效能高、匿踪性强，同时拥有先进航电的多功能战斗机，它的可靠性和耐用性都非常出色。与同级别的战斗机相比,"台风"战斗机的驾驶舱拥有人机接口,能极大地减少飞行员的工作负担,显示出高度智能化的特点。"台风"战斗机不仅具有强大的空中作战能力,还具备良好的地面作战能力,可以搭载多种精准的对地攻击武器。"台风"战斗机是世界上为数不多的、能够在不开后燃器的状态下进行超声速巡航的战斗机。但"台风"战斗机可以被雷达和红外线探测到,只有局部具备隐身性能。

服役情况 >>>

1994 年台风原型机出厂,试飞员驾机绕行巴伐利亚,随即确定了战机的各项参数和生产分工。2003 年第一架"台风"战斗机通过验收后,英国、意大利、德国、西班牙四国就订购了 600 余架。随后,生产商还对"台风"战斗机进行多次升级,例如加强对地攻击能力等。

今天,"台风"战斗机主要在欧洲国家服役,阿曼、卡塔尔、沙特阿拉伯等国也采购了不少"台风"战斗机。

兵器 小百科

"台风"战斗机最大的特点就是它拥有四条生产线,分别由不同的公司负责,每一条生产线专门负责生产一部分零件,不同生产线生产的零件组装在一起,才能形成最终的成品飞机。

法国"幻影2000"战斗机

"幻影2000"战斗机是一款单发轻型多用途战斗机，该机技术先进，是世界上少数完全不"师承"美苏技术的战斗机之一。

基本参数	
长度	14.36米
翼宽	9.13米
高度	5.2米
空重	16 350千克
最高速度	2 530千米/时

研发历史 >>>

从20世纪70年代开始，达索公司就计划研制一款轻便、简易的战斗机，因此在法国政府提出要研发新型"幻影"战斗机的时候，达索公司便立即做出了设计方案，并且得到了政府的支持。

改进后的新型"幻影"战斗机的第一架原型机在 1978 年 3 月进行了首次飞行；1982 年，新型"幻影"战斗机被命名为"幻影 2000"战斗机；1983 年，"幻影 2000"战斗机开始在部队中使用；1984 年，正式服役于法国空军。

设计结构 >>>

"幻影 2000"战斗机采用了三角形机翼布局，设计的展弦比较小，有助于减小弯矩。机翼根部相对较厚，不但可以减少机翼结构的重量，而且容易加工，还可以提高强度。"幻影 2000"战斗机的三角形机翼有足够的可用空间，便于装载燃料、起落架和其他设备。在进气道的侧面接近机翼边缘处有明显的上反角。

"幻影 2000"战斗机的机身采用传统的全金属半硬壳式结构，使用了大量碳纤维和硼纤维复合材料，极大地减轻了飞机的重量。该机的武器外挂点有 5 个位于机身下方，有 4 个位于机翼之下。单座型号的"幻影 2000"战斗机，还装有 2 门 30 毫米航炮。

性能解析 >>>

　　"幻影2000"战斗机具有全天候、全高度、全方位远程拦截的性能。法国空军还在其所属机群的雷达上进行了改进，并加入非共同目标识别能力。"幻影2000"战斗机使用M53-P2涡扇发动机，结构简单且方便维修。"幻影2000"战斗机在飞行过程中由于推重比低、推力不足，在横向加速、爬升等方面表现不佳。

服役情况 >>>

　　自 20 世纪 80 年代以来，"幻影 2000"战斗机参加了北约的许多重大军事行动，如海湾战争、波黑战争、科索沃战争和阿富汗战争中都有它的身影。在 1995 年北约对波黑的空袭行动中，1 架波黑空用 9K38 "针"型防空导弹击落了 1 架"幻影 2000"战斗机，并俘虏了 2 名飞行员，造成了自冷战以来法国空军遭受的较为严重的军事损失。

兵器 小百科

　　"幻影 2000"战斗机是法国空军的主力，在"阵风"战斗机投入使用以前，曾出口多个国家，先后被印度、希腊、埃及、巴西、秘鲁、卡塔尔和阿拉伯联合酋长国使用。

瑞典JAS-39"鹰狮"战斗机

JAS-39"鹰狮"战斗机（以下简称JAS-39战斗机）是一款单座全天候战斗机，由瑞典萨博公司研制。

研发历史 >>>

JAS-39战斗机的研制始于1980年，是Saab-37的后继型号。1988年12月9日，JAS-39战斗机第一次试飞成功。在次年2月的一次飞行实验中，因控制系统出了问题，飞机在降落过程中出现震荡，导致着陆失败，给机体造成了严重损伤。后来由于飞机的线性控制问题又发生了一次飞行事故，JAS-39战斗机的生产计划不得已停止，直到修复了这些缺陷。JAS-39战斗机丁1997年11月正式服役。

基本参数	
长度	14.1米
翼宽	8.4米
高度	4.5米
空重	6 620千克
最高速度	2 204千米/时

设计结构 >>>

JAS-39战斗机采用了中置机翼布局，全动前翼在矩形涵道两侧，可以使翼身融合效果达到最佳。该机的座舱盖采用一种水滴形、单片弯曲的挡风玻璃。机身主要采用复合材料，尾翼、起落架和升降舵则使用碳纤维复合材料。JAS-39战斗机还拥有可收放前三点式起落架和可转向前起落架，可以让飞机起落时更加方便快捷。

性能解析 >>>

JAS-39战斗机能够对目标进行搜索/截获，同时还具备地面检视/攻击能力。该机可以在近距离内快速扫描锁定目标，进行对多个目标的远距离追踪，并且可以控制导弹和机炮发动攻击。

JAS-39战斗机具有良好的气动性能，可以在任何高度完成超声速飞行，同时具备优秀的短程起飞和降落性能。该战斗机除了装备固定的27毫米机炮，还可以挂载AGM-65导弹、AIM-9导弹、AIM-120导弹和"魔术"导弹等多种机载武器。

服役情况 >>>

JAS-39 战斗机的性价比非常高，是许多国家的主力装备。目前，JAS-39 战斗机除了在瑞典、捷克、匈牙利和南非服役，还被瑞士和泰国等国购买。

兵器 小百科

瑞典的战斗机都是为了满足瑞典的作战需要而设计的。作为一个小国，瑞典把"拿来主义"发挥到了极致，JAS-39 战斗机除火控系统是自主生产外，其余全部从其他国家购买，例如，发动机由美国制造、辅助发动机为英国制造、机关炮是德国和法国的产品。

长空空堡垒

轰炸机

美国B-1B "枪骑兵" 轰炸机

B-1B "枪骑兵" 轰炸机（以下简称 B-1B 轰炸机）是由美国罗克韦尔公司研制的一种全天候、多用途战略轰炸机。在战略轰炸机家族中，其航速、航程、有效载荷和爬升性能等各种技术指标都处于领先。

基本参数	
长度	44.5米
翼宽	41.8米
高度	10.4米
空重	87 100千克
最高速度	1 529千米/时

研发历史 >>>

美国空军曾计划在 20 世纪 50 年代后期研发一款战略轰炸机，

预计该机的最高速度可以达到 3 马赫，并将其命名为 B-70 轰炸机，但是这个项目最终失败了。美国空军在放弃研制 B-70 轰炸机后，打算研制一款利用超声速低空进攻的轰炸机。北美航空在 20 世纪 70 年代，提出了 B-1 轰炸机的研发理念，主张以 B-70 轰炸机为基础，研制 B-1 轰炸机，并成功造出 4 架 B-1A 轰炸机原型机，在 1974 年进行了首次试飞。1985 年，B-1B 轰炸机开始批量生产。1986 年，B-1B 轰炸机开始服役。

设计结构 ⟫⟫

B-1B 轰炸机拥有庞大的体形，长度达 44.5 米，机身呈平滑的曲面，机身中段向内翼段过渡直至翼身融合，没有明显的分界线。机腹下方安装了主起落架，可以向上收入机腹。双轮前起落架，可以收放在机鼻下的起落架舱中，有液压转向装置。机翼上有4片扰流板，就在外侧4片襟翼的前方。扰流板与全动平尾共同控制着飞机的翻滚，两侧机翼最里面的两片扰流板可以用作减速器，在着陆滑行过程中，所有的扰流板都可以升起，以减小翼面的升力。

性能解析 >>>

B-1B轰炸机的飞行能力很强，该轰炸机的地形追踪系统可以让其在超低空飞行时，自动配合地形的起伏。在平稳的地面上飞行时，它最低可以降到距地面60米的高度。B-1B轰炸机的运载能力也很强，6个外挂点可携带27吨武器弹药，3个内置弹舱可以容纳34吨弹药。B-1B轰炸机采用了多种隐身措施，雷达反射截面约1平方米。

B-1B轰炸机还配备了先进的航电系统，包括飞行控制系统、进攻性航电系统和防御性航电系统。其中，负责导航、武器管理

和投放的进攻性航电系统，可以在飞机飞行中根据任务要求做出不同的规划，还能在不使用光学和激光瞄准系统的情况下精确投放炸弹。

服役情况 >>>

B-1B 轰炸机第一次参加实战是在 1998 年 12 月 16 日的"沙漠之狐"行动中。科索沃战争期间，北约对南联盟实行空袭，隶属南达科他州埃尔斯沃斯的 5 架 B-1B 轰炸机被派往英国费尔福德，支援当地的空军部队。

兵器 小百科

轰炸机是一种用于对地面、水上、水下目标进行轰炸的飞机，配备专门的装备，如炸弹、导弹等，具有较强的运载能力及较远的航程。轰炸机可以分为三种类型，即轻型轰炸机、中型轰炸机和重型轰炸机。

美国B-52 "同温层堡垒" 轰炸机

B-52 "同温层堡垒" 轰炸机（以下简称 B-52 轰炸机）是一种亚音速远程战略轰炸机，由美国波音公司研制。

基本参数	
长度	48.5米
翼宽	56.4米
高度	12.4米
空重	83 250千克
最高速度	1 000千米/时

研发历史 >>>

在第二次世界大战即将结束时，由于之前的轰炸机出现航程不足、飞行高度低等问题，美国航空装备司令部接到命令，准备研发一款具有高速度、大航程的战略轰炸机。波音公司赢得了此次招标，但是他们最初提出的方案较原有的轰炸机改进较小，并没有出色的技术优势，这引起了美国军方的不满。面对这种情况，研发小组对原有方案几经改进，终于形成了全新的 Model 64-17 方案。1951 年，第一架原型机 XB-52 轰炸机出厂。1952 年，B-52 轰炸机的原型机完成首次试飞。1955 年，B-52 轰炸机开始在美国空军部队服役。

设计结构 >>>

B-52 轰炸机的机体是全金属半硬壳结构，具有光滑的侧面和圆角矩形截面。机头下方有两个凸起物，是红外夜视仪。油箱位于机身中部，炸弹舱位于机身下部，在机身顶部有空中加油口。机身由前向后逐步变细，尾部设有炮塔，配备射击员舱。机翼是悬臂式上单翼，左右翼根固定在机身的中央翼段上。

性能解析 >>>

B-52 轰炸机最突出的特色是它的载弹量。B-52 轰炸机装备了 1 门 20 毫米 M61 "火神" 机炮，并能搭载各种型号的常规炸弹、核弹或导弹，载弹量可达 31 500 千克。该轰炸机除了拥有

全面的攻击电子系统和防御电子系统，还装备了 AGM-28 "大猎犬" 巡航导弹，具备很强的突防能力。

服役情况 >>>

B-52 轰炸机服役至今已经有 60 多年了，但它依然是美国空军的主力轰炸机之一。它在服役生涯中参与了越南战争、海湾战争和科索沃战争等多场战争。在越南战争中，B-52 轰炸机是美军大面积轰炸的主要工具，对越南南北方目标以及柬埔寨、老挝等地区目标进行过超过 10 万架次轰炸。在和平年代，它则执行战略核威慑任务。

兵器 小百科

在海湾战争中，B-52 轰炸机的衍生型号 B-52G 轰炸机在美国对伊拉克的空袭作战中发挥了重要作用，其总的投弹量占美国空军总投弹量的 38%。

美国B-2 "幽灵" 轰炸机

B-2 "幽灵" 轰炸机（以下简称 B-2 轰炸机）由波音公司和诺斯洛普·格鲁曼公司共同研制，是目前世界上唯一的隐身战略轰炸机。

研发历史 >>>

1979 年，美国想要研制一款能够躲避敌方雷达探测的新型战略轰炸机，项目名称为 "先进战略突防飞机"，并公开招标。1981 年，波音公司和诺斯洛普公司提交的设计方案得到了军方的肯定，于是这两家公司就开始和麻省理工学院的科学家共同研制新型战略轰炸机。

1989 年 7 月 17 日，B-2 轰炸机原型机完成第一次试飞，军方又对其进行了严格的检验和多次试验飞行，制造商也按照空军提出的修改意见不断进行修改和完善。1997 年，第一批 6 架 B-2 轰炸机进入美国空军服役，但由于它制造成本较高、维修难度大，到目前为止一共只生产了 21 架。

设计结构 >>>

B-2 轰炸机采用一种集各类低空探测技术和高效气动设计为一体的全翼型结构，具有平滑、流畅的外形。该机机体主要是由复合材料制造的，既能增加机体的强度，又能减轻自身的重量，还能吸收大部分的雷达信号。该机的机体表面还有吸波涂层，在很大程度上降低了雷达截面积。

基本参数	
长度	21米
翼宽	52.4米
高度	5.18米
空重	71 700千克
最高速度	764千米/时

B-2 轰炸机中央机身两侧的隆起部分是发动机舱，机翼的前缘和后缘与另一侧翼尖平行。机身尾部后缘有 W 形的锯齿，边缘与两侧的机翼前缘平行。

性能解析 》》》

B-2 轰炸机具有极低的可探测性、很好的隐身性能和极强的适应性能，这使它可以在一些危险地区执行轰炸任务。B-2 轰炸机的作战航程非常远，执行任务时，在空中飞行的时间可达 10 小时以上，且完全不需要空中加油。美国空军曾声称：B-2 轰炸机可以在接到命令后数小时内从美国本土起飞，袭击世界各地的目标。

服役情况 >>>

在科索沃战争中，B-2 轰炸机首次投入实战。2003 年 3 月，在伊拉克战争中，1 架 B-2 轰炸机发射了 2 枚新型 EGBU-28 制导炸弹，炸毁了巴格达底格里斯河畔的一个通信塔。

兵器 小百科

B-2 轰炸机之所以被称为"幽灵"，是因为它的隐身能力非常强大，很难被雷达探测到。有一次，法国的防空部队觉察到有 B-2 轰炸机进入本国领空，就用雷达搜索探测，却没有发现 B-2 轰炸机的踪迹。B-2 轰炸机可以像一只鸟儿那样在天空中自由穿梭，就仿佛一个神秘的"幽灵"。

苏联/俄罗斯图-95"熊"轰炸机

图-95是一款采用四涡轮螺旋桨发动机的远程战略轰炸机，由图波列夫设计局研制，北约代号为"熊"（以下简称图-95轰炸机）。

基本参数	
长度	49.5米
翼宽	54.1米
高度	12.12米
空重	90 000千克
最高速度	925千米/时

研发历史 >>>

20世纪50年代，苏联空军急需一款具有远航程和大载重量的新型轰炸机，于是对图波列夫设计局提出了研制要求，以替代性能不足的图-80轰炸机和图-85轰炸机。

1951年，图-95轰炸机开始研制，1954年首架原型机试飞成功，并于1956年交付苏联空军使用。图-95轰炸机一共生产了400余架，到目前为止，只有部分新型图-95轰炸机仍在服役，其余都已退役。

设计结构 >>>

图-95轰炸机机身采用半硬壳式的全金属结构，分为前段、中段和尾段三个部分。机身前段包括领航员舱、驾驶舱、雷达舱和透明机头罩，后来的改进型号安装了大型火控雷达来替代透明

机头罩。该机的机翼穿过机身中段，4台涡轮螺旋桨发动机都安装在机翼上，每台发动机前有两组直径较大的四叶螺旋桨。该机采用可收放前三点式起落架，每个主起落架下有2对机轮，并列安装，可以向后收放在发动机舱旁的短舱里。

性能解析 》》》

图–95轰炸机不仅能执行战略轰炸任务，还可以执行海上巡逻、电子侦察等任务，可以满足不同的使用需求。该机的4台NK–12涡轮螺旋桨发动机，是世界上功率最大的螺旋桨发动机。虽然NK–12涡轮螺旋桨发动机的功率强大，却也导致了极大的噪声。图–95轰炸机装有23毫米的AM–23机炮，共可以携带炸弹和导弹15 000千克。

服役情况 >>>

　　图–95轰炸机在服役期间飞遍了世界各地，如越南军事基地、索马里军事基地、安哥拉军事基地、古巴军事基地等都有它的身影，是名副其实的国际型战机。它经常跟随北约舰队探寻一些西方国家的机密，并测试他们的防御系统和反应速度。

兵器 小百科

　　1961年10月30日，世界上最大的核武器"沙皇炸弹"于北冰洋新地岛爆炸。此次爆炸任务由一架图–95V轰炸机执行。此外，还有一架图–16"獾"轰炸机执行观测任务。

苏联/俄罗斯图-22M "逆火"轰炸机

图-22M轰炸机是一款可变后掠翼超声速轰炸机，是俄罗斯空军的主力轰炸机之一，北约代号为"逆火"（以下简称图-22M轰炸机）。

基本参数	
长度	42.4米
翼宽	34.28米
高度	11.05米
空重	58 000千克
最高速度	2 327千米/时

研发历史 〉〉〉

图-22M轰炸机作为苏联首款超声速战略轰炸机，服役之后的性能和航程并不太令人满意，甚至后期发生了严重的操作问题。于是在1959年，苏联空军提出了对新型战略轰炸机的需求。

1967 年 11 月，图波列夫设计局的图 –22M 轰炸机方案被选中。1970 年，第一架图 –22M 轰炸机原型机试飞，随后又制造了 12 架预生产型图 –22M 轰炸机。1973 年，图 –22M 轰炸机开始用于飞行试验、系统试验、静力试验。1974 年，生产型图 –22M 轰炸机交付军队使用。1975 年初，苏联远程航空兵已组成 2 个图 –22M 轰炸机中队。

设计结构 >>>

图 –22M 轰炸机全机可以分为驾驶舱、前轮舱和主电子设备舱三个部分，机身采用常规的半硬壳结构，机身中段和尾部是全机的受力部分。该机最大的特点是其后掠翼设计，可以将低单翼外段的后掠角在 20°～ 55° 之间调整。起落架采用可收放前三点式，可以向内收入机腹。前起落架上有两个机轮，可以通过液压装置操纵其转向，向后收入机身。

性能解析 >>>

图 –22M 轰炸机具有良好的低空突防性能，这大大提高了该轰炸机的生存能力。该机具有常规攻击及反舰能力，是目前为止世界上飞行速度最快的一种轰炸机。图–22M 轰炸机还安装了 2 台 NK–22 涡扇发动机，大大增大了该轰炸机的推力。图–22M 轰炸机可以安装 23 毫米机尾遥控机炮，也能携挂炸弹和导弹，可携挂量达 21 000 千克。

服役情况 >>>

1984 年，6 架图–22M 轰炸机在阿富汗执行了一次轰炸任务，这批图–22M 轰炸机来自苏联近卫重型轰炸航空军团。2000 年，

俄罗斯远程航空兵团执行冬训任务，举行了大规模战术飞行演习活动，图 –22M 轰炸机在里海、黑海和北高加索等地的演习场均有不错的表现。

兵器 小百科

　　苏联演习过向美军航母战斗群发动大规模反舰导弹攻击的战术，这让美国非常忌惮，以致苏联执行的此项战术多次在美国小说和电影中出现过。为了应对这种情况，美军研制出 F–14 "雄猫"战斗机、AIM–54 "不死鸟"导弹和 "宙斯盾"作战系统等。

苏联/俄罗斯图-160 "海盗旗" 轰炸机

图-160 轰炸机是一款可变后掠翼重型超声速远程战略轰炸机，北约代号为"海盗旗"（以下简称图-160 轰炸机）。

研发历史 >>>

20 世纪 70 年代，美、苏两国的军备竞争十分激烈，美国提出新的超声速战略轰炸机研制计划，并成功研制出 B-1 "枪骑兵" 轰炸机。苏联方面得到消息后，紧随其后开始筹划研制与 B-1 "枪骑兵" 轰炸机具有相同性能的新型轰炸机。

图波列夫设计局、苏霍伊设计局和米里设计局分别提交了自己的设计方案，获得胜利的图波列夫设计局借鉴了B-1"枪骑兵"轰炸机的设计，并结合自己的先进技术，最终设计出图-160"海盗旗"轰炸机。该机于1981年完成试飞，1986年该机的5架原型机研制成功，1987年开始服役，1988年形成初步作战能力。

设计结构 >>>

图-160轰炸机采用了翼身融合设计，机翼为可变后掠翼，角度可以在20°~65°之间调整。襟翼后缘装有双

基本参数	
长度	54.10米
翼宽	55.70米
高度	13.1米
空重	118 000千克
最高速度	2 000千米/时

重稳流翼，这样可以减小翼面与空气的接触面积，从而减小翼面所受阻力。该机的发动机安装在机翼下的短舱内，武器舱在机身中部。

性能解析 〉〉〉

图 -160 轰炸机的战斗模式主要有高空亚声速巡航和低空高亚声速突防两种。该机在空中可以发射巡航导弹，具备攻击火力圈外目标的能力，也可以发射短距攻击导弹进行防空压制。此外，该机还可以在低空突防时对重要目标进行核炸弹或导弹攻

击。图–160 轰炸机还具备一定的隐身能力，很难被雷达和红外
线侦测到。

服役情况 >>>

图–160 轰炸机的首次实战是在 2015 年 11 月，俄罗斯空军
派出 5 架图–160 轰炸机，攻击了叙利亚境内的恐怖组织，一共
投掷了 34 枚巡航导弹和 144 枚炸弹。

兵器 小百科

图–160 轰炸机拥有极为优秀的可操控性，深受飞行员的喜爱。
又因其表面采用无光泽白色空优迷彩涂料，所以被它的驾驶员称为
"白天鹅"。

英国"胜利者"轰炸机

"胜利者"轰炸机是一款四发喷气式战略轰炸机,是英国现今最新款战略轰炸机。

研发历史 》》》

在第二次世界大战中,英国的战略轰炸机部队表现突出。第二次世界大战结束后,英国军队对

基本参数	
长度	35.05米
翼宽	33.53米
高度	8.57米
空重	40 468千克
最高速度	1 009千米/时

重型轰炸机抱有极高的期待，于是想要研制一款可以与美、苏战机相媲美的同类型战机。1947年1月，英国空军部公开招标，向各大飞机制造公司征集研发方案。

1949年，英国空军部将飞机的研制权交给汉德利·佩季公司。汉德利·佩季公司制造出2架原型机，内部设计编号最开始是HP.75，后来改为HP.80，最终命名为"胜利者"轰炸机。1952年12月24日，"胜利者"轰炸机完成首次试飞；1958年4月，交于英国空军服役。

设计结构 >>>

"胜利者"轰炸机机身采用全金属半硬壳结构，中部是弹舱门，可以用液压收入机身。机翼是月牙形，在翼根处装有4台发

动机，通过两侧翼根进气。尾翼采用全金属悬臂结构和高平尾布局，可以有效地避开发动机喷流。座舱中一共有 5 个座位，前排为正副驾驶，均采用了弹射座椅，后排是领航员、电子设备操作员和雷达操作员的位置。

性能解析 >>>

"胜利者"轰炸机拥有超大容量弹舱，可以在传统武器搭载和特殊弹药搭载方面发挥更大的作用。"胜利者"轰炸机采用的武器并不固定，它可以将 1 枚"蓝剑"核导弹以半埋的方式悬挂于机腹之下，也可以将 35 枚重达 454 千克的常规炸弹装入弹舱，还能够在每侧机翼下分别挂载 2 枚美国"天弩"空对地导弹。

服役情况 >>>

1982年的马岛战争中，一大批"胜利者"轰炸机被调到战场，高强度的出勤让"胜利者"轰炸机的机体寿命消耗殆尽。到1986年，大量"胜利者"轰炸机被迫退役。1964年，"胜利者"轰炸机被改装成加油机，直到1991年的海湾战争，仍有一批"胜利者"加油机还在服役。它的服务对象不仅仅是皇家空军，还包括美国和其他盟国。

兵器 小百科

"胜利者"轰炸机与"火神"轰炸机、"勇士"轰炸机并称为"3V"轰炸机。"3V"实际上是这三种轰炸机英文名首字母的缩写。胜利者是"Victor"、火神是"Vulcan"、勇士是"Valiant"，这三种轰炸机同为英国战略轰炸机的主力装备。

英国"火神"轰炸机

"火神"轰炸机是一款中程战略轰炸机，也是世界上最早的三角翼轰炸机，曾和"勇士"轰炸机、"胜利者"轰炸机共同构成英国战略轰炸机的三大支柱。

研发历史 >>>

1947年，英国空军部开始了高空远程核打击轰炸机招标，阿芙罗公司提交了698型方案。英国空军部对698型方案非常满意，于是双方立即签订了研制合同。1952年8月，第一架"火神"轰炸机原型机成功试飞。1956年，"火神"轰炸机开始服役。"火神"轰炸机于 1964 年停产，1983 年底全部退役。

设计结构 >>>

"火神"轰炸机采用无尾三角翼气动布局，该机有一副面积很大的悬臂三角形中单翼。"火神"轰炸机机翼为双翼梁结构，后缘有 2 片升降舵和 2 片副翼。4 台发动机安装在翼根内，翼根前缘是进气口。"火神"轰炸机的机头部位有一个大的雷达罩，上方是突出的座舱顶盖，机腹处是炸弹舱。"火神"轰炸机的起落架为前三点式，主起落架向前收入机翼内，前起落架向后收入前机身。

基本参数	
长度	29.59米
翼宽	30.3米
高度	8.0米
空重	37 144千克
最高速度	1 038千米/时

性能解析 >>>

"火神"轰炸机是 20 世纪 60 年代英国战略核打击的中坚力

量，具有强大的攻击能力。它可以携带大量常规弹药，如可以挂载 21 枚 450 千克炸弹、"蓝剑"空对地导弹等；也可以在执行核打击任务时，挂载"蓝色多瑙河""红胡子""黄日"等核弹。但是"火神"轰炸机的防御能力较差，仅能依靠高速、高空飞行来躲避拦截。

服役情况 >>>

"火神"轰炸机曾执行海上侦察任务，长期被部署在海外基地。1963—1966 年，马来西亚和印度尼西亚边境发生争端，英国皇家空军为马来西亚部署了"火神"轰炸机，向印度尼西亚发出警告。在 1982 年的马岛战争中，英国空军的"火神"轰炸机从大西洋中部的阿森松岛基地起飞，轰炸马岛上的阿根廷军机场。

兵器 小百科

2015 年 7 月，"火神"轰炸机和英国红箭皇家空军特技飞行表演队组成了一支空中编队，在格洛斯特郡上空完成了一次飞行表演。由于维护困难、经费不足等原因，这是"火神"轰炸机的最后一次表演，此后"火神"轰炸机便停飞了。

法国 "幻影" Ⅳ轰炸机

"幻影"Ⅳ轰炸机是一款双发超声速战略轰炸机。"幻影"Ⅳ轰炸机的服役，让法国真正变成了"核武刺客"。

研发历史 >>>

1956年，法国为了拥有独立的核威慑力量，便将导弹作为发展的重点，同时也向本国飞机制造公司提出了核武器运载机的招标要求。南方飞机公司推出"超秃鹰"4060轰炸机，该机是在轻型轰炸机"秃鹰"Ⅱ轰炸机的基础上改进而成。达索航空公司研制出"幻影"Ⅳ轰炸机，它是在"幻影"Ⅲ战斗机的原型扩大而成的。两家公司展开了激烈的竞争，最后法国空军决定采用达索航空公司的方案，研制"幻影"Ⅳ轰炸机。1959年6月17日，"幻影"Ⅳ轰炸机完成首次试飞；1964年10月1日，该机进入法国空军服役。

设计结构 >>>

"幻影"Ⅳ轰炸机在总体布局上和"幻影"系列的其他战机基本一致，采用无尾大三角翼气动结构，拥有流线型机身和大后掠垂尾。机身为全金属半硬壳结构，空中加油的受油管位于机头前段，机身中段是油箱，后段是两台涡轮喷气发动机。机翼为悬臂式三角形中单翼，同样是全金属结构。

性能解析 >>>

　　"幻影"Ⅳ轰炸机的主要用途是携带核弹以极快的速度突防，对敌方进行战略打击。"幻影"Ⅳ轰炸机可装载1枚50 000 000千克级核弹，也可以装载4枚AS.37空对地导弹或16枚454千克普通炸弹，总载弹量极大，令人震撼。

基本参数	
长度	23.49米
翼宽	11.85米
高度	5.4米
空重	14 500千克
最高速度	2 340千米/时

服役情况 >>>

自服役以来，"幻影"Ⅳ轰炸机很少在战场上露面，"幻影"Ⅳ轰炸机的出现，主要是为法国空军提供一支战略核打击部队。法国经常进行空袭苏联的演习，"幻影"Ⅳ轰炸机通过低空超声速飞行，携带大量核武器从地中海海域向北飞行到苏联的波罗的海海域，演习攻击苏联西部的重要目标。

兵器 小白科

在大多数人的脑海中，超大的体形、超强的载重能力和超远的航程，已经成为构成战略轰炸机的基本要素。"幻影"Ⅳ轰炸机却十分独特，它设计精巧，是目前世界上超声速战略轰炸机中最为小巧的。

空中后援

攻击机

美国A-6 "入侵者" 攻击机

A-6 "入侵者" 攻击机（A-6攻击机）是一款双发亚声速重型舰载攻击机，主要用途是进行低空、高速突防和攻击敌方纵深目标。

研发历史 >>>

1955年，美国海军想装备一款具有全天候作战能力和超低空作战能力的新型舰载对地攻击机。1956年10月，美军将攻击机性能要求进行公开招标，多家公司参与招标，最终确定由格鲁曼公司来研发。

基本参数	
长度	16.69米
翼宽	16.15米
高度	4.93米
空重	12 093千克
最高速度	1 037千米/时

1958年9月，A-6攻击机完成初步设计，并进行了风洞测试，1959年4月，格鲁曼公司与美军正式签订研制和生产合同。1960年4月，A-6攻击机的原型机成功完成首次试飞，并于1963年7月开始服役。

设计结构 >>>

A-6攻击机采用了一种普通的、全金属半硬壳结构，机身腹部向内凹陷，发动机就安装在机腹的位置。后段机身由不锈钢制成的减速板分布在两侧。机翼为悬臂式中单翼，同样是全金属结构，后掠角为25°，全翼展前缘襟翼和后缘襟翼，都可以通过液压装置来操纵。起落架采用可收放前三点式起落架，前起落架可以向后收起，为双轮式；主起落架先向前，再向内，可以收入进气道整流罩内，为单轮式。此外，A-6攻击机还安装了MKGRU-7弹射座椅，在低空飞行时，可以将座椅前后调节，以达到减轻疲劳的目的。

性能解析 >>>

A-6攻击机在低空飞行时，可以以高速度突防并对敌方的关键目标发起攻击。该机还能够在恶劣的气候条件下超低空飞行，

躲避敌方战机的雷达搜索，精准攻击敌方目标。A-6攻击机虽没有安装固定机炮，但能够携带总重量在8 200千克以内的各类对地攻击武器。

服役情况 >>>

　　A-6攻击机服役期间，在实战中表现非常出色，参与了多次武装冲突和局部战争，其中参战时间最长的是越南战争。1965年至1973年间，A-6攻击机在越南作战的次数多达35 000架次，其投弹量甚至比 B-52 轰炸机还要多。A-6 攻击机最后一次出现在战场上是海湾战争。

兵器 小百科

攻击机是一种作战飞机，也被称作强击机，它的作用是在低空或超低空对敌方进行突袭，或者在战争中对地面部队进行直接支援，因此它是一种近距空中支援飞机。攻击机可以配备多种对地攻击武器，拥有良好的低空操纵性和地面目标搜索能力。

美国AV-8B "海鹞" Ⅱ攻击机

AV-8B "海鹞" Ⅱ攻击机（以下简称AV-8B攻击机）是一款垂直短距离起降攻击机，由英国航太公司设计、美国麦克唐纳·道格拉斯公司生产。

基本参数	
长度	14.12米
翼宽	9.25米
高度	3.55米
空重	6 745千克
最高速度	1 083千米/时

研发历史 >>>

AV-8B攻击机是在英国"鹞"式攻击机的基础上发展而来的，并不是由美国自主研发的。美国只是引进并取得了AV-8B攻击机的生产权，这种情况在美军现役战机中是极为少见的。该机在美国的生产编号是AV-8A攻击机。由于AV-8A攻击机的载弹量较低，不能完全满足美国海军陆战队的需求，所以相关公司对其进行改进，将改进型号命名为 AV-8B 攻击机。1981 年 11 月，AV-8B 攻击机完成首次试飞，并于 1985 年正式服役。

设计结构 >>>

AV-8B 攻击机机头呈略尖的圆形，机翼为悬臂式上单翼，翼根较厚，机翼较薄。起落架舱安装在机翼下方，还有两个轮径较小、可以向上折叠的辅助起落架安装在两翼之下。

AV-8B 攻击机的机身前段大量使用碳纤维复合材料，机身中段和后段使用金属制造，这使它的重量减少了约 68 千克。此外，水平尾翼、尾舵、升力提升装置等部位也使用了碳纤维复合材料。

性能解析 >>>

AV-8B 攻击机是目前仍在服役的垂直短距离起降攻击机中最先进的机种之一。该

机的起飞滑行距离较短，更适合在前线战场作战。它安装了夜视镜和前视红外探测系统等设备，具有很好的夜战性能。AV-8B 攻击机还安装了 5 管 25 毫米机炮，可挂载 AIM-9L "响尾蛇" 导弹和各类炸弹、火箭弹等。

但是，AV-8B 攻击机也有一些缺点：该机在垂直起降时航程较短且操作复杂，事故率较高；在以亚声速执行低空进攻任务时，容易被敌方击落，战损率较高。

服役情况 >>>

1991 年，美军派遣 60 架 AV-8B 攻击机到沙特阿拉伯，帮助沙特阿拉伯对抗伊拉克，AV-8B 攻击机在海湾战争中进行了第一次战斗。在地面进攻时，伊拉克的炮火严重威胁到了多国部队，美国空军利用 AV-8B 和 A-10 攻击机对其进行压制。在科索沃战争中，AV-8B 攻击机参加了对南联盟的空袭作战，给南联盟的地面部队造成了巨大损失。

兵器 小百科

如果不是因为电影的存在，恐怕很多人都不知道飞机还可以垂直起降。在电影中出现过一个令人印象深刻的画面，一架 AV-8B 攻击机垂直升起向大厦扫射，并发射导弹炸毁大桥。

美国A-10"雷电"Ⅱ攻击机

A-10"雷电"Ⅱ攻击机（以下简称 A-10 攻击机）是一款单座双发攻击机，主要执行密接支援任务，是美国空军的主力近距支援攻击机。

基本参数	
长度	16.26米
翼宽	17.53米
高度	4.47米
空重	11 321千克
最高速度	706千米/时

研发历史 》》》

1966 年 9 月，根据在越南战争中得到的教训，美国空军开展了攻击机试验计划。参加招标的有费尔柴尔德和诺斯罗普等多家公司，最终美军选定了费尔柴尔德公司的 A-10 攻击机，其绰号来源于在第二次世界大战战场上具有出色表现的 P-47 "雷电" 战斗机。

1972 年 5 月 10 日，A-10 攻击机的第一架原型机完成了首次试飞。1975 年 10 月，首批量产的 A-10 攻击机被指派到美国亚利桑那州的空军基地，并在同年装备美国空军。该机在经过改进和升级后，衍生出多种型号，预计将使用至 2028 年。

设计结构 >>>

A-10 攻击机采用全金属半硬壳式的铝合金机身，在机身腹部有 50 毫米的装甲。机翼为中等厚度的大弯度平直下单翼，翼尖下垂，既方便了翼下悬挂武器，又能掩盖发动机喷出的火焰和气流。A-10 攻击机的尾翼为全金属悬臂式结构，水平尾翼为等弦长，在平尾的两端安装了双垂尾。起落架为前三点单轮可收放式，主起落架使用了宽胎面低压轮胎，还安装了刹车系统。A-10 攻击机的机头前倾角度较大，有一个水泡形的座舱盖。驾驶室采用了一种类似浴缸形状的钛合金装甲，覆盖了整个座舱的下半部。

性能解析 >>>

A-10 攻击机在低空飞行时表现出极佳的机动性，它可以在较短的距离内进行起飞和降落，从而在最短的时间内到达战场。A-10 攻击机可以在空中停滞很长时间，可以在高度低于 300 米的低空执行任务。此外，该机机身的重要部位都有装甲防护，可以抵抗 23 毫米机炮的打击，低空生存能力很强。

服役情况 >>>

A-10 攻击机首次投入实战是在 1991 年的海湾战争，当时共

有 144 架 A-10 攻击机加入战争。它们一共执行了近 8 100 架次任务，是那场战争中出勤率最高的战机。伊拉克的 1 200 个火炮据点、900 辆坦克和 2 000 辆各种战车全部被 A-10 攻击机摧毁。

兵器 小百科

　　A-10 攻击机研制成功后被美军命名为"雷电"Ⅱ，这是因为在第二次世界大战中发挥了重要作用的 P-47 战斗机也叫"雷电"，可以说是一种美好的祝愿。但因为 A-10 攻击机长相奇怪，电子设备也很简单，所以并没有引起美国空军的重视，因此，美军更倾向于称呼它为"疣猪"。

美国F-117 "夜鹰" 攻击机

F-117 "夜鹰" 攻击机（以下简称F-117攻击机）是一款双发单座亚声速隐身攻击机，由美国洛克希德公司研制，是世界上第二款可以完全隐形的飞机。

基本参数	
长度	20.09米
翼宽	13.20米
高度	3.78米
空重	13 380千克
最高速度	993千米/时

研发历史 >>>

1973年，美国确立了新的隐形战机计划，于是开始了F-117攻击机的研发工作，共制造出5架原型机。1982年10月，首架F-117攻击机试飞成功。1990年，最后一批F-117攻击机交货。

F-117攻击机自问世以来，一直处于保密状态，1988年11月10日，该机的照片被美国空军公开，这是大众第一次见到F-117攻击机的真容。1989年4月，在内华达州的内利斯空军基地，F-117 攻击机首次公开展示。

设计结构 >>>

F-117 攻击机的外形独具特色，几乎整架飞机都是由直线组成的，就连机翼和 V 形尾翼也是菱形的，不带弧度。该机机翼下表面和机身上表面呈三面角锥结构，由许多个小平面组成。整个机身除机头有 4 个多功能大气数据探头外，没有其他明显的凸出物，显得十分干净利落。此外，F-117 攻击机还采用"网状格栅隐蔽"式进气口和"开缝"式尾喷口。

性能解析 >>>

F-117 攻击机的隐身性能非常好，很难被雷达、红外线等探测到。该机的机载设备也非常先进，包括双视场的前视红外传感器和可收放的下视红外传感器等。另外，F-117 攻击机的机身背部设有加油口，具有空中加油功能。在武器装备方面，该机的装载量可重达 2 300 千克，可以装载美国空军机械库中包括 B61 核弹在内的任何武器。

服役情况 >>>

1989 年美国入侵巴拿马，这是 F-117 攻击机第一次执行作战任务。在 1991 年的海湾战争中，F-117 攻击机执行超过 1 300 次任务，总飞行时间长达 6 905 个小时，成功摧毁了 1 600 个高价值目标，几乎是总战略目标的一半。F-117 攻击机在海湾战争中表现出色，发挥了非常重要的作用。

兵器 小百科

为什么 F-117 攻击机作为一款攻击机命名却以"F"开头呢？这是由于当时的研发小组认为，最小雷达横截面才应该是隐形飞机的设计重点，而非气动性能。因此，F-117 攻击机外形十分古怪，以致很多资深飞行员并不愿意驾驶，军方推测，如果用表示战斗机的"F"来命名的话可能更具吸引力。

苏联/俄罗斯苏-25 "蛙足"攻击机

苏-25 "蛙足" 攻击机（以下简称苏-25 攻击机）是一款双发单座亚音速攻击机，主要执行密接支援任务，是苏联的主力攻击机之一。

研发历史 >>>

1968 年，苏联空军急需一款能够在 150 千米以内攻击敌方

目标的新型攻击机。于是苏军对飞机公司提出了研发要求，并且要求能够尽快投入生产。苏霍伊设计局、雅克列夫设计局和伊留申设计局参与了此次竞标，最后被选中的是苏霍伊设计局的研发方案。苏–25 攻击机的原型机在 1975 年 2 月完成首次试飞，并于 1978 年批量投入生产。至 1992 年苏–25 攻击机交付完毕时，这款攻击机共生产了 600 多架。

基本参数	
长度	15.53米
翼宽	14.36米
高度	4.80米
空重	9 800千克
最高速度	975千米/时

设计结构 >>>

苏-25 攻击机的机身较短，采用全金属半硬壳结构。飞行员座舱底部及周围装有 24 毫米厚的钛合金防弹板，油箱上包裹一层防火泡沫。机头左侧装有空速管，右侧是火控系统传感器。该机的机翼采用悬臂式上单翼，为大展弦比的梯形直机翼，机翼前缘后掠角约为 20°。平尾为悬臂结构，安装角度可以调节，其后缘是手动操纵的升降舵，垂直尾翼翼尖上有特高频天线整流罩。苏-25 攻击机还采用了液压驱动的可收放前三点式起落架，前起落架向前收起，轮胎可以转变方向；主起落架收起时机轮水平放置在起落架舱内。

性能解析 >>>

苏-25 攻击机可以在距离前线战场较近的简易机场完成起降，适用于条件严酷的前线战场，可以对己方部队提供近距离支援。

苏 –25 攻击机拥有很强的反坦克能力，可以在机翼下挂载"旋风"反坦克导弹，该导弹能够击穿 1 000 毫米厚的装甲。该机的生存能力也很强大，因为机舱等重要部位都装有防弹装甲，所以它可以抵抗地面炮火的攻击。

服役情况 >>>

苏联与阿富汗的战争中使苏 –25 攻击机备受瞩目，它在阿富汗战场上多次执行对地攻击任务，表现优异，并具有极强的生存能力。苏 –25 攻击机还参加过两伊战争、海湾战争和叙利亚内战等多次战争。目前，除了俄罗斯大量装备苏 –25 攻击机，伊朗、朝鲜、乌克兰、伊拉克和哈萨克斯坦等国也有装备。

兵器 小百科

苏 –25 攻击机曾在近距离空中支援任务中创下一架飞机一天出动 10 次的纪录，其高效程度令人震惊。因为苏 –25 攻击机机身的重要部位都采取了保护措施，所以即使被命中，也不至于坠毁，仍然能够安全返回基地，于是它被人们称为"飞行的坦克"。

英国/法国"美洲豹"攻击机

"美洲豹"攻击机是一款由英国、法国联合开发的多用途攻击机，主要执行地面打击任务和侦察任务。

研发历史 >>>

20世纪60年代初，英国皇家空军和法国空军都需要一种能担负攻击任务的教练机。于是在1964年4月，英、法两国达成协议，共同组建了一个联合公司，开始研发"美洲豹"攻击机。"美洲豹"攻击机A型原型机于1968年9月首飞成功，"美洲豹"攻击机B型原型机在1971年8月试飞成功。1973年6月，"美洲豹"攻击机开始在英国服役；1975年5月，开始在法国空军服役。

基本参数	
长度	16.83米
翼宽	8.69米
高度	4.89米
空重	7 000千克
最高速度	1 699千米/时

设计结构 >>>

"美洲豹"攻击机采用了一种简洁的、传统上的单翼布局，其翼面和地面之间有很大距离，可以挂载一些大型武器，并为其提供足够的工作空间。机翼外侧前缘缝翼延伸呈锯齿状，而且在锯齿的位置还有纵向翼刀。机翼后缘没有使用常规副翼，内侧采用双缝襟翼，在外侧襟翼前安装了2片扰流板，在飞行速度较低时可以和差动尾翼相互配合完成横向操纵。

性能解析 >>>

"美洲豹"攻击机具有很强的攻击能力，其装有30毫米机炮，还可以挂载重达4 536千克的各类武器，如导弹、炸弹等。"美洲豹"攻击机能够在粗糙的跑道上起飞、降落。"美洲豹"攻击机维护起来非常方便，在条件简陋的情况下，维护人员无须使用梯子就能接触到大部分维护点。但是"美洲豹"攻击机的全天候作战能力较为薄弱。

服役情况 >>>

"美洲豹"攻击机在 1991 年参加了海湾战争，在战场上大量投射 AS-30L 激光制导导弹，显示出良好的精准性，战争期间，执行战斗出击任务超过 600 次。"美洲豹"攻击机的用户除英国和法国，还有阿曼、印度、厄瓜多尔和尼日利亚等多个国家。

兵器 小百科

印度空军是"美洲豹"攻击机的第三大使用国，仅次于英法。印度购买了"美洲豹"攻击机总产量的四分之一。"美洲豹"攻击机的导航系统和攻击系统比起印度空军已有的装备来说是一次重大的飞跃，该机在印度有"正义之剑"的绰号。

法国 "超军旗" 攻击机

"超军旗" 攻击机是一款单发舰载攻击机，由法国达索公司研制，一共制造了 85 架。

研发历史 >>>

20 世纪 60 年代初，法国海军就开始计划研制一款新战机作为 "军旗" Ⅳ 攻击机的后继机。20 世纪 60 年代末，达索公司开始了 "超军旗" 攻击机的初步设计工作。但由于一

基本参数	
长度	14.31米
翼宽	9.6米
高度	3.86米
空重	6 500千克
最高速度	1 205千米/时

些政治原因，"超军旗" 攻击机的研制进程不得不推迟。在 1973 年 1 月，达索公司按照法国政府的指示，重新启动了 "超军旗" 攻击机的研发。1974 年 10 月，"超军旗" 攻击机完成了原型机的首次试飞。1978 年 6 月，"超军旗" 攻击机正式交付法国海军装备军队。

设计结构 >>>

"超军旗" 攻击机，机身为全金属半硬壳结构，呈蜂腰状，机身中段两侧的位置都有带孔的减速板。该机垂尾和平尾后缘连

接处的整流罩内安装了减速伞，仅在飞机降落时能够使用。"超军旗"攻击机的机翼采用中单翼设计，后掠角为45°，翼尖可以折叠。前起落架和主起落架都是单轮，前轮向后收，主轮则向内收进机身和机翼。

性能解析 >>>

"超军旗"攻击机共有5个外挂点，可以挂载AN52核弹及各种炸弹，其中机腹外挂点能挂载590千克武器，2个机翼的挂载能力为1 540千克。该机的固定武器为2门30毫米"德发"机炮，每门备有125发子弹。"超军旗"攻击机的机头上装有"龙舌兰"单脉波雷达，这是专门为海军设计的。在实施对空、对海打击时，它能搜索到距离 110 千米的目标，非常有利于进行精准攻击。

服役情况 >>>

"超军旗"攻击机除服役于法国海军，还服役于伊拉克和阿根廷等国海军。在马岛战争中，"超军旗"攻击机击沉了英国皇家海军的"谢菲尔德"号驱逐舰和"大西洋运送者"号运输舰，以武力夺回自 1833 年就被英国占领的马尔维纳斯群岛，给英军造成了极大损失。两伊战争期间，伊拉克使用"超军旗"攻击机击损、击沉不少伊朗的油轮，使伊朗方面不得不妥协。

兵器 小百科

"超军旗"攻击机的主要操作基地是"克莱蒙梭"级航空母舰。随着更为先进的"阵风"战斗机投入使用，"超军旗"攻击机逐渐走上退役之路。但仍有少数"超军旗"攻击机被保留下来，用作"戴高乐"号航空母舰的舰载机。

意大利/巴西AMX攻击机

AMX 攻击机是意大利和巴西共同研发的一款单发单座轻型攻击机，主要用途是执行侦察和近距离空中支援任务。

研发历史 >>>

20 世纪 70 年代末，意大利为了维持其空中力量，提出新型攻击机的研发要求，而此时的巴西空军也对新型战术飞机很感兴趣。在共同的需求下，意大利政府和巴西政府合资成立 AMX 国际公司，并联合对新型飞机的性能要求进行研发生产。1988 年 5 月 11 日，首架生产型 AMX 攻击机首次试飞。到 1999 年，意大利和巴西共生产了 200 余架。

基本参数	
长度	13.23米
翼宽	8.87米
高度	4.55米
空重	6 700千克
最高速度	914千米/时

设计结构 >>>

AMX 攻击机外形流畅简洁，采用常规布局，机身结构大量使用普通航空铝合金，部分零部件使用钢，垂尾和升降舵使用复合材料。在机头左侧有一个加油管，固定不可收放，但是可以拆卸。它还拥有一对矩形上单翼，前缘后掠角为 27.5°。机翼上安装有双缝富勒襟翼，表面还配备 2 块扰流板。

性能解析 >>>

AMX 攻击机的意大利版安装了 1 门 20 毫米 M61A1 机炮，可以携带空对空导弹；巴西版装有 1 门 30 毫米"德发"机炮，同样能携带空对空导弹。AMX 攻击机有一定的空战能力，可以完成近距离空中支援和侦察任务，还能进行对地、对海攻击。除此之外，该机还具备一定的隐身性能和在高海拔地区执行任务的能力。

服役情况 >>>

2009 年，意大利将 4 架 AMX 攻击机部署在阿富汗，用来执行侦察任务。在之后的一年时间内，AMX 攻击机在阿富汗执行了超过 700 次的作战任务。

作为意大利空军的中坚力量，AMX 攻击机参与过多次战争。在 1999 年的科索沃战争中，意大利使用 AMX 攻击机发射新型制导炸弹，效果非常好。

兵器 小百科

AMX 攻击机机身流畅简洁，并且拥有高效的作战能力，于是被人们冠上"口袋狂风"的绰号。又因为它的外形与英国的"鹞"式攻击机十分相似，于是它也经常被叫作"旱鸭海鹞"。

低空杀手

武装直升机

美国AH-6 "小鸟" 武装直升机

AH-6 "小鸟" 武装直升机（以下简称 AH-6 武装直升机）是一款单发轻型武装直升机，是美国陆军的主力直升机。

研发历史 >>>

AH-6 武装直升机的研发最早可以追溯到 20 世纪 60 年代初，当时的美国陆军提出研发轻型观察直升机计划，多家公司参与了招标。

基本参数	
长度	9.94米
翼宽	8.3米
高度	2.48米
空重	722千克
最高速度	282千米/时

最终，休斯公司的 OH-6A 武装直升机原型机战胜了贝尔公司的 OH-4A 武装直升机和希勒公司的 OH-5A 武装直升机，并被命名为 "印第安种小马"。

20 世纪 70 年代末，休斯公司对 OH-6A 武装直升机进行了改良，在此基础上研发了 AH-6 武装直升机和 MH-6 轻型突击直升机，这两种

直升机都被美国陆军称为"小鸟"。

设计结构 >>>

AH-6 武装直升机机身左侧装有 XM27E/M134 加特林机枪，机身右侧装有折叠式尾翼空射火箭舱武装，机身一般都涂有无光黑色涂料。该机的机舱内可选装容量为 110 升或 236 升的油箱。AH-6 武装直升机将原来的单个纵向排气口塞住，改成两个扩散的排气孔，以便更好地发挥"黑洞"红外压制系统的作用。为了方便运输，AH-6 武装直升机的尾梁还设计成可以折叠的形式。

性能解析 >>>

AH-6 武装直升机用途广泛，在军界受到了极大欢迎。该机具有低红外成像、低噪声的优点，非常适合特种作战。它可以凭借自身的小巧灵活在狭窄街道降落，并在放下特战队员后快速起飞。它可以搭载多种武器，如 7.62 毫米 M134 加特林机枪、12.7 毫米机枪吊舱、70 毫米火箭发射巢、"陶"反坦克导弹等，甚至在空战时还可以挂载"毒刺"导弹。AH-6 武装直升机在载重能力强大的同时，低空飞行性能也很不错，它能够在 1 830 米高空悬停，同时可以完成滚转和俯仰等动作。这些特性让 AH-6 武装直升机在近距离作战时具有充足的灵活性和稳定性。

服役情况 >>>

AH-6"小鸟"武装直升机作为美国陆军的主力战机，20 世纪 80 年代以来，多次在局部战争和冲突中出现。1983 年，美军入侵格林纳达，在这次行动中，AH-6 武装直升机首次出现在大众视野内。同年，美国帮助尼加拉瓜武装作战，也使用了 AH-6 武装直升机。

兵器 小百科

武装直升机是为完成作战任务而设计的直升机，可以搭载武器，在现代战争中，发挥着非常重要的作用。按照性能可以将其分成普通武装直升机、高速武装直升机和隐身武装直升机三类。按照用途可以将其分为专用型和多用型两类。

美国AH-1"眼镜蛇"武装直升机

AH-1"眼镜蛇"武装直升机（以下简称 AH-1 直升机）是美国贝尔直升机公司研制的一款武装直升机，目前仍有改进型号正在服役。

基本参数	
长度	13.6米
翼宽	14.63米
高度	4.1米
空重	2 993千克
最高速度	277千米/时

研发历史 >>>

AH-1 武装直升机诞生于 20 世纪 60 年代中期。美国在越南战争中总结经验，认为美军已有的武装直升机火力差、速度慢、装甲也比较薄弱，于是非常希望拥有一款火力强、速度快、重装甲的新型武装直升机，既能为运输直升机保驾护航，又可以为步

兵提供火力压制。1965 年 9 月，AH-1 武装直升机首次试飞成功，并开始投入生产。1967 年，AH-1 武装直升机正式装备部队。

设计结构 >>>

AH-1 武装直升机采用流线型机身设计，突出的机鼻中放置了电子探测仪器，机头下方是 1 门 6 管航炮。座舱为纵列双座布局，左侧为前舱门，右侧为后舱门。AH-1 武装直升机使用了两叶旋翼桨叶，由铝合金大梁、不锈钢前缘和铝合金蜂窝后段组成，桨尖后掠。两叶尾桨由不锈钢前缘、铝合金蜂窝和蒙皮组成。起落架为不可收放的管状滑橇式。

性能解析 >>>

AH-1 武装直升机具有良好的飞行性能和机动性能，可以携带多种武器，具有非常强大的攻击力。因其座椅、驾驶舱和两侧重要部位都有装甲保护，也因为机身细长、正面狭窄，不会被轻易击中，所以 AH-1 武装直升机有较强的生存能力。AH-1 武装直升机的适应能力也很强，可在丘陵、丛林、山区、海洋等多种环境下作战，这一点对美军来说非常重要。

服役情况 >>>

AH-1 武装直升机在越南战争中发挥了十分关键的作用，它是武装直升机编队的重要护航装备，同时还担负着对地进攻的任务。20 世纪 80 年代末，美国海军陆战队参与的波斯湾护航行动中 AH-1 武装直升机共击沉了 3 艘伊朗舰艇。在扫除伊拉克雷场行动中，通常由 AH-1 武装直升机执行首次攻击任务，为地面部队开辟道路。

兵器 小百科

AH-1 武装直升机起初是以"UH-1H"命名的，后来美军为不同类型的军机都设置了专属代号，武装直升机为"A"，于是这款直升机就有了新的名字。因为 AH-1 武装直升机有很多种衍生型号，所以也有很多绰号，包括"蝰蛇""海眼镜蛇""超级眼镜蛇""休伊眼镜蛇"等。

美国AH-64"阿帕奇"武装直升机

AH-64"阿帕奇"武装直升机（以下简称AH-64武装直升机）是一款全天候双座武装直升机，是目前美国陆军唯一一种专用于攻击的武装直升机。

基本参数	
长度	17.73米
翼宽	14.63米
高度	3.87米
空重	5 165千克
最高速度	293千米/时

研发历史 >>>

AH-64武装直升机是"先进技术武装直升机"计划的产物。1973年，美国军方考虑到AH-1"眼镜蛇"武装直升机在实战中

的出色表现，于是想要研发一款新的武装直升机作为 AH-1 武装直升机的后继机种。该计划为弥补以往攻击机在反坦克能力上的不足，要求新的武装直升机能携带反坦克导弹、环境适应力强、生存能力强。

一共有五家公司参与了竞标，分别是波音、贝尔、休斯、洛克希德和西科斯基。美军选择了贝尔公司和休斯公司参与第二阶段的竞标。1976 年，休斯公司的 YAH-64 武装直升机原型机获胜，并在 1981 年被正式命名为"阿帕奇"。1984 年 1 月，第一架生产型 AH-64 武装直升机正式交付使用。

设计结构 >>>

AH-64 武装直升机的机身狭窄，前方是纵列式双座座舱，前座为副驾驶兼射手位，后座是正驾驶席，两个座位之间用防弹玻璃隔开。AH-64 武装直升机的机体前段是用塑钢强化的多梁不锈钢制造的，机身后段使用塑钢蒙皮的蜂巢结构。机鼻部位是一个设备舱，装有先进的摄像仪器。机身中部两侧装有可拆卸的小展弦比短翼，每个翼下有 2 个挂点。该机的 4 片桨叶为全铰接式旋翼系统，旋翼桨叶为大弯度翼型，桨尖后掠。桨叶上还安装了可以折叠或拆卸的除冰装置。旋翼转轴上方是环形雷达罩。尾桨有 4 片桨叶，位于尾梁左侧。

性能解析 >>>

AH-64 武装直升机的飞行性能非常出色，可以在复杂的地形环境下低空飞行，执行进攻、火力支援等任务。AH-64 武装直升机的机头下方装备了 1 门 30 毫米 M230 "大毒蛇" 链式机关炮，载弹量高达 1 100 发，还可以挂载 16 枚 AGM–114 "地狱火" 反坦克导弹或 76 枚火箭弹，具有强大的攻击力。AH-64 武装直升机的前后座舱和发动机等关键部位都安装了装甲，能够抵御炮弹的攻击。在机身表面被击中的情况下，AH-64武装直升机仍能继续飞行30分钟。

服役情况 >>>

1989年12月，美国入侵巴拿马，美军82师的11架AH-64武装直升机参与了行动，这是AH-64武装直升机首次参与实战，对地面坦克、装甲车等目标发动攻击。1991年的海湾战争是AH-64武装直升机的真正试练，它凭借自身强大的火力和优异的射控系统，打响了战争的第一枪。1999年科索沃危机期间，美国在该地区部署了多架AH-64武装直升机，协助当地部队作战。

兵器 小百科

AH-64武装直升机的名字来源于一位叫阿帕奇的英雄，他是一名印第安武士，因为英勇善战、战无不胜，所以被印第安人视作勇敢和胜利的象征，后来人们还用他的名字为印第安部落命名。而美军给AH-64直升机命名为"阿帕奇"，便是取勇敢和胜利之意。

苏联/俄罗斯米-24 "雌鹿" 武装直升机

米–24 武装直升机属于苏联第一代专用武装直升机，由米里设计局研制，北约代号为"雌鹿"。

研发历史 >>>

20 世纪 60 年代，美苏军备竞赛愈演愈烈，苏联急需一款兼具打击地面部队和火力支援的武器，于是在 1968 年提出了对新型武装直升机的研发要求。当时设计师提出了两种方案，一种是 7 000 千克级的单发方案，一种是 10 500 千克级的双发方案，苏联最终选择了双发方案。1969 年米–24 武装直升机首次试飞，1972 年开始投产，1973 年正式装备部队。此后，

米 –24 武装直升机被出口到多个国家，包括保加利亚、捷克、波兰、阿富汗、印度、伊拉克、安哥拉、利比亚、越南等国家。

基本参数	
长度	17.5米
翼宽	17.3米
高度	6.5米
空重	8 500千克
最高速度	335千米/时

设计结构 >>>

米 –24 武装直升机机身采用全金属半硬壳式结构，飞机前方为一个前低后高、纵列布局的驾驶舱，有玻璃罩保护，炮手在前，

驾驶员在后。驾驶舱后方是乘员舱，能容纳 8~10 名士兵，舱内有加温和通风装置。米 –24 武装直升机采用全铰接式五桨旋翼，每片桨叶都装有调整片和前缘防冰装置。短翼为全金属悬臂式，平面为梯形，翼尖挂架可挂载反坦克导弹。

性能解析 >>>

米 –24 武装直升机具有强大的攻击火力，机鼻下安装 1 挺 12.7 毫米加特林机枪，机体两边的短翼可挂载反坦克导弹或火箭弹，后期型号还能发射空对空导弹。米 –24 武装直升机的防护能力也很强，机身装甲可以抵抗 12.7 毫米口径子弹的攻击，同时还在前两个机舱内设置了加压措施，可以有效地抵御生化武器。此外，米 –24 武装直升机还有一定的运输能力。它在作战时可以为己方坦克部队开辟通道，清除火力和各种障碍。

服役情况 〉〉〉

米-24武装直升机饱经战火洗礼，是目前世界上最有战斗经验的武装直升机，在其服役的20年时间里，它参与了30多场战争和军事行动。米-24武装直升机的首次实战是在1977年的欧加登战争。在1979年的苏联入侵阿富汗的战争中，苏联用米-24武装直升机来对付阿富汗游击队。此外，米-24武装直升机还参与了非洲的安哥拉内战，还曾帮助印度打击斯里兰卡的分裂分子。米-24武装直升机甚至还出现在了20世纪90年代中期联合国的维和行动中。

兵器 小百科

米-24武装直升机的外形轮廓和迷彩纹路与鳄鱼十分相似，所以苏联飞行员为它起了个绰号，叫作"鳄鱼"。1975年，一位女驾驶员驾驶米-24武装直升机创下了最高高度、最快速度和最快爬升速度的直升机世界纪录。

苏联/俄罗斯米-28 "浩劫"武装直升机

　　米-28武装直升机是苏联米里设计局研制的一种单旋翼带尾桨纵列双座、全天候专用武装直升机。该机的结构布局、作战特点与美国AH-64 "阿帕奇"武装直升机非常相似，北约代号为"浩劫"。

研发历史 >>>

　　1976年，苏联在了解了美国AH-64 "阿帕奇"武装直升机的情况后，要求国内设计局研制新的武装直升机。1981年6月，

米–28武装直升机的初步设计方案通过了审核。

1982年11月，米–28武装直升机原型机完成首次试飞，并在1989年6月完成其余部分的研制工作，同年一架原型机在法国航空展中亮相。尽管米–28武装直升机的综合性能受到广泛认可，但由于各种原因，直到21世纪，它才进入测试阶段。2009年，米–28武装直升机正式装备部队。

基本参数	
长度	17.01米
翼宽	17.20米
高度	3.82米
空重	8 100千克
最高速度	325千米/时

设计结构 >>>

米–28武装直升机的机身为传统的全金属半硬壳式结构，狭窄而修长。驾驶舱四周配有完备的钛合金装甲，还装有无闪烁、透明度好的平板防弹玻璃，为纵列式前后驾驶舱布局，领航员或射手在前，驾驶员在后。米–28武装直升机还使用了能吸收撞击能量的座椅，可以调节高度，座椅周围均安装了防护装甲。该机的旋翼系统有 5 片桨叶，采用的是半刚性铰接式结构，并采用弯度较大的高升力翼型，前缘后掠，每片后缘都有全翼展调整片。尾桨直径为 3.84 米，安装在垂直安定面右侧。

性能解析 〉〉〉

米 –28 武装直升机的飞行性能十分优秀，不仅飞行速度快，还能在复杂的地形条件下低空飞行执行任务。该机的反应速度和机动性能都很优秀，可以熟练、轻松地做出各种机动动作，这在实战中能起到很大的作用。米 –28 武装直升机还具有强大的攻击力，它的主要武器是 1 门 30 毫米 2A42 型机炮，备弹 300 发；4 个武器外挂点可以挂载 40 枚火箭弹或 16 枚 AT–6 反坦克导弹，还能挂载机炮荚舱、炸弹荚舱等。此外，米 –28 武装直升机的座舱还安装了防弹玻璃，旋翼叶片、发动机、油箱等也都做了保护措施，能够承受子弹的打击，极大地提高了生存能力。

服役情况 >>>

米–28 武装直升机以其优异的综合性能成为俄制武器的典型作品。目前，除了俄罗斯，伊拉克、委内瑞拉等国家也装备了少量米–28 武装直升机。俄罗斯空军用 1 架军用运输机于 1995 年 10 月 7 日，将米–28 武装直升机运送到瑞典，进行了一场模拟对抗演习。2016 年 3 月，米–28 武装直升机在叙利亚帕尔米拉古城争夺战中首次现身，凭借其强大凶猛的火力，严重打击了恐怖组织。

兵器 小百科

米–28 武装直升机在最初研发时被定位为"飞行坦克"，北约认为它的作战能力堪称毁灭性，于是将其命名为"浩劫"，又因为其结构布局和作战特点与 AH-64 武装直升机相似，所以也被戏称为"阿帕奇斯基"。

意大利A-129"猫鼬"武装直升机

A-129"猫鼬"武装直升机是欧洲第一款武装直升机，也是意大利陆军航空兵的主力武装直升机。

研发历史 >>>

1972年，美军开始了"先进技术武装直升机"计划，同年，意大利陆军也提出对轻型反坦克武装直升机的需求。1978年，阿古斯塔公司和意大利军方达成协议，共同投资启动研制A-129武装直升机。1983年9月15日，A-129武装直升机的原型机首飞成功，从1990年开始交付意大利陆军。为了占据国际市场，阿古斯塔公司还对A-129武装直升机进行了升级，推出了A-129国际型武装直升机。

设计结构 >>>

A-129 武装直升机采用了常规的纵列式双座座舱，副驾驶或射手在前，飞行员在后。机身为铝合金大梁和构架组成的常规半硬壳式结构，安装了复合材料制成的悬臂式短翼。发动机位于机顶两侧，要害部位都有装甲保护。A-129 武装直升机还使用了全铰接式四叶旋翼，由复合材料制成，尾桨为常规尾桨。

基本参数	
长度	12.28米
翼宽	11.9米
高度	3.35米
空重	2 530千克
最高速度	278千米/时

性能解析 >>>

A–129 武装直升机是 20 世纪 90 年代最优秀的武装直升机之一，它飞行速度快、航程远，可以执行对地进攻、密接支援、监视、侦察等多项任务。该机由 2 台计算机控制飞机的各项性能，全昼夜作战能力十分完善。机体外设有装甲，可以抵抗 12.7 毫米穿甲弹的攻击，还安装了防震座椅，以保证乘员的存活率。此外，A–129 武装直升机还具备一定的防空能力。

服役情况 >>>

1993 年 1 月，意大利陆军将 A–129 武装直升机派遣到索马里执行支援任务，和意大利地面部队一同参与作战行动。1997 年 3 月，A–129 武装直升机随部队出战，到蒂朗利纳斯国际机场接载意大利侨民，执行武装侦察和威慑任务，在此次行动中累计飞行 407 小时。

兵器 小百科

在军事爱好者的心目中，武装直升机中最为经典的作品就是 AH–64 "阿帕奇" 武装直升机，因其综合性能十分出色，受到了世界各国的广泛关注，也被多个国家引进。而 A–129 武装直升机就在此种情况下遭遇了滞销困境，甚至无人问津。

欧洲 "虎" 式武装直升机

"虎" 式武装直升机是由欧洲直升机公司研制的一种四旋翼、双发多任务武装直升机。

基本参数	
长度	14.08米
翼宽	13米
高度	3.83米
空重	3 060千克
最高速度	315千米/时

研发历史 >>>

"虎" 式武装直升机的研发工作始于20世纪70年代，由于武装直升机在战争中表现优异，所以世界上各个国家都开始研制并装备。当时法国、德国分别装备了 "小羚羊" 武装直升机

和 BO-105 武装直升机，但这两款武装直升机都由轻型多用途直升机改进而来。所以两国达成协议，共同研发新型专用武装直升机。1984 年"虎"式武装直升机研发工作启动，1991 年原型机成功首飞，1997 年首批成机交付法国。除法国和德国，西班牙和澳大利亚也装备了"虎"式武装直升机。

设计结构 >>>

"虎"式武装直升机的机身较短，机头呈四面体锥形，机体采用复合材料。座舱呈阶梯状，纵列双座，前座为驾驶员，后座为炮手，前、后座椅分别偏向中心线的两侧，这样的形式可拓宽炮手的视野。"虎"式武装直升机还采用 4 桨叶无铰旋翼系统，为复合材料制成，在垂尾的右侧安装了 3 叶尾桨。两副前起落架在机身下方两侧的位置，后起落架位于机尾下方。

性能解析 >>>

"虎"式武装直升机攻击力强大，在机头下方装有 1 门 30 毫米自动航炮，最多可携带 450 发炮弹，短翼下可挂载 2 个 22 管 68 毫米火箭发射器、4 枚 "西北风"近距离空对空红外制导导弹。"虎"式武装直升机具有极强的防护能力，能够抵御 23 毫米自动火炮的攻击。此外，"虎"式武装直升机的机载设备也比较先进，瞄准具中含摄像头、前视红外和激光测距等装置。

服役情况 >>>

2009 年初，法国派遣 3 架 "虎"式武装直升机长期驻扎阿富汗，这是 "虎"式武装直升机首次参加实战。在驻扎阿富汗期间，"虎"式武装直升机主要执行反游击作战、战场侦察等任务。

2011 年初，法国向利比亚输送了包括"虎"式武装直升机在内的12 架陆军直升机，强化对卡扎菲势力的地面攻击。

兵器 小百科

　　"虎"式武装直升机是专门为了对抗苏联而研制的，苏联解体后，它的需求量大大减少，研发方面也受到了阻碍。幸运的是，澳大利亚政府在 2001 年订购了 22 架"虎"式武装直升机，正因如此，这架欧洲"老虎"才能够继续生存下来。

印度"楼陀罗"武装直升机

"楼陀罗"武装直升机由印度斯坦航空公司研制,它是印度本国生产的第一款武装直升机。

研发历史 >>>

"楼陀罗"武装直升机是在印度国产"北极星"多用途直升机基础上衍生而来的,以满足印军在印度北部

基本参数	
长度	15.87米
翼宽	13.2米
高度	4.98米
空重	2 502千克
最高速度	290千米/时

山区和边境地区的作战需要。"楼陀罗"武装直升机的原型机于2007年8月首次试飞。在经过一系列的试验测试之后,2013年2月8日,第一批"楼陀罗"武装直升机正式交付印度陆军。2013年2月,印度军用航空器适航认证中心认定"楼陀罗"武装直升机具备初始作战能力,并于当月的航空展上将其公开展示。

设计结构 >>>

"楼陀罗"武装直升机采用双发、单旋翼加尾桨布局,机身由铝合金隔框和蒙皮构成,在制造过程中使用了大量复合材料。该机的旋翼为无铰旋翼,有4片桨叶,桨尖后掠。在尾梁下方有一个倒S形尾撬,可以在机尾朝下着陆时保护尾桨不受损伤。"楼

陀罗"武装直升机的起落架和机体下部都进行了加固，可以在直升机坠落时，最大程度保证驾驶员的人身安全。

性能解析 》》》

"楼陀罗"武装直升机作为一款轻型武装直升机却拥有非常强悍的火力，该机机头下方装有1门20毫米M621型机关炮，还可以挂载70毫米火箭弹发射器以及"西北风"空对空导弹和反坦克导弹，而且还能挂载深水炸弹和鱼雷，执行反潜和对海攻击任务。"楼陀罗"武装直升机在作战性能强大的同时，还具有运输功能，可以用来运送物资和撤离伤员。但是"楼陀罗"武装直升机在隐身能力和生存能力方面比不上其他武装直升机。

服役情况 》》》

印度陆军和印度空军是"楼陀罗"武装直升机的主要使用者。"楼陀罗"武装直升机曾被印度部署到拉达克执行作战行动，并和地面坦克、装甲车等完成协同演练。

兵器 小百科

"楼陀罗"武装直升机的名字来源于印度神话，楼陀罗是一位具有双重特性的神，兼具了善与恶两种特性，他既能在发怒时以霹雳伤害人畜、损伤草木，又拥有千种草药，能够为人畜治病。

写给孩子的

世界兵器

海上霸主

于子欣◎主编

北京工艺美术出版社

图书在版编目（CIP）数据

写给孩子的世界兵器．海上霸主 / 于子欣主编．——
北京：北京工艺美术出版社，2023.11
ISBN 978-7-5140-2630-6

Ⅰ．①写… Ⅱ．①于… Ⅲ．①武器－世界－儿童读物
Ⅳ．① E92-49

中国国家版本馆 CIP 数据核字 (2023) 第 055748 号

出 版 人：陈高潮　　策 划 人：杨 宇　　责任编辑：王亚娟
装帧设计：郑金霞　　责任印制：王 卓

法律顾问：北京恒理律师事务所　丁 玲　张馨瑜

写给孩子的世界兵器　　海上霸主

XIE GEI HAIZI DE SHIJIE BINGQI HAISHANG BAZHU

于子欣　主编

出　　版	北京工艺美术出版社	
发　　行	北京美联京工图书有限公司	
地　　址	北京市西城区北三环中路6号　京版大厦B座702室	
邮　　编	100120	
电　　话	(010) 58572763（总编室）	
	(010) 58572878（编辑室）	
	(010) 64280045（发 行）	
传　　真	(010) 64280045/58572763	
网　　址	www.gmcbs.cn	
经　　销	全国新华书店	
印　　刷	天津海德伟业印务有限公司	
开　　本	700 毫米×1000 毫米　1/16	
印　　张	8	
字　　数	79千字	
版　　次	2023年11月第1版	
印　　次	2023年11月第1次印刷	
印　　数	1～20000	
定　　价	199.00元（全五册）	

　　高精尖的兵器，是强大国防的基础；强大的国防，则是生活安定、经济繁荣的保障。让孩子了解兵器相关的知识，并非要其做"好战分子"，而是通过适当引导，培养孩子热爱科学、珍惜和平的优良品质，更能促使其立志报效祖国。所以，家长可以引导和培养孩子对兵器知识的兴趣。

　　市面上有关兵器的书籍极多，这些书籍通过各种角度对兵器特别是现代兵器进行介绍。我们在认真揣摩孩子的心理、知识面和认知水平的基础上，编著了这套《写给孩子的世界兵器》，目的是有针对性地为孩子们打造一套易读、有趣而又不乏专业性的兵器知识科普读物。

　　我们在各分册中分门别类地对枪械、坦克、战机、战舰、导弹等兵器进行了介绍，且选择的都是世界各国的尖端兵器。对每一种兵器，我们都会有趣地介绍它的研发历程和在战场上的"表现"，至于枯燥的基本参数、设计结构及性能，也尽量用

深入浅出的文字进行介绍。此外，我们还精心为每种兵器提供了涉及各个角度、多处细节的插图，方便孩子加深对该兵器的了解。除此之外，本书还用小栏目的形式介绍一些有关兵器的趣味小百科。这样的内容编排可以提升孩子的阅读兴趣，并启发他们深入了解兵器，最终树立为祖国国防建设设计出更加先进的兵器的远大理想。

　　"国虽大，好战必亡；天下虽安，忘战必危"。战争离我们并不遥远，孩子作为祖国的未来，一定要坚定保家卫国的信念，努力学习各种知识，才能在将来为建设祖国、保卫祖国作出贡献。希望我们这套《写给孩子的世界兵器》，能够为扩充孩子的知识面、提升孩子保家卫国的信念尽一点儿绵薄之力。

CONTENTS 目录

远洋霸主——航空母舰

昨日戎舟——巡洋舰

千面战舰——驱逐舰

目录 CONTENTS

远洋霸主

航空母舰

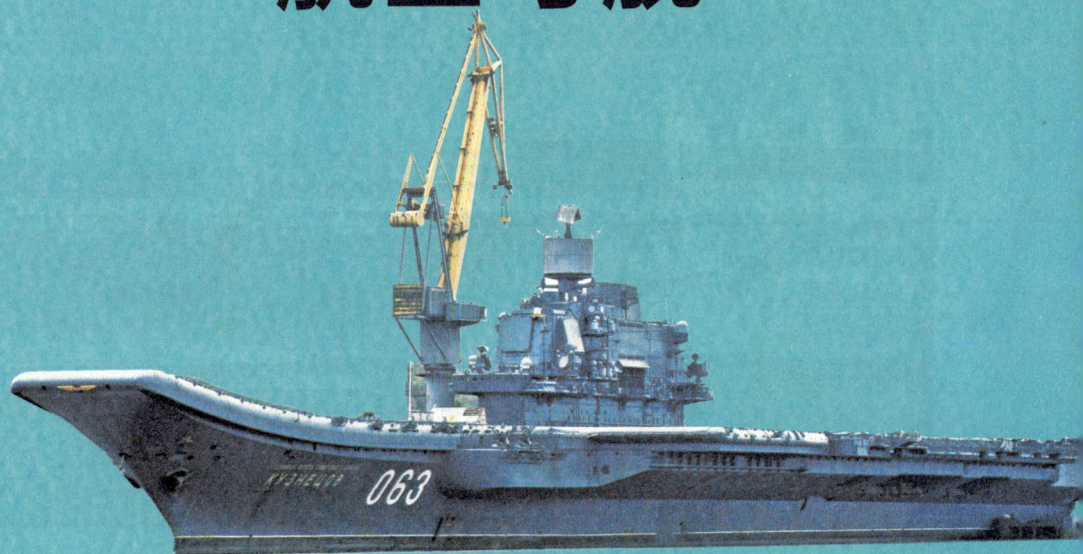

美国"小鹰"级航空母舰

"小鹰"级航空母舰是美国建造的最大一级常规动力航母，也是美国建造的最后一级常规动力航母。虽然现在该级航母已经全部退役，但是至今仍然作为常规动力航母的经典之作而常常被军迷们提起。

基本参数	
全长	325.8米
全宽	40米
吃水	12米
满载排水量	83 301吨
最高航速	33节
最大航程	10 428海里

研发历史 >>>

第二次世界大战结束后，新型喷气式飞机发展迅速，斜角飞行甲板、蒸汽弹射器等先进设计也不断涌现，搭载喷气式飞机逐渐成为航母的发展趋势。

由于美国在第二次世界大战时建造的航空母舰的排水量不足，无法搭载喷气式飞机，并且难以适应日新月异的作战需求，因此，美国研制出了世界上第一款专门搭载喷气式飞机的航空母舰——"福莱斯特"级。该级航母有着"超级航母"的称号，对现代重型航母的发展有着重要影响。

但是，该级航母在服役过程中显露出许多设计缺陷，因此，美国海军在 1956 年对尚在建造的第 5 艘 "福莱斯特" 级航母进行了大规模改进并重新命名为 "小鹰" 级。同年 12 月，该级首舰 "小鹰" 号开工建造，1961 年 4 月开始服役。

设计结构 >>>

由于 "小鹰" 级航空母舰是由 "福莱斯特" 级改进而来的，所以，两者的舰型、尺寸、排水量等设计结构都十分相似。"小鹰" 级航空母舰采用封闭式舰艏和斜角式飞行甲板，舰岛位于右舷舰体中后部，规模较小。舰岛中间是细长的柱状综合桅杆，桅杆上装有对空搜索雷达、火控雷达和导航雷达天线。舰岛后方还有一个较矮的桅杆，上面装有 3 个坐标雷达天线。

该级航母从舰底到舰岛共分为 18 层。其中舰岛分为 8 层，里面有消防、医务、通信、雷达等部门和航空母舰战斗群的司令部。甲板以下分为 10 层，包括燃料舱、淡水舱、弹药舱、轮机舱、水兵住舱等。

性能解析 >>>

"小鹰"级航空母舰的武器装备主要有 3 座八联装 MK-29 "海麻雀"导弹发射装置、3 座 MK-15"密集阵"近程防御武器系统和 4 座 MK-36 干扰火箭发射装置。可见,"小鹰"级航空母舰有很强的自卫能力。

该级航母最多可搭载 90 架舰载机,包括 F-14"雄猫"战斗机、F/A-18"大黄蜂"战斗攻击机、SH-3"海王"直升机等。由于对升降机的配置方式进行了改进,所以,该级航母的舰载机运输效率比"福莱斯特"级有大幅提高,作战效率也有很大提高。

服役情况 >>>

2001 年 10 月,"9·11"事件后,美国对中东恐怖组织展开了军事行动。其中,美国海军曾派出"小鹰"级航母的首舰"小鹰"号,作为美军特种部队的海上基地,前往阿拉伯海的北部,开拓出航空母舰新的应用方式。

兵器 小百科

"小鹰"级航空母舰有着宽阔的内部空间和完善的生活设施,全舰包含 1 500 个大小不一、作用不同的舱室,如图书室、电影室、体育室、手术室、邮局、药房、理发室、酒吧、洗衣房等。

美国"企业"号航空母舰

"企业"号航空母舰，舷号为 CVN-65，是世界上第一艘核动力航母。它在美国海军服役期间立下了赫赫战功，是世界上最著名的航母之一。

研发历史 >>>

第二次世界大战末期，美国成功掌握了核反应堆技术。战后，美国的军事实力飞速发展，并先后建成了世界上第一艘核动力潜艇——"鹦鹉螺"号与世界上第一艘核动力巡洋舰——"长滩"号。随后，美国立即开始了世界上第一艘核动力航母——"企业"号的研制工作。

在此之前，美国海军原本有过一艘"企业"号航母，它就是在第二次世界大战期间立下了赫赫战功的 CV-6。幸运的是，CV-6 尽管经历了战争的洗礼，却完整地保存了下来。在 CV-6 退役后，美国海军提出将 CV-6 拆解研究，但遭到了"企业"号保存协会的极力反对。最终在美国海军的极力争取下，这艘传奇"老将"还是走向了被拆解的命运。不过美国海军同

基本参数	
全长	342米
全宽	40.5米
吃水	12米
满载排水量	94 781吨
最高航速	33节
最大航程	接近无限

意将第一艘核动力航母（CVN-65）命名为"企业"号，因此"企业"号的威名又得以延续。1958年，"企业"号航空母舰开始建造，1961年11月正式服役。

设计结构 >>>

"企业"号航空母舰的舰体为整体箱形结构，船壳造型类似于巡洋舰，十分修长。封闭式飞行甲板经过特别强化，厚度达到50毫米，关键部位还额外加装了防弹装甲。甲板上装有4部大功率蒸汽弹射器和4部舷侧升降机，其中右舷3部，左舷1部。位于水下的舷侧装甲有150毫米厚，还设有多层防雷隔舱。

　　"企业"号航母上面没有安装舰炮，还取消了常规航母上的大型烟囱、进气道和排气道。方形舰岛的结构十分紧凑，上面安装了许多雷达天线。整体来看，"企业"号航母的甲板空间十分整洁宽敞，这也是它的一大特点。

性能解析 >>>

　　作为世界上第一艘核动力航母，"企业"号的性能与先前的常规航母相比有很大的进步，最主要的一点就是核燃料赋予了它近乎无限的续航能力，这是常规航母根本无法比拟的。而且，"企业"号航母取消了烟囱等管道，也就减少了排出的高温废气对舰体的腐蚀，从而提高了舰体的强度。航母的可使用空间也大大增加，可以装载更多的武器弹药、航空燃油和补给品，舰员的生活条件也大为改善。

　　"企业"号航母还装备了数量惊人的武器，包括3座八联装

MK-29"海麻雀"导弹发射装置和3座MK-15"密集阵"近程防御武器系统。另外，它还能搭载90架舰载机，有着强大的作战能力。

服役情况 >>>

"企业"号航母在服役的50余年间参与了多次重大军事行动。1962年古巴导弹危机时，"企业"号航母参与了封锁古巴周围海域的行动；1965年参加了越南战争；1998年参加了对伊拉克的"沙漠之狐"行动；21世纪初又参加了阿富汗反恐战争和伊拉克战争。

兵器 小百科

核反应炉的造价极高，"企业"号核动力航母的8座核反应炉光安装费用便高达6 400万美元；每运行3年还需要更换一次炉芯，每更换一次炉芯就要花费2 000万美元。

美国"尼米兹"级航空母舰

"尼米兹"级航空母舰是美国海军麾下的第二代航空母舰。该级航母凭借其吨位最大、载机最多、技术最先进而获得"现役最强航母"的称号，是美国远洋战斗群的核心力量。

基本参数	
全长	317米
全宽	40.8米
吃水	11.9米
满载排水量	102 000吨
最高航速	30节
最大航程	接近无限

研发历史 >>>

在"企业"号核动力航空母舰服役后，由于其造价高昂，美国政府一度拒绝拨款建造新的核动力航母。到了20世纪60年代，随着越南战争的爆发，美国政府才意识到核动力航母在远洋作战中的优越性。与此同时，美苏冷战也愈演愈烈，为了巩固美国在冷战中的霸主地位，加之有"核动力航母之父"之称的里科维尔趁此机会向美国政府大力游说。

1967年，美国政府终于批准拨款建造新一级核动力航母。1968年，"尼米兹"级航母的首舰"尼米兹"号开始建造，1975年开始服役。2009年，"尼米兹"级航母的第10艘，也是最后一艘的"布什"号开始服役。

设计结构 >>>

"尼米兹"级航空母舰从舰底到飞行甲板都采用双层舰壳，两层舰壳之间以X形构造连接。飞行甲板为封闭式，机库甲板以下的船体为整体的水密结构。机库甲板以上共分9层，飞行甲板以上的岛式上层建筑为5层，飞行甲板以下为4层。舰体内部有23道横隔壁和10道防火墙，全舰有2 000多个水密舱，水线以下还有4道防雷舱壁。

该级航母的机库靠近右舷，长度约占全舰的 2/3，机库前方为士兵住舱和锚甲板。机库左方设有办公室、控制室、通道等，还设有 6 个飞机加油站。吊舱甲板位于机库和飞行甲板之间，上面是办公区和作战指挥舱室。

性能解析 >>>

"尼米兹"级航母的舰体和甲板由高弹性钢打造，舰壳之间采用 X 形构造，舰体内部有大量的水密舱，一些重要的舱室还装有凯夫拉装甲，即使被多枚炸弹或鱼雷击中也不会沉没。由于全舰采取封闭式构造，该级航母具有防核辐射和生物化学污染的性能，舰内还有十分完备的灭火系统。这些设计使该级航母成为世界上生存能力最强

的军舰之一。

该级航母的作战能力也毫不逊色。它装有 2 座三联装 324 毫米鱼雷发射管，3 座八联装 MK-25/29 "海麻雀"导弹发射装置以及 3 座 MK-15 "密集阵"近程防御武器系统。此外，它还搭载了 90 余架舰载机，舰上有 4 台大型升降机和 4 座蒸汽弹射器，每 20 秒就可以将 1 架战机弹射升空。

服役情况 >>>

1976—1979 年，"尼米兹"级航母曾三次前往地中海执行巡航任务，前两次任务都顺利完成。但在第三次巡航任务中，为了解救被扣押在伊朗首都德黑兰的美国人质，该级航母参与到"鹰爪行动"中，但此次行动却因飞机坠毁而宣告失败，"尼米兹"级航母也因此无功而返。

兵器 小百科

"尼米兹"级航母的命名是为了纪念已故的美国海军五星上将切斯特·威廉·尼米兹。尼米兹曾任美国海军太平洋舰队总司令，为第二次世界大战的胜利做出了重要贡献。日本战败后，他还曾代表美国在日本的投降书上签字。

苏联/俄罗斯"库兹涅佐夫"号航空母舰

"库兹涅佐夫"号航空母舰，全称"苏联海军元帅库兹涅佐夫"号航空母舰，舷号为063，是苏联研发的第一艘真正意义上的航空母舰，也是俄罗斯海军唯一现役的航空母舰。

基本参数	
全长	306.3米
全宽	73米
吃水	11米
满载排水量	67 500吨
最高航速	32节
最大航程	8 500海里

研发历史 >>>

与领先世界的美国航母相比，苏联航母发展起步相对较晚，而且经历了艰苦的探索和发展路程。1967年，苏联建造出一艘"四不像"的"莫斯科"级直升机航母。20世纪70年代中期，苏联又研发出"基辅"级航空母舰，虽然名为航母，但是苏联人称它为"战术航空巡洋舰"。至此，苏联才终于走向了真正的航母研发之路。

在吸取了先前的失败教训后，苏联在设计第三代航空母舰时，动用了苏联大批顶尖的专家与工厂，计划建造一款集苏联顶尖科技于一身、排水量达 90 000 吨级的核动力航空母舰。但时局变幻，新航母的建造任务一拖再拖，直到 1983 年才开工建造，1991 年 1 月开始服役，并被命名为"库兹涅佐夫"号。苏联解体后，"库兹涅佐夫"号航母加入俄罗斯海军。

设计结构 >>>

"库兹涅佐夫"号航空母舰的舰体采用双重底结构，共有 12 个防水舱。主舰体共有 10 层甲板，包括飞行甲板和其下的甲板。飞行甲板右侧是岛式上层建筑，里面有指挥部、高级住舱、工作舱室和电子设备等。飞行甲板右舷安装了 2 座甲板升降机，分别位于舰岛的前方和后方。甲板后部则安装了 4 道拦截索和紧急拦机网。

　　"库兹涅佐夫"号航母融合了许多不同航母上的独特设计，既有大型舰队航母特有的斜直两段甲板，又有小型航母通用的上翘角滑跃式飞行甲板，是世界上第一艘采用滑跃起飞与拦阻降落相结合的起降方式的航母，虽然没有装备弹射器，但是它依然能起飞固定翼飞机。

性能解析 >>>

　　"库兹涅佐夫"号航母与一般航母的定位有很大区别，俄罗斯将其称为"重型航空巡洋舰"，因此十分重视它的作战能力。它的主火力为SAN-9垂直发射防空导弹，还有CADS-N-1"卡什坦"弹炮合一近防系统（近程防御弹炮结合的防空武器系统），该系统配置了6管30毫米炮和SAN-11近程导弹；此外，还有AK630型6管30毫米炮。它的舰艉两舷处各布置了1座RBU-12 000十联装火箭深弹发射器，可利用高爆战斗部在水下设定深度起爆，产生冲击波杀伤潜艇。这些武器系统赋予了它很强的全面作战能力，即使没有军舰护航，它也能单独作战。

服役情况 >>>

2016 年 10 月 15 日，为了支援俄罗斯在叙利亚的作战部队，"库兹涅佐夫"号航空母舰前往地中海东部执行俄罗斯海军历史上首次航空母舰舰载机打击地面目标的任务。在整个叙利亚作战中，俄军航母舰载机共出动了 420 架次，摧毁了恐怖分子的 1 000 多个据点。

兵器 小百科

苏联的航空母舰发展之路十分曲折。最初，苏联计划建造 3 艘"库兹涅佐夫"级航母，可是苏联解体后，航母建造计划也随之夭折。由于俄罗斯海军难以承担建造大型航母的高额费用，因此就不再发展新型航母，从苏联继承而来的"库兹涅佐夫"号航母也就成了俄罗斯唯一一艘航空母舰。

法国"戴高乐"号航空母舰

"戴高乐"号航空母舰，全称"夏尔·戴高乐"号航空母舰，不仅是法国第一艘核动力航空母舰，也是法国海军目前唯一现役的航空母舰，不仅如此，它还是唯一一艘非美国海军麾下的核动力航母。

研发历史 >>>

冷战时期，美国、苏联、英国等国掀起了一股"航母热潮"，法国也不甘落后。20世

基本参数	
全长	261.5米
全宽	31.5米
吃水	9.4米
满载排水量	42 500吨
最高航速	27节
最大航程	接近无限

纪70年代，法国就已开始筹备建造新型航母来增强自己的海上力量，同时，为了替代老旧的"克莱蒙梭"号航空母舰，法国海军决定建造一艘核动力的、搭载固定翼飞机的中型航空母舰，并以法国已故总统夏尔·戴高乐的名字为其命名。

受冷战以及法国财政的影响，"戴高乐"号航空母舰的建造任务一拖再拖，直到1989年4月才开始建造，2001年5月开始服役。

设计结构 >>>

"戴高乐"号航空母舰的外观十分简洁流畅，富有现代气息。它没有采用欧洲航母上常见的滑跃式甲板设计，而是采用了与美国核动力航空母舰一样的斜向飞行甲板。"戴高乐"号航母的飞行甲板的区域划分也与美国"尼米兹"级航母类似，跑道位于左舷，微微偏离舰体的轴心，跑道上装有 2 具蒸汽弹射器，轮流负责将舰载机弹射升空。飞行甲板尾端设置了 3 组降落拦阻索和 1 组紧急拦机网，还有 2 具升降机位于右舷舰岛的后方。

飞行甲板向下至舰底是完整的箱形堡垒式结构，水线以下的舰体采用双层或多层结构。舰体内部被 19 道纵向舱壁分隔为 20 个水密舱区，全舰上下共有 15 层甲板、2 200 个舱室。

性能解析 >>>

　　"戴高乐"号航空母舰的排水量只有美国同类航空母舰的一半，因此能够搭载的武器装备数量也只有美国同类航母的一半，但这并不代表它的性能就弱。

　　它装有 4 座八联装"席尔瓦"垂直发射系统、2 座 6 管"萨德哈尔"防空自卫系统和 8 座 20 毫米 F2 型近防炮，有着很强的自卫能力。它还搭配了诸多先进的侦测/电子战系统，能同时追踪 2 000 多个目标，可以完整地监控整个航母战斗群，起到有效的作战指挥能力。

　　另外，它的水密舱众多，舰体大多为双层壳，关键部位还加装了凯夫拉碳纤维装甲，为它提供了很强的抗沉性和生存能力。

服役情况 ▷▷▷

2001 年，在"9·11"事件中，法国军队协助美国军队对阿富汗塔利班组织进行打击，因此"戴高乐"号航母及其护卫舰队来到了印度洋。在这次行动中，"戴高乐"号航母上的舰载机至少执行了 140 次的侦察与轰炸任务，这是该航母自服役以来第一次参加实战。

兵器 小百科

航空母舰代表着一个国家的工业实力，包括机械工业、造船工业甚至是信息产业，是国家综合实力的缩影。法国是较早建造航母的国家之一，也是欧洲唯一拥有核动力航母的国家，"戴高乐"号航母代表了欧洲航母制造的最高水平。

英国"伊丽莎白女王"级航空母舰

"伊丽莎白女王"级航空母舰隶属于英国皇家海军，是英国拥有的最大的航空母舰。该级航母承载了英国海军重新崛起的希望，在未来将成为英国的远洋作战主力。

基本参数	
全长	280米
全宽	39米
吃水	11米
满载排水量	65 000吨
最高航速	25节以上
最大航程	10 000海里

研发历史 >>>

第二次世界大战后，英国国力一路下滑，由于经济萎靡，英国不得不大幅削减航母数量，并宣布不再建造中型和大型航母。随着海军规模不断缩减，英国从此失去了"海上霸主"的地位。

　　20 世纪 80 年代，英国与阿根廷之间爆发了惨烈的马尔维纳斯群岛战争。经此一战，英国再次认识到航空母舰在远洋作战中的巨大优势，因此决定研发新一代航空母舰。但当时的英国实在难以承受建造新航母以及相应舰载机所需的巨额资金，因此新航母的建造计划被迫搁置。

　　直到 20 世纪末，英国仅有的两艘"无敌"级航母也即将退役，作为传统航母强国的英国实在无法接受"无航母时代"的到来，终于痛下决心建造两艘大型航母。2009 年，新航母"伊丽莎白女王"级首舰"伊丽莎白女王"号航空母舰开始建造，2017 年12 月开始服役。2011 年，2 号舰"威尔士亲王"号航空母舰开始建造，2019 年 12 月开始服役。

设计结构 >>>

　　"伊丽莎白女王"级航空母舰体形巨大，外形十分简洁，没有复杂的线条。该级航母采用了诸多创新性设计，最独特的便是其"双舰岛"设计，2 座舰岛均位于右舷，前舰岛负责控制航母的航行，后舰岛负责控制舰载机。该级航母配备了 2 座大型升降机，1 座位于双舰岛之间，1 座位于舰艉右侧。该级航母还首创了结合电磁弹射器的滑跃式甲板，该甲板位于舰艏，宽度只占飞行甲板的一半，另一半用来停放飞机。

性能解析 >>>

虽然"伊丽莎白女王"级航空母舰是英国有史以来最大的军舰，但是它并没有搭载核反应堆，而是选择了柴油机和发电机组作为动力装置。其武器装备也十分精简，仅有 3 座"密集阵"近程防御武器系统和 4 座 30 毫米 DS30M 遥控机炮，这都是迫于预算拮据而大幅降低相关配置的结果。

不过，该级航母能够搭载 40 架舰载机，包括 F-35C "闪电" II 战斗机、"阿帕奇"直升机、"灰背隼"直升机和"山猫"直升机等，能够大幅提升它的战斗能力。除此之外，"双舰岛"设计

使该级航母安装了更多电子设备，比"单舰岛"航母的电子设备分布得更均匀，可以有效避免信号间相互干扰，从而充分发挥电子设备的性能。

服役情况 〉〉〉

2021 年 6 月，为了清除伊拉克极端组织的残余势力，英国海军"伊丽莎白女王"号航空母舰及其战斗群抵达地中海，并开始对伊拉克极端组织进行打击。这是 21 世纪以来英国航母首次为地面军事行动提供支持。

兵器 小百科

英国是世界上最早发展航空母舰的国家之一，对航母的发展有着极大的贡献。斜角飞行甲板、蒸汽弹射器、阻拦索与助降镜等关键设备，以及垂直起降飞机技术、滑跃起飞技术等关键技术，都是英国人发明的。同时，英国还建造了世界上第一艘现代意义上的航母——"竞技神"号和世界第一艘具有全通飞行甲板的航母——"百眼巨人"号等具有开拓意义的航母。

意大利"加富尔"号航空母舰

"加富尔"号航空母舰是意大利建造的新一代轻型航空母舰，它集航空母舰和两栖运输舰的功能于一身，是意大利海军的核心和主力。

基本参数	
全长	244米
全宽	39米
吃水	8.7米
满载排水量	30 000吨
最高航速	28节
最大航程	7 000海里

研发历史 》》》

早在 1996 年，意大利海军就已经计划建造新一代轻型航空母舰。1998 年，经意大利国防委员会批准，新型航空母舰的建造计划得以开展，但相关经费预算却遭到了缩减，建造计划被迫延后。并且由于经费的缩减，新型航母的尺寸、体积和排水量都不得不相应减小。

2000 年，意大利海军与意大利芬坎蒂尼造船厂签约，决定采用分段建造的新方法建造新航母。2001 年 7 月，"加富尔"号航母开始建造，2008 年 3 月开始服役。

设计结构 >>>

"加富尔"号航空母舰采用全通飞行甲板，主甲板自舰艏延伸至舰艉，滑跃式甲板位于飞行甲板的左前方。跑道旁边是飞机的停放区，最多可停放 8 架固定翼舰载机或 12 架舰载直升机。除此之外，甲板上还有 6 个直升机专用的起降区，用来起降中型直升机。长方形舰岛位于右舷。

该航母从飞行甲板向下至舰底共有 9 层，第 1 层有战情中心、作战指挥室、军官区和仓库等；第 3 层有机库、舰上乘员的起居舱、弹药库等；最底部的两层则用来安装主要 / 辅助轮机设施、推进系统等。全舰共有 7 个损管区域，每个区域各自独立，并且都配备了完善的消防、救生系统。

性能解析 >>>

　　"加富尔"号航空母舰上的武器装备与一般的航母差不多，具有完善的侦测与作战系统，如对空搜索的 RAN-40 雷达系统、对海搜索的 SPS-791 雷达系统、4 座"紫菀"导弹发射系统、3 座双联装 40L70 近程防御武器系统、2 门 76 毫米超高速舰炮和 3 门 25 毫米防空炮。它还有 8 架 AV-8B "鹞"式攻击机、8 架 F-35 "闪电"Ⅱ战斗机和 12 架 EH-101 "灰背隼"直升机等，具备航空母舰的所有功能。除此之外，它还能运输轮式车辆、履带式车辆、大型人员登陆艇等载具，兼具支援两栖作战的功能，具有较高的作战灵活性，还可以执行人道维和、救灾、收容难民等任务。

服役情况 >>>

　　"加富尔"号航空母舰作为意大利海军中最大的水面舰艇，除了承担着常规的反潜、空中作战及支援两栖作战等任务，还与"地平线"级驱逐舰和欧洲多任务护卫舰一起组成了海上远洋舰队。

兵器 小百科

　　"加富尔"号航空母舰的名称来自 19 世纪意大利总理加富尔。他在执政期间始终为意大利的统一运动艰苦奋斗。1861 年，加富尔下令组建了意大利皇家海军，这对意大利海军有重要的历史意义，因此，意大利用他的名字来命名新航母，以示纪念。

「昨日戎舟」

巡洋舰

美国"加利福尼亚"级巡洋舰

"加利福尼亚"级巡洋舰是以"尼米兹"级航母编队的一级大型护卫舰艇的身份诞生的，是一款多用途巡洋舰，属于美国海军第三代核动力导弹巡洋舰。

基本参数	
全长	179米
全宽	19米
吃水	9.6米
满载排水量	10 800吨
最高航速	30节
最大航程	接近无限

研发历史

20世纪60年代末，美国开始进行"尼米兹"级航空母舰的建造工作。与此同时，美国海军也在为新航母打造其航母编队。为此，美国海军设计了"加利福尼亚"级核动力巡洋舰。

该级巡洋舰共建造了两艘。1970年1月，该级首舰"加利福尼亚"号开始建造，1974年2月开始服役。1970年2月，2号舰"南卡罗来纳"号开始建造，1975年1月开始服役。

设计结构

"加利福尼亚"级巡洋舰舰艏末端微翘，舰艉呈凹式方形设计，干舷较高。通长甲板上坐落着一座高耸的上层建筑，建筑可分为前、后两部分，彼此相隔很近，中间由甲板室相连。两部分建筑顶端都设有一座锥形低桅，桅上安有电子对抗设备、通信设备以及雷达。前方上层建筑为长方形，左右延伸至舷墙，里面有甲板室、指挥室和主要控制室、操纵舱室。后方上层建筑上建有多层甲板室。舰上设有直升机起降平台，但是没有预留机库。

性能解析 >>>

"加利福尼亚"级巡洋舰的武器系统在当时是比较先进的，装有2座"标准"Ⅱ型防空导弹发射装置、1座八联装 MK-16"阿斯洛克"反潜导弹发射装置、2座三联装 MK-32反潜鱼雷发射管、2座四联装 AGM-84"鱼叉"反舰导弹发射装置、2座20毫米 MK-15"密集阵"近程防御武器系统。此外，它还装备了1座 SLQ-25鱼雷诱饵装置、8座六管 MK-36红外和箔条干扰弹发射装置等。

服役情况 >>>

"加利福尼亚"级巡洋舰是美国海军诸多核动力巡洋舰里资历最老的一级，在1999年它才光荣退役，转为 B 类预备舰。

兵器 小百科

AGM-84"鱼叉"导弹，是美国研发的全天候亚音速反舰导弹，它可以在飞机以及各类水面军舰、潜艇上发射。这款导弹从冷战时期使用至今，其性能较新型导弹有一定差距，但美国军队仍不断对其进行升级，使其成为现役的主要反舰武器。

美国"弗吉尼亚"级巡洋舰

"弗吉尼亚"级巡洋舰是美国建造的一款核动力导弹巡洋舰，是美国海军第四级也是最后一级核动力导弹巡洋舰，主要任务是在航母编队中为航母提供反潜、反舰与防空保护。

基本参数	
全长	178.3米
全宽	19.2米
吃水	9.6米
满载排水量	11 300吨
最高航速	30节
最大航程	接近无限

研发历史 >>>

20世纪70年代，"尼米兹"级核动力航空母舰已陆续建造并开始服役，美国海军核动力航母的规

模逐渐扩大。美国希望打造配套的航母战斗群，但海军当时仅有3艘核动力巡洋舰，这显然是不够的，因此，美国海军决定计划建造11艘全新的"弗吉尼亚"级核动力巡洋舰。

1972年，首舰"弗吉尼亚"号开始建造，1976年9月开始服役。在该级巡洋舰的前4艘建造完成后，美国海军提出了对后7艘加装"宙斯盾"系统的改进方案。但由于当时性能更优、造价更低的"提康德罗加"级巡洋舰已开始服役，所以后7艘的建造计划未能执行。

设计结构 >>>

"弗吉尼亚"级巡洋舰的舰型为高干舷平甲板型，舰体细长，舰艏也较长，舰艉则为凸式方艉。上层有2座铝合金塔形桅杆，外观简洁。

上层建筑结构紧凑，外观简洁，整体分为前、后两部分，中

间由一个甲板室相连。前面部分为甲板桥楼，顶部有一个锥形的塔楼，内部装有电子设备；舰桥位于舰长室之前，与作战情报指挥中心临近，便于舰长快速通行；艉部是直升机飞行甲板，直升机机库建在甲板下方。

性能解析 >>>

  "弗吉尼亚"级巡洋舰的主要武器包括1门MK-45单管127毫米舰炮和1座双联装MK-26导弹发射装置，舰艉的飞行甲板外还有2座MK-44四联箱式"战斧"巡航导弹发射装置。除此之外，还装备了2座MK-15"密集阵"近程防御武器系统、2座三联装MK-32型反潜鱼雷发射管等武器，武器种类包括反舰、防空、反潜和对陆攻击，因此该级巡洋舰具有非常全面的武器装备。

  不仅如此，它还具有非常先进的指挥系统、雷达和火控系统，有着完善的武器协调能力以及极快的反应速度，能够适应各种作战任务，独立或协同其他舰艇打击空中、水面或水下的敌人。

服役情况 〉〉〉

　　"弗吉尼亚"级巡洋舰曾服役于美国海军太平洋舰队和大西洋舰队。20世纪80年代初，该级舰曾奔赴黎巴嫩和锡德拉湾，并在两伊战争时深入阿拉伯海。该级舰各舰均参与了1991年的"沙漠风暴"行动。

兵器 小百科

　　"战斧"巡航导弹是一款多用途的全天候亚音速巡航导弹，具有射程远、飞行高度较低、机动灵活、通用性强等特点，而且可通过多种平台发射，因此有着多种衍生型，如陆基型、空射型、舰载型和潜射型。

美国"提康德罗加"级巡洋舰

"提康德罗加"级巡洋舰是美国第一款配备了"宙斯盾"系统的战舰，也是美国海军现役的唯一一级巡洋舰，具有强大的综合作战能力，被誉为"当代最先进的巡洋舰"。

基本参数	
全长	173米
全宽	16.8米
吃水	10.2米
满载排水量	9 800吨
最高航速	32.5节
最大航程	6 000海里

研发历史 >>>

冷战时期，美国海军认为自己难以应对苏联以大量反舰导弹的饱和式攻击为基础的反航母战术，因此于1965年开始发展"先

进水面导弹系统"（ASAM），计划研发一种装备于航空母舰护卫舰上的舰载战斗系统，其成果就是大名鼎鼎的"宙斯盾"作战系统。1974年，该系统开始进行测试。最初，美国海军想要将"宙斯盾"系统安装在改进型的"弗吉尼亚"级巡洋舰上，但由于成本过高而放弃。

20世纪80年代，美国海军建造出了成本更低的DDG-47驱逐舰作为"宙斯盾"系统的载体，但当时美国海军中的巡洋舰陆续退役，因此DDG-47又被提升为导弹巡洋舰，并被命名为"提康德罗加"级。1983年1月，该级首舰"提康德罗加"号开始服役。该级舰一共建造了27艘，最后一艘"皇家港"号在1994年

7月开始服役。

设计结构 >>>

　　"提康德罗加"级巡洋舰的舰艏上翘，前甲板边缘还有围边；舰体前段是巨大的箱形上层建筑和舰桥，舰桥顶部是小型框架式桅杆，上面装有SPQ–9A火控雷达整流罩。该级舰采用双烟囱配置，2个烟囱一前一后位于舰体中部，每个烟囱各有3个排气口。大型框架式主桅杆位于烟囱之间，上面装有雷达天线。该级舰还有两组SPY–1A相控阵雷达天线，分别安装在舰楼上和舰艉的机库上。

性能解析 >>>

"提康德罗加"级巡洋舰的主要任务是作为航母战斗群与两栖攻击战斗群的主要指挥中心，并且为航母提供保护，因此它具有全面而先进的武器配置，能够应对来自空中、水面及水下的敌人，不过在"宙斯盾"系统的配合下，最突出的还是它的防空能力。

服役情况 >>>

1991 年，在海湾战争中，"提康德罗加"级巡洋舰向伊拉克首次发射了"战斧"巡航导弹，清除了伊军的地面防空武力，为美军战斗机与轰炸机的出动排除了障碍，同时拉开了空袭战的序幕。

兵器 小百科

"宙斯盾"系统以防空为主，能够对全舰武器进行综合指挥和控制。其主要分为六大部分：相控阵雷达、指挥决策系统、武器控制系统、导弹火控系统、导弹发射系统和战备检查系统。它能识别和跟踪数百个空中目标，通过控制舰载武器对目标进行拦截。在对海、对岸与反潜作战中，它也能发挥相同的作用。

苏联/俄罗斯"卡拉"级巡洋舰

"卡拉"级巡洋舰是苏联建造的大型反潜巡洋舰，在苏联海军中有着很高的地位。苏联解体后，该级巡洋舰持续为俄罗斯海军服务，直至 2014 年才光荣退役。

基本参数	
全长	173.2米
全宽	18.6米
吃水	6.8米
满载排水量	9 700吨
最高航速	34节
最大航程	9 000海里

研发历史 >>>

20 世纪 60 年代末，美国海军拥有的攻击型核潜艇和弹道导弹核潜艇共计 80 余艘，实力非常强大，而当时苏联海军中的潜

艇大都是巡航导弹核潜艇，这种潜艇的主要打击目标是水面的舰船，并且苏联其他水面舰船的反潜能力又很一般，因此苏联面临着沉重的反潜压力。

在这种形势之下，苏联海军迫切需要设计建造出一批专门用于反潜作战的大型水面舰艇，于是，身负重任的"卡拉"级巡洋舰应运而生。该级首舰"尼古拉耶夫"号于1968年开始研制，1971年开始服役。1979年，该级全舰共7艘全部建成并开始服役。

设计结构 >>>

"卡拉"级巡洋舰是在"克列斯塔"Ⅱ级巡洋舰的基础上改进而来的，因此它的外形与"克列斯塔"Ⅱ级巡洋舰十分相似，但也有所不同。"卡拉"级巡洋舰的舰艏前倾，舰艏下部设有球鼻艏壳声呐；中部干舷较低，两舷明显外张，艏部两舷外张最为明显。

由于"克列斯塔"Ⅱ级巡洋舰上甲板面积不足，空间小，因此设计师在"卡拉"级巡洋舰的舰桥和中部塔桅之间加入了一个约15米长的舰体分段，使其桥楼长度大大增加，甲板略微拓宽。塔桅后方、舰体中部是一个十分显眼的方形大烟囱；舰艉为斜方形，向内推进。

性能解析 >>>

"卡拉"级巡洋舰的首要任务是执行反潜作战，因此它拥有完备的反潜武器。舰上搭载的卡-25直升机可承担远程反潜任务；2座四联装SS-N-14远程反潜导弹发射装置可进行中近程反潜；2座五联装533毫米鱼雷发射管、2座12管和2座6管反潜火箭深弹发射装置可以进行辅助反潜；2座SA-N-3防空导弹发射装置、2座双联装SA-N-4防空导弹发射装置等可以进行防空作战。但是，由于"卡拉"级巡洋舰没有安装任何一种专用反舰武器，因此基本没有反舰能力。

服役情况 >>>

2014 年，俄罗斯和乌克兰两国围绕克里米亚展开了紧张的军事对峙，在这次对峙中，俄罗斯海军在克里米亚半岛的米尔内港将本已退役的"卡拉"级巡洋舰的 2 号舰"奥恰科夫"号凿沉，沉没的船体将乌克兰海军的主航道堵死，使乌克兰海军无计可施，这是该舰最后一次为国效力。

兵器 小百科

"克列斯塔" II 级巡洋舰是苏联在 20 世纪 60 年代建造的导弹巡洋舰，它由"克列斯塔" I 级巡洋舰的反潜型改进而来，装备有 SS-N-14"火石"反潜导弹、SA-N-3 防空导弹等武器。该级舰在 20 世纪 60 年代后期开始服役，但在冷战结束后便全部匆匆退役。

苏联/俄罗斯"基洛夫"级巡洋舰

"基洛夫"级巡洋舰，是苏联建造的大型核动力导弹巡洋舰，是世界上最大的核动力导弹巡洋舰，也是世界上唯一现役的核动力导弹巡洋舰。

研发历史 >>>

冷战时期，苏联海军与美国海军为了争夺海上霸权而开展军备竞赛，苏联海军为此制定了新的海军发展规划。在规划中，

基本参数	
全长	252米
全宽	28.5米
吃水	9.1米
满载排水量	28 000吨
最高航速	32节
最大航程	1 000海里

苏联海军的战略从近海防御转变为远洋进攻。在此战略下，苏联海军准备建造全新的、具备远洋航行能力的大型核动力导弹巡洋舰——"基洛夫"级巡洋舰。

1973年，该级首舰"乌沙科夫海军上将"号开始建造，1980年开始服役。该级舰共建造了4艘，目前，该级舰的3号舰"纳希莫夫海军上将"号和4号舰"彼得大帝"号仍在俄罗斯海军服役。

设计结构 >>>

从外观来看，"基洛夫"级巡洋舰的外形比较紧凑，舰部外张，前甲板宽而长，上层建筑大多位于舰体中后部，显得前甲板格外光滑。其实导弹发射区就集中在前甲板，这里放置了各种型号的垂直发射装置，是全舰主要的火力投射区。舰体中间高大的主桅杆与烟囱为一体式结构，上面布满了雷达等电子设备。主桅杆后方是第二座桅杆和上层切入式甲板建筑。

宽敞的尾部呈方形，设有飞行甲板，下方是可容纳3架直升机的机库。舰体结构为纵骨架式，核动力装置和核燃料舱都有装甲。舰上安装有由2座核反应堆和2座燃油锅炉组成的混合式动力系统，与4台蒸汽轮机平行运作，为该舰提供动力。

性能解析 >>>

"基洛夫"级巡洋舰拥有十分全面的武器装备和强大的综合作战能力。其主要武器包括20座P-700"花岗岩"反舰导弹发射装置、12座八联装SA-N-6"雷声"防空导弹发射装置、2座五联装533毫米鱼雷发射管、1座双联装RPK-3"风雪"反潜导弹发射装置及6座"卡什坦"近程防御武器系统等，其火力几乎能够覆盖反舰、反潜、防空三道防线，和远、中、近三层防空系统。但是，由于该级舰没有装备相控阵雷达，因此其防空能力略有不足，并且不具备对陆攻击能力。

服役情况 >>>

进入 21 世纪后，囊中羞涩的俄罗斯海军已难以承担大型舰船的建造费用。而当时"基洛夫"级巡洋舰的 3 号舰"纳希莫夫海军上将"号仍然较新，于是在 2012 年，俄罗斯海军决定对其进行现代化改装，改装任务直到 2022 年才基本完成。

兵器 小百科

"基洛夫"级巡洋舰装备的 SA-N-6"雷声"中程防空导弹系统，是世界上第一种舰载防空导弹垂直发射系统。该系统发射的是5V55/48N6 导弹，采用单级固体燃料火箭和冷发射技术，并且具有一定的反弹道导弹能力。

苏联/俄罗斯 "光荣" 级巡洋舰

"光荣"级巡洋舰是苏联建造的大型常规动力巡洋舰，也是苏联最后一级导弹巡洋舰，由于其搭载武器众多而被誉为"海上武库"。

基本参数	
全长	186.4米
全宽	20.8米
吃水	8.4米
满载排水量	11 490吨
最高航速	32节
最大航程	6 500海里

研发历史 >>>

在过去，苏联一直强调发展潜艇，而轻视大型水面舰艇的作用，直到20世纪60年代后期，美苏冷战愈演愈烈，美国水面舰艇的规模日益壮大，苏联也不得不开始建造大型水面舰艇。

20世纪70年代初，苏联建造了"基洛夫"级巡洋舰，主要任务是在航母编队中执行防空和反潜任务，为苏军航母护航，同时打击美军航母。但由于该级舰的建造和维护成本巨大，所以苏联当局决定建造一款性价比更高的缩小版"基洛夫"级巡洋舰，即"光荣"级巡洋舰。1976年，该级首舰"光荣"号开始建造，1982年建成。该级舰共建成3艘，目前仍在服役。

设计结构 >>>

"光荣"级巡洋舰的舰艏高大上翘，双联装AK-130舰炮位于前甲板末端。舰桥两侧并列布置了8组倾斜式P-1000"火山岩"反舰导弹发射装置，每组2具，左右舷各4组。舰桥后方是大型金字塔主桅，主桅上装有雷达天线。舰体中部有2个长方形烟囱，大型进气口位于烟囱前部，两侧则有许多散热孔。两座烟囱间的空隙中装有 SA-N-6 "雷声"导弹发射装置，烟囱后是旋转吊的吊杆，其吊杆也置于该空隙中。旋转吊的吊杆后方有一段空旷的露天甲板，下面是导弹垂直发射系统。

性能解析 >>>

从"光荣"级巡洋舰的性能上看，它的对舰导弹数量多、威力大。在防空装备方面，除"基洛夫"级巡洋舰外，比现役的俄罗斯海军任何一级巡洋舰都强，是一级具有较强防空能力的反舰型导弹巡洋舰。该级舰适于配合核动力水面舰只活动，为舰队承担警戒、护航任务。此外，该级舰还可作为舰队的组成部分，用来攻击敌方航空母舰和两栖力量，破坏敌方海上交通线，并在两栖登陆作战行动中提供火力支援。

服役情况 >>>

2009 年 4 月 23 日，我国举办了中国人民解放军海军成立 60 周年海上阅兵活动，有 30 多个国家和地区的海军舰艇参加此次海上阅兵活动，其中就包括俄罗斯太平洋舰队的旗舰——"光荣"级"瓦良格"号巡洋舰，之后"瓦良格"号巡洋舰又多次参加了我国海军举行的联合演习。

兵器 小百科

在第二次世界大战中，随着航空兵与导弹的出现，巡洋舰的作用逐渐减弱。冷战结束后，许多国家的巡洋舰开始退出现役，除了美苏建造的几艘巡洋舰，其他国家基本放弃了此种舰艇的建造。21 世纪以来，巡洋舰逐渐被驱逐舰所替代。目前，世界上只有几个国家仍拥有巡洋舰，如美国、俄罗斯等。

千面战舰

驱逐舰

美国"阿利·伯克"级驱逐舰

　　"阿利·伯克"级驱逐舰是世界上第一艘装备"宙斯盾"系统，并全面采用隐身技术的驱逐舰，也是世界上建造数量最多的导弹驱逐舰。它代表了美国海军驱逐舰的最高水平，是当代水面舰艇中当之无愧的"代表"。

研发历史 〉〉〉

　　20 世纪 70 年代初，美国海军提出了研制新型驱逐舰的计划，但没有得到美国政府的同意，因此计划受阻。1981

基本参数	
全长	156.5米
全宽	20.4米
吃水	6.1米
满载排水量	9 217吨
最高航速	30节
最大航程	4 400海里

年，美国政府换届，该计划重启。1982 年，美国海军确定了设计方案，方案得到批准。1985 年，美国海军与巴斯钢铁造船厂签署了建造合约。1991 年 7 月新型驱逐舰的首舰"阿利·伯克"号正式服役。

该级舰以曾三度就任美国海军作战部长的阿利·伯克海军上将的名字命名，原本建造 62 艘的计划经过美国海军先后两次修改，将建造数量增加至 76 艘。

设计结构 >>>

"阿利·伯克"级驱逐舰采用宽短的舰型，与传统驱逐舰的细长舰型有很大区别，长宽比大幅缩小，舰艏高高翘起，主甲板从舰艏延伸至舰艉。前甲板较为整洁，只有 1 门 127 毫米全自动舰炮，而导弹垂直发射系统就安装在舰炮前方的甲板下。

舰体中部靠前的上层建筑顶部装有向后倾斜的柱状主桅，两侧是 2 座巨大的方形烟囱，飞行甲板位于舰艉。该级舰的舰体全

部采用钢质，舰体和上层建筑均为倾斜面。

性能解析 >>>

　　"阿利·伯克"级驱逐舰装有"宙斯盾"作战系统，能够同时拦截来自空中、水面及水下的多个目标，具有强大的反击能力。它采用了整体装甲防护和隐身技术，还对重要舱室和重要系统进行了加固，生存能力大大提高。该级舰装有 2 座 MK-41导弹垂直发射装置，可根据作战需要发射"战斧"导弹、"标准"Ⅱ型导弹和"海麻雀"导弹等。该级舰还有四联装"鱼叉"反舰导弹、2 座"密集阵"近程防御系统、2 座 MK-32 三联装反潜鱼雷发射管等武器，具备对海、对陆、对空和反潜的全面作战能力。

服役情况 >>>

2000年10月，"阿利·伯克"级驱逐舰的"科尔"号（编号为DDG–67）奉命在海湾地区执行任务。当该舰停靠在亚丁港进行补给时，突然遭到一艘恐怖组织的小艇的高速撞击。小艇上装有烈性炸药，剧烈爆炸过后，"科尔"号上有17名海员丧生，舰体也被炸破。这次遇袭事件被称为"21世纪美国海军最大的伤疤"。

兵器 小百科

"阿利·伯克"级驱逐舰是美国首次以在世之人的名字命名的战舰，阿利·伯克曾在第二次世界大战时期担任美国海军上将。1989年9月，该级首舰"阿利·伯克"号举行下水仪式时，阿利·伯克本人还出席了活动，他在仪式上称该级舰是"世界上最好的战舰"。

美国"朱姆沃尔特"级驱逐舰

"朱姆沃尔特"级驱逐舰是美国海军最新一代多用途驱逐舰，采用了诸多先进的科技成果，充分体现了美国在舰艇研发领域的实力。该级舰是当代美国海军的主力战舰，有着"科幻战舰"的美誉。

基本参数	
全长	180米
全宽	24.6米
吃水	8.4米
满载排水量	14 798吨
最高航速	30节
最大航程	8 000海里

研发历史 >>>

随着苏联的解体，冷战宣告结束，俄罗斯海军的实力大不如前，因此美国在海洋争霸中便不再有对手，大型远洋舰艇的制造就再没必要了。但是在冷战后，地区性冲突却频频发生，舰艇的对陆攻击能力显得越来越重要，于是美国海军的造舰思想从"远洋进攻"转变为"以海制陆"。在这一思想的指导下，美国海军反复构思新型驱逐舰的设计方案，最终决定建造"朱姆沃尔特"级驱逐舰。

美国海军对"朱姆沃尔特"级驱逐舰寄予厚望，该级舰由诺斯罗普·格鲁曼公司、雷声公司、通用动力公司、洛克希德·马丁公司等 100 多家公司和研究机构联合研发。该级舰计划建造 3 艘。该级首舰"朱姆沃尔特"号 2011 年 11 月开工建造，2016 年 10 月开始服役。2 号舰"迈克尔·蒙苏尔"号 2013 年 5 月开工建造，2019 年 1 月开始服役。3 号舰"林登·约翰逊"号 2015 年 4 月开工建造，至今仍未服役。

设计结构 >>>

"朱姆沃尔特"级驱逐舰的外观十分简洁，舰体采用倾斜表面，没有过多复杂的结构，充满了科技感。其舰体上部只有一个单独的全封闭式上层建筑，整体造型自下向上逐渐收缩。这个封闭式上层建筑采用了"整合式船楼组合"结构，这是一种一体成型的模块化结构，不仅有舰桥的作用，船楼顶部的塔状建筑还容纳了所有电子设备的天线。船楼前部的 2 个白色凸起是 2 座先进舰炮系统，导弹垂直发射装置则位于船体周边。船楼尾部是直升机机库，后方的甲板也可以停放直升机。

性能解析 >>>

"朱姆沃尔特"级驱逐舰与先前的驱逐舰有着极大的不同，它在设计之初就注重功能的自动化，因此将船体与作战系统、机械和电气系统等结构完全综合起来，形成一个武器平台，可以根据不同的作战需求安装不同的作战模块，使该级舰转变为不同类型的战舰，如扫雷舰、防空驱逐舰、火力支援舰等。

"朱姆沃尔特"级驱逐舰简洁的舰体上采用了多种对抗雷达波及红外线信号的特殊材料，其动力系统安装在减震浮筏上，能够有效提高舰体的隐身能力。另外，该级舰采用了双层舰壳，重要部位安装了凯夫拉装甲，因此有着很强的生存能力。

服役情况 >>>

2022年9月，"朱姆沃尔特"级首舰"朱姆沃尔特"号被正式编入驻日美国海军第七舰队。

兵器 小百科

尽管"朱姆沃尔特"级驱逐舰有着极高的性能，但超高的价格也让美国海军表示担忧。该级舰的单艘造价超过35亿美元，加上研发费用，价格将达到惊人的70亿美元，而"阿利·伯克"级驱逐舰每艘只需19亿美元。若是大量建造"朱姆沃尔特"级驱逐舰，就必然花费大量的经费，届时美国海军可能会面临"造得起，用不起"的困境。

苏联/俄罗斯 "现代" 级驱逐舰

"现代"级驱逐舰是苏联研发建造的大型导弹驱逐舰，它的使命是攻击敌方航母编队和其他大、中型水面舰艇，在两栖作战中提供火力支援、保卫海上交通线、破坏敌军远洋补给等。

基本参数	
全长	156.4米
全宽	17.2米
吃水	7.8米
满载排水量	8 480吨
最高航速	32.7节
最大航程	2 400海里

研发历史 >>>

20世纪70年代后期，苏美冷战对峙，苏联为了增强己方主力水面战斗群的实力，开始规划两种大型驱逐舰，其一为"无畏"级驱逐舰，以反潜为主要任务；其二为"现代"级驱逐舰，以反舰与防空为主要任务，用来辅助"无畏"级驱逐舰。

"现代"级驱逐舰计划建造的数量为 28 艘。目前，俄罗斯海军共拥有 18 艘"现代"级驱逐舰，其中只有11艘为现役舰艇，其余7艘中有1艘尚未加入现役，另外 6 艘现今并无作战能力。

设计结构 >>>

"现代"级驱逐舰的外形十分厚重，舰艏微微上翘，干舷较高，舰舷外张，从舰艉至舰桥下方的两舷有明显的折线。舰体材料为高强度钢材，全舰共有 16 个水密隔舱。

整体来看，"现代"级驱逐舰的武器装备与电子设备的布置比较杂乱。其艏、艉各有 1 座 130 毫米舰炮，舰艏有 1 座悬臂式舰空导弹发射架，两舷各有 1 座四联装 KT-190 反舰导弹发射装置；上层建筑微微内倾，分为前后两部分，前部建筑上有 1 座球形雷达天线，主桅杆上装有三坐标雷达天线，后部建筑为烟囱，其后方则是飞行甲板，可停放舰载直升机。

性能解析 >>>

　　"现代"级驱逐舰的主要任务是辅助"无畏"级驱逐舰进行反潜和防空作战。它的武器装备众多，反舰导弹发射装置发射的 SS-N-22 "日炙"反舰导弹，最大射程达 120 千米。除此之外，还有 4 座 AK-630M 30 毫米近防炮系统、2 座 3K90M-22 防空导弹发射装置、2 具双联装 533 毫米鱼雷发射装置、2 座 RBU-12000 反潜火箭发射装置和 1 架卡-27 直升机等。凭借极强的火力，该级舰一度被人们称为"航母杀手"。

但事实上，该级驱逐舰存在诸多缺陷，比如它为了节省成本，动力系统采用的是落后的蒸汽轮机；隐身性能较弱；缺少大型直升机机库；多用途能力较差等。

服役情况 >>>

1985 年 8 月 21 日，苏联海军派遣"现代"级"缜密"号驱逐舰，与"无畏"级"斯皮里多诺夫海军上将"号驱逐舰，联合护送"基洛夫"级"拉扎耶夫海军上将"号巡洋舰开往太平洋，然而就在舰队穿越巴士海峡时，日本海上护卫队却派出了巡逻机和护卫舰来监视其一举一动。

兵器 小百科

"现代"级驱逐舰上的四联装 KT-190 超声速反舰导弹发射装置可以发射 SS-N-22"日炙"反舰导弹。这种导弹能在海面上几十米的高度以 2.3 马赫的速度超低空飞行，只要一两发命中就可以让一艘数千吨级的战舰丧失战斗力。

英国"勇敢"级驱逐舰

"勇敢"级驱逐舰又称45型驱逐舰，是隶属于英国皇家海军的新一代导弹驱逐舰。该级舰技术先进，性能优异，综合作战能力强大，是世界上现役驱逐舰中的新锐。

基本参数	
全长	152.4米
全宽	21.2米
吃水	5米
满载排水量	7 350吨
最高航速	30节
最大航程	7 000海里

研发历史 >>>

20世纪80年代，海上作战环境发生巨大变化，空中威胁已经成为海军舰队不可忽视的一环，因此各国海军开始重视水面舰艇的防空能力。与此同

时，英国的"谢菲尔德"级驱逐舰即将退役，英国海军也在尝试研制具有防空能力的新型军舰。1991年，英国和法国共同提出了"未来护卫舰计划"，准备合作研发一款名为"地平线"的护卫舰，意大利也加入这一计划。

1999年，由于与法国、意大利之间发生了严重分歧，英国宣布退出该计划，转而自行开始新一代驱逐舰的研发工作。原本英国海军计划建造12艘"勇敢"级驱逐舰，但最终只建造了6艘。2003年，"勇敢"级驱逐舰的首舰"勇敢"号开始建造，2009年7月开始服役。截至2013年，其余5舰也陆续开始服役。

设计结构 >>>

从外观上看，"勇敢"级驱逐舰的前甲板格外长，中部放置114毫米舰炮，舰炮后方紧挨着"席尔瓦"导弹垂直发射系统。舰炮前方及垂直发射系统的周围都设有挡墙，用来阻挡海浪以及导弹发射产生的火焰。平板式上层建筑位于舰体中部，上面是高耸的封闭式金字塔形桅杆，桅杆顶部的球形装置是"桑普森"雷达整流罩，它是"勇敢"级驱逐舰主要的雷达设备。

　　除此之外，该级舰还装备了诸多先进的电子设备，如声呐设备、电子战设备、通信系统、水文与气象系统等。不过，"勇敢"级驱逐舰最具突破性的设计是采用了整合式全电力推进系统作为动力装置，包括 2 台 WR-21 型燃气涡轮机组和 2 台 WR-21 发电机，有着极大的输出功率。

性能解析 〉〉〉

　　"勇敢"级驱逐舰最突出的性能便是拥有强大的防空能力，它装备了英国、法国和意大利联合研制的"主防空导弹系统"，发射"紫菀"防空导弹。由于该级舰装备的 114 毫米舰炮火力略有不足，因此从第 4 艘开始，英国海军就改用 MK-45 型 127 毫米隐形舰炮，使火力有了极大提升。该级舰还安装有2门30毫米KCB速射炮和2座20毫米近防系统，具有一定的防空、对陆攻击及反舰能力。

该级舰的主要反舰武器为2座四联装"鱼叉"反舰导弹发射器，这是世界上最先进的反舰导弹之一。该级舰还能发射"阿斯洛克"反潜导弹和324毫米鱼雷，并且搭载了1架"山猫"直升机用于反潜作战。总的来说，"勇敢"级驱逐舰具备防空、反舰、反潜和对陆攻击的全面作战能力。

服役情况 >>>

2012年，"勇敢"级驱逐舰的首舰"勇敢"号在索马里海域执行反海盗任务；2013年上旬，该舰又前往太平洋执行长达9个月的太平洋部署任务，并与美国合作进行联合弹道导弹防御试验。2015年初，该级舰2号舰"不屈"号前往海湾地区执行反海盗任务。

兵器 小百科

20世纪60年代，英国的殖民体系正式瓦解，英国国力大幅衰减。迫于财政压力，皇家海军也日渐衰败，海上力量的规模不断缩减，"勇敢"级驱逐舰的建造也受到影响。不仅如此，由于该级舰采用了大量先进的设备，造价极高，因此最初计划建造12艘的"勇敢"级驱逐舰，最终只有6艘建成。

日本"爱宕"级驱逐舰

"爱宕"级驱逐舰是日本为本国海上自卫队设计建造的重型防空导弹驱逐舰，也是日本现役最新型的、装备了"宙斯盾"系统的驱逐舰。

基本参数	
全长	165米
全宽	21米
吃水	6.2米
满载排水量	10 000吨
最高航速	30节
最大航程	7 000海里

研发历史 >>>

20世纪90年代末，为了应对日益发展的弹道导弹所带来的威胁，日本要求其海上自卫队建立海上弹道导弹防御体系。此外，早在20世纪70年代就开始服役的"太刀风"级驱逐舰也因性能落后、难以满足防空作战需求而面临退役。于是，日本决定在当时现役的"金刚"级驱逐舰的基础上改进出一款新型"宙斯盾"驱逐舰，使其拥有强大的防空能力和拦截弹道导弹的能力。

2000年12月，日本防卫厅正式批准了新型驱逐舰——"爱宕"级驱逐舰的建造计划。2004年4月，该级首舰"爱宕"号开始建造，2007年3月开始服役。2005年4月，2号舰"足柄"号开始建造，2008年3月开始服役。

设计结构 >>>

"爱宕"级驱逐舰的舰型细长。舰艏高大尖细，前倾角度大。舰体宽大，宽度从舰艏到舰艉基本一致，两舷外张明显。采用这样的舰型是为了增加内部空间及保证舰体的稳定性。

该级舰的上层建筑采用了全封闭式一体化设计，集中在舰体中部，占舰体长度的一半以上。上层建筑呈金字塔形，整体都为倾斜面，可以提高舰艇的隐身性能；棱柱形主桅向后倾斜，后面是两座低矮的烟囱；舰艉有一座直升机机库。

性能解析 〉〉〉

"爱宕"级驱逐舰最主要的任务就是进行防空作战，因此它装备了强大的防空武器，比如 2 组 MK-41 导弹垂直发射系统和 2 座 "密集阵" 近程防御系统。它还装备了 2 座三联装 324 毫米 HOS-302 型旋转式鱼雷发射管、2 座四联装 90 式反舰导弹发射装置、1 门采用隐身设计的 MK-45 Mod 4 型 127 毫米 62 倍径全自动舰炮等，有着不俗的反潜、反舰作战能力。

除此之外，该级舰的舰体和上层建筑全部采用钢质结构，重要部位经过特殊加固，具有很强的生存能力。该级舰还安装了多种侦察雷达及抗干扰设备，具有完善的电子侦察和电子对抗能力。

服役情况 >>>

两艘"爱宕"级驱逐舰正式服役后，主要负责对弹道导弹进行预警与防御。其中，首舰"爱宕"号编入面向日本海的舞鹤的第三护卫群，"足柄"号编入佐世保的第二护卫群。

兵器 小百科

"金刚"级驱逐舰是由美国"阿利·伯克"级驱逐舰为基础改进而来的，它不仅是日本海上自卫队最早装备的"宙斯盾"系统的战舰，也是在"阿利·伯克"级驱逐舰之后最早生产的"宙斯盾"驱逐舰。

韩国"世宗大王"级驱逐舰

"世宗大王"级驱逐舰是韩国自主研发的装备了"宙斯盾"系统的一款驱逐舰。该级舰建成之后，韩国成为世界上第五个、亚洲第二个拥有"宙斯盾"战舰的国家。

基本参数	
全长	165.9米
全宽	21米
吃水	6.25米
满载排水量	7 200吨
最高航速	30节
最大航程	5 500海里

研发历史 >>>

20世纪80年代，韩国经济逐渐崛起，在造船工业和电子科技领域取得了巨大的进步，还引进了西方国家的许多先进技术和装备。于是，韩国准备自己设计和建造本国的驱逐舰，随即开展了"韩国自制驱逐舰实验"计划，希望以此来缩小与其他国家在水面舰艇制造技术方面的差距。

该计划共分为三个阶段，而"世宗大王"级驱逐舰便是第三阶段最成功的产品。2007年5月，首舰"世宗大王"号下水，2008年12月开始服役。该级舰共建造了6艘，名字均来自韩国历史人物。

设计结构 >>>

"世宗大王"级驱逐舰与"阿利·伯克"级ⅡA型驱逐舰在外观上非常相似，因为前者正是模仿后者来建造的。"世宗大王"级驱逐舰的舰体呈流线型，有着较小的长宽比，体形巨大。舰艏前倾，横截面呈V形，舷墙和防浪板向后延伸，两舷外张明显，干舷较高。

该级舰的舰面比较简洁，只有几个明显的装备及建筑，包括舰艏的1门MK–45 Mod 4型127毫米舰炮、舰桥前的1座二十一联装"拉姆"短程防空导弹系统和舰楼、艉楼。舰楼的舰桥上采用了与"阿利·伯克"级相同的后倾式棱柱形桅杆，艉楼后方设有

双直升机机库。

性能解析 >>>

"世宗大王"级驱逐舰承载着韩国发展海上力量的厚望，其搭载的武器装备堪称豪华，包括 10 座八联装 MK–41 垂直发射系统、6 座八联装 K–VLS 垂直发射系统、1 座"守门员"近程防空导弹系统、4 座四联装 SSM–700K"海星"反舰导弹，1 门 MK–45 Mod 4 型 127 毫米舰炮、2 座三联装 324 毫米"青鲨"鱼雷发射管、2 架"超级大山猫"直升机等，具备全面的防空、反舰、反潜能力。

服役情况 >>>

2013 年 2 月，韩国与美国在浦项东部海域联合开展了为期 3 天的综合海上演习。在这次演习中，韩国海军出动了"世宗大王"号驱逐舰以及众多类型的战舰、潜艇、直升机、巡逻机。"世宗大王"号驱逐舰在此次演习中表现优异。

兵器 小百科

2010 年，韩国成立了本国历史上第一支机动舰队——第七机动舰队，这支舰队以 3 艘"世宗大王"级驱逐舰为核心，搭配"忠武公李舜臣"级驱逐舰和多艘护卫舰及潜艇。该舰队的成立说明韩国已经拥有独立执行远洋作战任务的能力。

海上铁幕

护卫舰

德国 "萨克森" 级护卫舰

"萨克森" 级护卫舰是德国海军根据海上作战发展趋势而建造的多用途防空型护卫舰，是目前德国海军最大的水面舰艇。

基本参数	
全长	143米
全宽	17.4米
吃水	6米
满载排水量	5 800吨
最高航速	29节
最大航程	4 000海里

研发历史 〉〉〉

20世纪末，反舰导弹技术快速发展，各类反舰导弹层出不穷，对水面作战舰艇的威胁也越来越大，因此，许多国家都开始重视发展具有强大防空能力的护卫舰。其中，荷兰、德国和西班牙为了扩大生产规模、降低生产成本、互相弥补各自在舰船开发上的不足，共同制订了一个"三国护卫舰计划"，联手开发新一代护卫舰。

这三个国家顺应海上作战环境的发展趋势，一致强调新型护卫舰要有突出的防空作战性能，并且采用先进的主动有源式相控阵雷达（APAR）系统。不过，这三个国家的最终研发成果都有一定差别。德国海军将他们的新型护卫舰命名为"萨克森"级防空型护卫舰。1996年3月，该级首舰"萨克森"号签订建造合同，2003年12月正式服役。该级护卫舰共建造了3艘，目前全部在服役。

设计结构 >>>

"萨克森"级护卫舰的舰体细长，外形简洁，采用了贯通式主甲板，甲板从舰艏延伸至舰体后部的飞行甲板。舰艏有1门76毫米舰炮，后方是舰桥和金字塔式封闭式主桅，主桅上方装有4面APAR雷达天线。舰体中部是两座大型倾斜式烟囱，烟囱后方的上层建筑上装有后桅，后桅顶部是大型矩形对空搜索雷达天线。

"萨克森"级护卫舰的舰体与上层建筑都采用钢材制造，舰体采用了大量隐身材料与涂料。舰体分为 6 个双层水密隔舱，中间还有一些单层水密隔舱，这些舱室被 3 个箱形强化梁分隔成 15 个防水区。

性能解析 〉〉〉

"萨克森"级护卫舰是德国第一艘采用模块化设计的舰艇。由于装备了当时极为先进的主动有源式相控阵雷达（APAR），它的防空作战能力尤其强大。该级舰的主要武器包括 1 门 76 毫米舰炮、2门27毫米舰炮、2座三联装MK-32鱼雷发射装置等，还搭载了2架NH-90直升机。

除此之外，该舰还装备了诸多先进的电子设备，如SEWACO 11作战系统、FL-1800S-2电子对抗系统及电子支援（CESM）系统等，有着极高的数字化程度。

服役情况 >>>

2018年6月，"萨克森"级"萨克森"号护卫舰在进行导弹发射演习时发生事故。事故起因是该舰在发射美制"标准"Ⅱ防空导弹时，导弹刚刚离开垂直发射系统就发生了爆炸，爆炸波及导弹发射单元和舰桥正面，所幸导弹弹头部分并未爆炸，仅造成2名德国海军轻伤。

兵器 小百科

APAR雷达，又称"主动有源式相控阵雷达"，这种雷达的独特之处在于它每一个天线单元上都配备了一个独立的雷达发射机，因此只要增加其天线的发射/接收单元数，就可以增加其发射功率，提高雷达的侦测效率。

法国"花月"级护卫舰

"花月"级护卫舰是法国研制的一款特殊护卫舰，法国称其为"警戒护卫舰"。该级舰的名字十分浪漫，作战能力并不突出，却是法国海军的"重要成员"。

基本参数	
全长	93.5米
全宽	14米
吃水	4.3米
满载排水量	2 950吨
最高航速	20节
最大航程	10 000海里

研发历史 >>>

冷战结束后，法国已经不再担心大规模军事冲突的发生，因

此也不必再建造大型战斗舰艇。但是，随着全球殖民地解放运动愈演愈烈，作为老牌殖民国家的法国自然担心失去众多海外领地。这些海外领地距离法国本土相当遥远，为了延续对这些领地的有效控制，同时替换已经"老态龙钟"的现役护卫舰，法国提出了"警戒护卫舰"的概念，并且研制出了"花月"级护卫舰。1990 年 4 月，该级首舰"花月"号开始建造，1992 年开始服役。

设计结构 >>>

与绝大多数军用舰艇相比，"花月"级护卫舰的外形比较短粗，长宽比较小，这是因为该级舰是以商船的标准建造的，目的是提高舰艇的稳定性。

该级舰的另一大特点是低矮的前甲板，前、后甲板低于舰体中部。前甲板后、舰桥前是 1 门 100 毫米全自动舰炮。舰桥顶部装有 1 套"眼镜蛇"光电火控系统，用于操纵舰炮。舰桥后、舰体中部是高大的上层建筑，上面是综合封闭式主桅。主桅后是两个并列的矩形烟囱，烟囱顶部装有突出式排气口，在烟囱和主桅之间装有"飞鱼"反舰导弹发射装置。

性能解析 >>>

作为军用舰艇，"花月"级护卫舰并没有强大的作战能力，除舰炮外，其主要武器仅有 2 门 20 毫米 20F2 型舰炮、2 枚 MM38 型"飞鱼"反舰导弹以及搭载的 1 架直升机。因此该级舰只能进行近距离反水面、少量的远距离反水面作战，防空能力十分微

弱，甚至完全没有反潜能力。另外，该级舰短粗的外形也导致其航速大减，不过也使其具有极佳的稳定性。

实际上，法国海军一开始并未看重该级舰的作战能力，而是注重其较高的可靠性、低廉的价格、在操作与维护上的便利性、较低的训练与维护成本、较强的续航能力及远洋长期独力作战能力等。

服役情况 〉〉〉

2015 年 10 月，法国海军"花月"级"葡月"号护卫舰在中国海军导弹护卫舰的引导下驶入广东湛江某军港，对我国南海舰队进行了为期 4 天的友好访问。访问期间，中法两国海军官兵互相参观了军舰，还进行了一些联谊活动。实际上，这已经是"葡月"号护卫舰第八次访问中国。

兵器 小百科

法国海军的"花月"级护卫舰均以法国共和历的月份命名，在该历法中，一年被划分为 12 个月，首月到尾月依次命名为：葡月、雾月、霜月、雪月、雨月、风月、芽月、花月、牧月、获月、热月、果月。

西班牙"阿尔瓦罗·巴赞"级护卫舰

"阿尔瓦罗·巴赞"级护卫舰是西班牙建造的一款"宙斯盾"护卫舰，是世界上第一款搭载了"宙斯盾"系统的护卫舰，与德国"萨克森"级护卫舰同属"三国护卫舰计划"的产物。

研发历史 >>>

1994年，西班牙与德国、荷兰联手制订了"三国护卫

基本参数	
全长	146.7米
全宽	18.6米
吃水	4.8米
满载排水量	5 800吨
最高航速	29节
最大航程	4 000海里

舰计划"。在该计划中，三个国家分别发展各自的新型护卫舰，仅有个别关键性的装备共同采用。其中，西班牙的项目名称为 F100，即"阿尔瓦罗·巴赞"级护卫舰。

在"三国护卫舰计划"开始后不久，面对欧洲造舰热潮，美国拿出了其最先进的舰载"宙斯盾"系统，并宣布向北约国家出售，以此抢占欧洲军火市场的份额。1995 年 6 月，西班牙退出该计划，随即从美国进口了"宙斯盾"系统，并装备在本国的新型护卫舰上。2002 年，该级首舰"阿尔瓦罗·巴赞"号开始服役。该级护卫舰共建成 5 艘，目前全部在服役。

设计结构 >>>

"阿尔瓦罗·巴赞"级护卫舰舰体呈修长的流线型，长宽比较大。该舰采用倾斜式干舷，舷墙与上层建筑形成一体，前甲板从舰艏弯曲过渡到舰桥前。舰桥后是一个高大的塔状上层建筑，"宙斯盾"系统的阵面天线、发射机及相关电子设备都安装在其中。为了平衡重心，这些设备被分成上、下两层放置。塔状建筑的背面融合了一座烟囱，另一座低矮的矩形烟囱在舰体中后部。

舰艉有一个直升机机库和短小的飞行甲板。

该级护卫舰采用模块化设计，全舰共分为 27 个模块。舰体被主舱壁分隔成多个垂直的防火区及多个横向防水舱壁，使其具有很强的防火能力和抗沉性。

性能解析 >>>

"阿尔瓦罗·巴赞"级护卫舰的主要武器包括 1 门 127 毫米 MK-45 Mod 2 舰炮、6 组八联装 MK-41 垂直发射系统、1 具 "梅罗卡" 近防炮、2 套四联装 "鱼叉" 反舰导弹系统、2 套 MK-46 双管鱼雷发射装置。

作为防空型护卫舰，"阿尔瓦罗·巴赞"级最核心的优点就是它强大的防空能力，这主要得益于"宙斯盾"系统的优异性能。西班牙海军成功地将美国的"宙斯盾"系统和本国的武器系统及电子设备等综合应用到该级舰上，使其作战能力进一步增强，反舰、反潜的能力同样不容小觑。值得一提的是，西班牙海军声称，该级舰拥有与美国的"阿利·伯克"级驱逐舰不相上下的性能，而其造价仅为后者的一半。

服役情况 >>>

西班牙伊萨尔造船厂在 1999 年同美国通用动力公司以及洛克希德·马丁公司签署合作协议，并成立了"先进护卫舰销售联盟"。其主要业务是将"宙斯盾"作战系统与武器系统进行整合，并在"阿尔瓦罗·巴赞"级护卫舰的基础上继续研发，并销售一系列衍生的具备"宙斯盾"系统的护卫舰，出口到挪威的"南森"级护卫舰就是该计划的代表作。

兵器 小百科

"南森"级护卫舰是世界上最"迷你"的"宙斯盾"战舰，也正因其装有"宙斯盾"系统，该级舰成为挪威海军中最强大的舰艇，主要用于防空、护航、反潜、侦察、巡逻等任务。

澳大利亚/新西兰 "安扎克" 级护卫舰

"安扎克"级护卫舰，也称"澳新军团"级护卫舰，是由澳大利亚和新西兰合作研发的一款多用途护卫舰。

研发历史 >>>

20世纪80年代，由于造舰工业发展缓慢，澳大利亚一

基本参数	
全长	118米
全宽	14.8米
吃水	4.4米
满载排水量	3 600吨
最高航速	27节
最大航程	6 000海里

直没能自主研发并建成大吨位的主战水面舰艇，澳大利亚海军的实力也十分落后。于是澳大利亚开展了一项名为"新水面作战舰艇"的计划，计划建造一批新型护卫舰。

与此同时，新西兰海军也在筹备建造新型水面舰艇，并且对澳大利亚海军的计划产生了兴趣。在共同的需求下，两国很快展开了合作，并且制订了"安扎克"级护卫舰的建造计划。两国计划建造 10 艘该级护卫舰，其中 8 艘由澳大利亚海军建造，2 艘由新西兰海军建造。1993 年 11 月，该级首舰"安扎克"号开始建造，1996 年 5 月开始服役。

设计结构 >>>

　　"安扎克"级护卫舰的长宽比较大，舰体细长，但上层建筑较多。其干舷较高，水线以上有一条折线从舰艏延伸到舰艉，这条折线将舰艇分为两层，上层主要搭载武器装备与电子设备，下层则是动力系统、船员住舱及各种辅助舱室。

　　该级舰的舰艏有 1 门 127 毫米 MK-45 舰炮以及 2 座四联装 MK-41 "鱼叉"反舰导弹发射装置。舰艇中部的上层建筑分为前后两部分，前部是舰桥及塔状主桅，后部是二号桅杆及 2 座呈 V 字形布置的烟囱。舰艉是直升机平台和机库。

性能解析 >>>

"安扎克"级护卫舰采用了德国 MEKO 200 的模块化造船技术，其武器系统、电子系统、桅杆等设备都是独立模块，这种建造技术可以大大缩短舰艇的安装时间，同时还有很大的后续改装空间，可以根据用户的需要进行灵活组合，因此该级舰受到了许多中小国家海军的喜爱。

该级舰的武器装备与常规型护卫舰差别不大，除了舰炮与反舰导弹发射装置，仅有 2 座三联装 324 毫米鱼雷发射管和舰载直升机，综合作战能力一般。

服役情况 >>>

2003 年 3 月，澳大利亚海军为配合美军攻打伊拉克，派出"安扎克"号护卫舰对伊拉克东南部法奥半岛沿岸阵地进行了炮击作战。这是澳大利亚海军战舰首次开展炮击作战，也是"安扎克"级战舰的首次实战记录。

兵器 小百科

"安扎克"（ANZAC）来自"澳新军团"的英文缩写，其全称是"Australia and New Zealand Army Corps"。这样命名是为了纪念第一次世界大战中澳大利亚和新西兰两国军队组成的军团，同时还蕴含了两国再一次缔造成功的军事合作的希望。

印度"什瓦里克"级护卫舰

"什瓦里克"级护卫舰是印度自行设计建造的一款大型多用途护卫舰。该级舰博采众长，采用了许多先进的技术与装备，整体性能优异，是目前世界上最大的隐形护卫舰。

基本参数	
全长	142.5米
全宽	16.9米
吃水	4.5米
满载排水量	6 200吨
最高航速	32节
最大航程	5 000海里

研发历史 >>>

早在20世纪70年代，英国曾授权印度建造了5艘"尼尔吉里"级护卫舰，并服役于印度海军。到了20世纪90年代，这5艘护卫舰已经面临退役，于是在1997年，印度从俄罗斯购买了3艘"塔尔瓦"级护卫舰，同时也在筹备自己的新型护卫舰——"什瓦里克"级护卫舰的建造计划。

同年，印度国会批准了这一计划，首批3艘该级护卫舰的建造被提上日程。2001年7月，该级首舰"什瓦里克"号开始建造，2010年4月开始服役。2号舰"萨特普拉"号2002年10月开始建造，2011年8月开始服役。3号舰"萨雅德里"号2003年9月开始建造，2012年7月开始服役。

设计结构 >>>

"什瓦里克"级护卫舰的体形巨大，满载排水量高达 6 200 吨，已经达到一般驱逐舰的水平。它的舰体比较简洁，前甲板很长，几乎占了舰体长度的一半，舰桥位于舰体中部，金字塔形主桅位于舰桥顶部靠后的位置。主桅后方是低矮的烟囱，烟囱后方是装有火控雷达的塔架，塔架下方是机库，飞行甲板位于舰艉，舰艉为封闭式。

性能解析 >>>

"什瓦里克"级护卫舰的主要武器有1门"奥托·梅莱拉"76毫米速射舰炮、1套 3S14E 八联装垂直发射装置、2座 AK-630

型 30 毫米防空机炮、32 管"巴拉克"短程防空导弹发射装置、2 具十二联装 RBU-6000 反潜火箭弹发射器及 2 架反潜直升机等，火力十分强大。

此外，由于在舰体布局结构、热辐射及声学信号处理方面采用了先进的隐形技术，该级舰隐身性能也十分突出，已经达到了世界先进水平。

虽然该级舰的总体性能在印度舰艇中名列前茅，但由于采用了多个国家的武器与电子设备，导致兼容性不佳。并且作为护卫舰，它也缺乏远程系统防空能力，反潜任务也基本由直升机负担。

服役情况 〉〉〉

2017 年 10 月，印度派出"什瓦里克"级的 2 号舰"萨特普拉"号护卫舰前往俄罗斯参加俄印联合军演。就在该舰驶入符拉迪沃斯托克港口的时候，却撞上了俄罗斯医院船"额尔齐斯河"号，谁都没有想到以高智能化闻名的"什瓦里克"级护卫舰竟然会出这样的事情。

兵器 小百科

"塔尔瓦"级护卫舰，是俄罗斯为印度海军设计建造的一款多用途护卫舰。该级舰由苏联"克里瓦克"Ⅲ级护卫舰改进而来，有着出色的对空、对舰、对地打击等性能，共建造了 6 艘，自 2003 年开始服役至今。

深海幽灵

潜艇

美国 "洛杉矶" 级攻击型核潜艇

"洛杉矶"级核潜艇是美国海军建造的攻击型核潜艇，是美国海军现役的主力攻击型核潜艇，也是历史上建造数量最多的核潜艇。

研发历史 >>>

20 世纪 60 年代初，为了对付美国强大的航母编队，苏联开始将高速攻击型核潜艇作为海军主要战力。美国自然不甘落后，很快也开展了新型攻击型核潜艇的研发计划。1967 年，美国海军内部关于对新型核潜艇的设计方案展开激烈的争论。

在争论中，大部分人认为美国海军应该发展一款注重

基本参数	
全长	110.3米
全宽	10米
吃水	9.9米
潜航排水量	6 927吨
潜航速度	32节
潜航深度	450米

隐身性能的安静型核潜艇，而少部分人则主张研制综合性能强大的高速型核潜艇。激烈的争论严重耽误了新型核潜艇的开发进度，为此，研发人员不得不进行了一次安静型核潜艇与高速型核潜艇的作战演习。最终，高速型核潜艇胜出，持续了数年的争论就此终止，新型核潜艇被命名为"洛杉矶"级核潜艇。

该级潜艇共建造了 62 艘。1972 年 1 月，首艇"洛杉矶"号开始建造，1976 年 11 月开始服役。1996 年，该级最后一艘核潜艇开始服役。

设计结构 >>>

"洛杉矶"级核潜艇整体细长，艇壳轮廓圆滑，艇身中部平直，由艇艏和艇艉逐渐向内收缩，艉部呈纺锤形。指挥台围壳靠

近艇艏，外形高大、较窄、前后缘垂直。

该级潜艇的艇体全部为钢质，从第 40 艘开始加装了消音瓦，并将首水平舵代替了围壳舵。

性能解析 >>>

作为一款多用途攻击型核潜艇，"洛杉矶"级核潜艇的主要任务是攻击敌方核潜艇、保护己方的航母编队和进行对陆打击，同时也能执行反舰、布雷、侦察、救援等多种任务。

该级潜艇有 4 具 533 毫米鱼雷发射管，可发射"鱼叉"反舰导弹、"萨布洛克"反潜导弹、"战斧"巡航导弹以及传统的线导鱼雷等。后 31 艘改进型在艇艏耐压壳外加装了 12 具导弹垂直发射装置，可以额外携带 12 枚"战斧"巡航导弹，并且不会减少其他武器的数量。此外，它还能布设 MK-67 触发水雷和 MK-60"捕手"水雷。

"洛杉矶"级核潜艇的动力系统十分强大，包括 1 座压水反应堆、2 台蒸汽轮机以及 1 台辅助推进电机，不仅能满足高速

航行的需要，还有很强的续航能力。并且，该级潜艇在高速航行时，也能保证达到最佳的静音效果，这是因为其从外形设计到内部设备都采取了一系列降噪措施。

服役情况 >>>

在 1991 年的海湾战争中，美国海军曾派出 2 艘"洛杉矶"级核潜艇，向伊拉克发射了上百枚"战斧"巡航导弹，给伊拉克陆地上的军事设施造成了沉重打击。这是美国攻击型核潜艇首次进行对陆攻击。

兵器 小百科

在"洛杉矶"级核潜艇以前，美国核潜艇的命名大多来自海洋生物，而自"洛杉矶"级开始，美国核潜艇的命名方式与巡洋舰相同，开始以美国城市来命名，这说明核动力潜艇的地位越来越高，已经被美国海军视为与巡洋舰同级别的主要战力了。

美国"俄亥俄"级弹道导弹核潜艇

"俄亥俄"级核潜艇是美国第四代弹道导弹核潜艇，同时是美国海军建造过的最大的一级核潜艇。自服役以来，该级潜艇一直是美国海军的王牌战力，甚至有着"当代潜艇之王"的美誉。

基本参数	
全长	170米
全宽	13米
吃水	11.8米
潜航排水量	18 750吨
潜航速度	20节
潜航深度	240米

研发历史 》》》

20世纪70年代，美国与苏联之间的军备竞赛愈演愈烈，为了对抗苏联不断壮大的水下实力，美国研制出了"三叉戟"I型

C-4 弹道导弹。但当时美国海军中仍在服役的"拉斐特"级等潜艇都无法装备这种新型导弹，为此，美国海军又开始筹划新一代弹道导弹核潜艇——"俄亥俄"级核潜艇的研制工作。

1976 年 4 月，该级首艇"俄亥俄"号开始建造，1981 年 11 月正式服役。到 1997 年 9 月，该级潜艇共建成 18 艘并全部服役。

设计结构 >>>

"俄亥俄"级核潜艇采用水滴形艇体，长宽比很大，艇体超长。艇艏倾斜角度较大，艇艉倾斜角度较小。指挥塔位于艇身前方，与巨大的艇身相比，其指挥塔比较窄小，且前后缘垂直于艇身。该级潜艇艏艉部采用非耐压壳体，而艇身中部为耐压壳体。

该级潜艇共分为4个大型舱室，从艇艏到艇艉依次为指挥舱、导弹舱、反应堆舱和主辅机舱。其中指挥舱可纵向分为3层：上层设有指挥室、无线电室和航海仪器室；中层设有生活舱和导弹指挥室；下层设有4具鱼雷发射管。导弹舱用来放置"三叉戟"导弹。反应堆舱主要用来布置反应堆。主辅机舱内则安装了动力装置。

性能解析 >>>

"俄亥俄"级核潜艇采用了一系列减震降噪措施，艇壳敷设了消声瓦，使潜艇的隐蔽性大大提高；艇上装备了高性能的观察通信设备，GPS定位系统可在全球全天候情况下提供精确的导航信息；先进的AN/BQQ系列型综合声呐系统可以用主动方式对水中目标进行定位，为发射鱼雷提供目标数据；还可以用被动方式对水中目标进行警戒探测，使潜艇能尽早规避敌方潜艇的袭击。

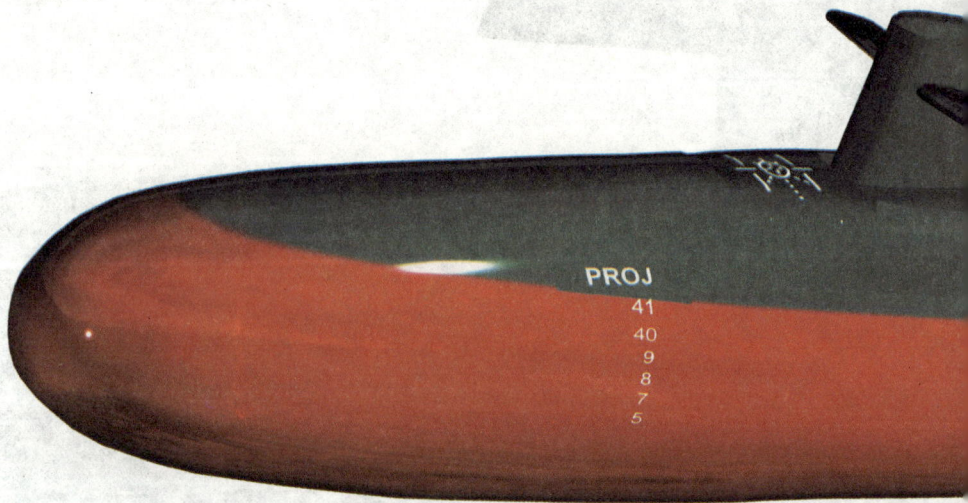

PROJ
41
40
9
8
7
5

该级潜艇最强大的武器便是其装备的"三叉戟"弹道导弹。该级潜艇的前 8 艘装备的都是射程约 7 400 千米的"三叉戟"Ⅰ型 C-4 弹道导弹。从第 9 艘"田纳西"号开始，改为威力和射程都更上一层楼的"三叉戟"Ⅱ型 D-5 洲际导弹，射程达到了惊人的 12 000 千米。

服役情况 >>>

冷战结束后，美国与俄罗斯达成了《削减进攻性战略武器条约》。根据该条约，美国需要将导弹核潜艇的数量削减到 14 艘，因此"俄亥俄"级核潜艇的前 4 艘，即"俄亥俄"号、"密歇根"号、"佛罗里达"号和"佐治亚"号被陆续改装为巡航导弹核潜艇。

兵器 小百科

"俄亥俄"级核潜艇每次执行任务的时间大约是 70 天，任务结束后，它将返回基地进行保养，25 天后便可再次出航。每一艘"俄亥俄"级核潜艇都设有两组艇员，这两组艇员轮流当值，其中一组出航时，另一组便休假或为下一次出航做准备。

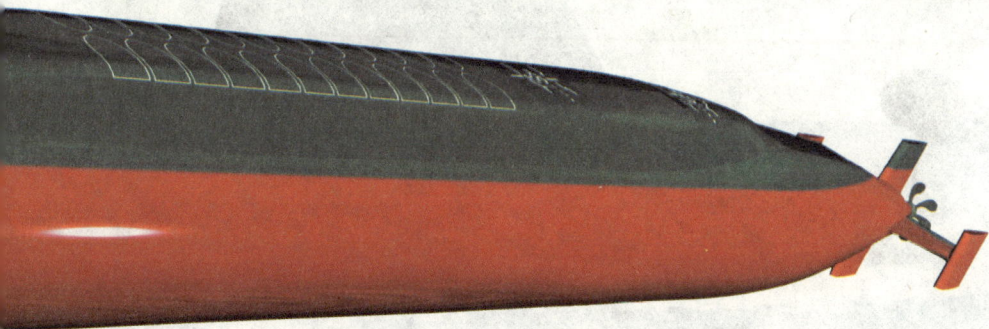

苏联/俄罗斯"阿库拉"级攻击型核潜艇

"阿库拉"级核潜艇是苏联建造的攻击型核动力潜艇，也叫"鲨鱼"级核潜艇。该级潜艇的战斗力、隐身性及航速等方面都位居世界前列，是目前俄罗斯核潜艇中的主力之一。

基本参数	
全长	110米
全宽	13.5米
吃水	9米
潜航排水量	12 770吨
潜航速度	33节
潜航深度	450米

研发历史 >>>

20世纪70年代初，为了在与美国的水下力量竞争中获得优势，苏联开始研发新型核潜艇。这一任务由苏联

三家顶尖的潜艇设计局展开竞标，分别是孔雀石设计局、红宝石设计局和天青石设计局。

苏联海军对于新型潜艇寄予厚望，并且提出了极高的要求，即潜艇首先要有更深的下潜深度、更高的水下航速、更好的隐蔽性；其次要有一流的反舰、反潜能力和打击敌方岸上目标的能力；最后是要能够提前发现并击沉美国的战略核潜艇及其护航潜艇。

苏联海军让三家设计局分别按照要求设计新型核潜艇，然后选用最优方案。20 世纪 80 年代初，孔雀石设计局的方案被选中，该级潜艇被命名为"阿库拉"级。1984 年，"阿库拉"级核潜艇的首艇完成建造并开始服役。截止到 2009 年 12 月，该级潜艇共建造了 15 艘，并全部服役。

设计结构 >>>

"阿库拉"级核潜艇的艇体为水滴形，采用了双壳体结构，内层耐压壳由钛合金打造，有利于增加下潜深度。艇艏圆钝，艇体表面光滑流畅。指挥台围壳靠近艇身中部，采用了光滑的低阻

造型。艇艏外形尖细，采用十字形尾舵，垂直舵顶部有一个流线型导流罩，里面装有拖曳声呐收放装置。

性能解析 >>>

"阿库拉"级核潜艇的动力系统主要为 1 座 VM-5 型压水堆和 1 台蒸汽轮机组，其拥有很高的航速和出色的水下机动性。并且经过苏联长期的经验积累，其潜艇降噪技术十分先进，因此该级潜艇的航行噪声很低。并且它采用的特殊耐压结构和材料使其有着极大的潜深，大大增强了其隐蔽能力。

"阿库拉"级核潜艇还有巨大的体积，内部舱室的空间也很大，因此可以携带更多的电子设备和威力更大的武器。其内部的每个舱室都严格按照抗沉性标准设计，有着很强的生存能力。

服役情况 >>>

2008 年 11 月，"阿库拉"级的 K-152 型"环斑海豹"号核潜艇在日本海进行测试时发生了重大事故。由于消防系统的故障，艇上的灭火系统被触发，导致氟利昂气体充满艇内，造成 20 人窒息死亡和多人受伤。

兵器 小百科

美国海军首次在 650 米深的海底发现"阿库拉"级核潜艇时，一时不知所措，竟没有采取任何攻击手段。这是因为当时美国还没有开发出能够攻击位于水下 600 多米的目标的鱼雷。即使在今天，世界上绝大多数核潜艇的下潜深度以及反潜武器打击深度也不超过 500 米。

苏联/俄罗斯 "德尔塔" 级弹道导弹核潜艇

"德尔塔"级核潜艇是苏联建造的第二代弹道导弹核潜艇，是目前世界上建造数量最多的弹道导弹核潜艇。

研发历史 >>>

20世纪60年代，苏联与美国的军备竞赛愈演愈烈，两国都在不遗余力地发展核武器，想要在核威慑能力上领先于对方。面对美国强大的潜艇侦察

基本参数	
全长	167米
全宽	12米
吃水	9米
潜航排水量	19 000吨
潜航速度	24节
潜航深度	400米

系统，苏联为了抵御美国的反潜部队、保护本国的弹道导弹核潜艇，下令发展潜射型的洲际弹道导弹与能够发射这种导弹的核潜艇。

苏联首先研发出了世界上第一种海基洲际弹道导弹——P-29弹道导弹（北约代号为：SS-N-8），为了装备这种导弹，苏联海军又研发出了"德尔塔"级弹道导弹核潜艇。1970年3月，该级首艇开工建造，1972年12月开始服役。后来，"德尔塔"级核潜艇一共发展出4种型号，共43艘，它们的内部结构略有区别，但统称为"德尔塔"级。

设计结构 >>>

4种型号的"德尔塔"级核潜艇外观差别不大，都采用双壳体结构，艇艏呈圆钝形，指挥塔围壳靠近艇艏，轮廓低矮。指挥塔围壳前缘中部有两个大型水平舵。指挥塔围壳后方的大型突出平台是平顶导弹发射舱，发射舱前缘与指挥塔围壳相连，末端向

艇艉延伸并与艇艉融合，长度约为艇体的一半。

从"德尔塔"Ⅳ级开始，"德尔塔"级核潜艇将轮机舱放置在独立声音屏蔽舱中，并且整个动力区都安装了消音器，非耐压艇体采用了流线型外形。

性能解析 〉〉〉

"德尔塔"Ⅳ级装备了16具D-9PM型导弹发射筒，发射P-29PM潜射型弹道导弹，这种导弹使用了天文制导系统，有着极高的精度，并且射程达到了8 300千米。此外，它还可以发射SS-N-15"海星"反舰导弹。该级潜艇还有4具533毫米鱼雷发射管，这些鱼雷发射管装有自动鱼雷装填系统，并且可以发射苏联/俄罗斯所有型号的鱼雷，发射间隔短并且自卫能力强。

该级潜艇还装备了先进的"瑟尤斯"导航系统和"鳐鱼"系

列声呐系统，并且通过一系列措施极大地降低了噪声，因此具备很强的侦察能力和隐蔽性。

服役情况 >>>

1998年7月，"德尔塔"Ⅳ级K–407型核潜艇成功发射了"无风–1"型运载火箭，并将德国的两枚人造卫星发射至近地轨道。这是人类第一次在水下发射火箭并搭载卫星抵达近地轨道。

兵器 小百科

除了具有强大的武器和先进的电子设备，"德尔塔"Ⅳ级核潜艇的内部设施也是一大亮点，配备了体育俱乐部、浴室、桑拿房等休闲设施，居住环境十分优越。

苏联/俄罗斯"台风"级弹道导弹核潜艇

　　"台风"级核潜艇是苏联建造的核动力弹道导弹核潜艇,是世界上体积和吨位最大的潜艇。该级潜艇汇集了苏联海军各型潜艇的优点,是典型的冷战思维下的产物。

基本参数	
全长	171.5米
全宽	25米
吃水	17米
潜航排水量	48 000吨
潜航速度	25节
潜航深度	500米

研发历史 >>>

　　冷战时期,苏联与美国一直处于竞争状态,在军事武器发展中互不相让。在美国发展"俄亥俄"级核潜艇时,为了与美国达到"相互保证毁灭原则",苏联决定建造一款各项技术指标都不输给"俄亥俄"级的核潜艇。

　　1969年,苏联海军下达了开展"941工程"的命令,而这一工程的最终产物便是"台

风"级战略核潜艇。1977年初，"台风"级的首艇开始建造，1981年年底开始服役。到1989年，该级潜艇共有6艘建成并服役。

设计结构 >>>

"台风"级核潜艇的体积巨大，艇艏为圆钝牛鼻形，艇体呈圆柱形，顶部平坦。指挥塔围壳位于艇体中后部，外观呈圆滑的流线型，前缘垂直于艇体，后缘微微倾斜，前缘顶部有舷窗。艇艉的两舷各有一个垂直稳定尾翼，尾舵十分宽大。

"台风"级核潜艇没有采用苏联核潜艇普遍使用的双壳体结构，而是采用了独特的"非典型双壳体"，艇身全部为双壳体，只有位于艇体的两层耐压壳体之间的导弹发射筒为单壳体。主耐压艇体、耐压中央舱段和鱼雷舱由钛合金制成，其余部分则采用高强度钢材。

性能解析 >>>

"台风"级核潜艇装备了20具导弹发射管、2具533毫米鱼雷发射管、4具650毫米鱼雷发射管，可发射多种反潜、弹道导弹和鱼雷，火力十分强大。并且它可以同时发射2枚SS-N-20"鲟鱼"弹道导弹，在世界上所有弹道导弹潜艇中独树一帜。

该级潜艇的外表面覆盖了一种特殊的消声瓦，能够提供很好的隐蔽性。在受到鱼雷攻击时，它双壳体的耐压舱能够有效抵御大部分的爆炸伤害，有很强的保护作用。

服役情况 >>>

2022年7月，根据俄罗斯媒体报道，俄罗斯海军最后一艘"台风"级弹道导弹核潜艇"德米特里·顿斯科伊"号在俄罗斯北方舰队海军基地宣布退役。在此之前，该级6艘核潜艇中已有5艘退役，而"德米特里·顿斯科伊"号核潜艇自2002年起，也仅仅作为导弹试射平台使用。

兵器 小百科

"相互保证毁灭原则"是一种保证对立双方中，如果有谁全面使用核武器，那么双方就要同归于尽的极端军事战略思想。出于这一目的，"台风"级核潜艇凭借毁灭性的实力震慑住了以美国为首的北约各国，因此获得了"北约噩梦"的绰号。

俄罗斯"北风之神"级弹道导弹核潜艇

　　"北风之神"级核潜艇是俄罗斯建造的第一代弹道导弹核潜艇，它继承了"台风"级核潜艇的强大威慑力，而且有着更强的机动性，是代表俄罗斯战略核反击力量的护国重器。

研发历史 >>>

　　苏联解体后，俄罗斯继承了苏联海军绝大部分的武器装备，但是由于多方面的原因，俄罗斯海军囊中羞涩，与昔日

基本参数	
全长	170米
全宽	13米
吃水	10米
潜航排水量	17 000吨
潜航速度	27节
潜航深度	450米

强大无比的苏联战略核威慑力量相比，实力相去甚远。

21世纪初，考虑到战略核潜艇对国家战略和安全的重要作用，并且为了继续保持强大的战略核威慑力量，俄罗斯决定发展一种新型的潜基弹道导弹和顶尖的弹道导弹核潜艇。新型核潜艇被命名为"北风之神"级。1996年12月，"北风之神"级首艇开始建造，2013年开始服役。该级潜艇计划建造6艘，目前已有3艘建成并服役。

设计结构 >>>

从结构来看，"北风之神"级核潜艇受"阿库拉"级核潜艇的影响很大，其艇体为近似拉长水滴形的流线造型，艇艏圆钝、艇艉尖细，仅从艇体线型来看二者十分相似。

"北风之神"级核潜艇取消了"德尔塔"级核潜艇突出的"龟背"造型，背部平坦，从艇体中前部延伸至艇艉，并与艇艉融合。指挥台围壳靠近艇艏，侧面轮廓呈倒梯形，顶部水平，前缘与后缘向内收缩。指挥台围壳后方装有 16 具导弹发射筒。

性能解析 >>>

"北风之神"级核潜艇独特的造型，能够有效减少艇体和水流的摩擦，既有降噪的效果，还能保证较高的水下航速。该级潜艇的表面覆盖了一层 150 毫米厚的高效消声瓦，还在主机等主要噪声源上安装了减震基座和隔音罩，大大提高了隐身能力。

"北风之神"级核潜艇的动力装置采用了与"台风"级核潜艇相似的压水反应堆和汽轮机，动力十分强劲，拥有比美国的"俄亥俄"级核潜艇还要强的水下机动性。另外，它还装有 2 个低噪声推进电动机，可以实现水下低航速静默前行，从而神不知鬼不觉地前往目标海域。

该级潜艇主要发射 SS-N-32 洲际导弹，该导弹携带 10 个分导式多弹头，射程达到 8 300 千米。另外还有 SS-N-15 反潜导弹、SA-N-8 近防空导弹、"暴风"高速鱼雷等，作战能力十分出众。

服役情况 >>>

"北风之神 –A"级核潜艇是"北风之神"级的改进型，有着比"北风之神"级更强的性能。目前，俄罗斯海军共有 6 艘"北风之神"级及"北风之神 –A"级核潜艇在服役，它们是俄罗斯海上战略核力量的重要组成部分。

兵器 小百科

2020 年 6 月，俄罗斯首艘"北风之神 –A"级核潜艇"弗拉基米尔大公"号正式服役，美国媒体曾如此评价它：就算美国消灭了俄罗斯其他的核力量，俄罗斯仅凭这艘潜艇也能轻松对美国造成致命打击。

写给孩子的

世界兵器

单兵利器

于子欣◎主编

北京工艺美术出版社

图书在版编目（CIP）数据

写给孩子的世界兵器．单兵利器 / 于子欣主编．--
北京：北京工艺美术出版社，2023.11
ISBN 978-7-5140-2630-6

Ⅰ．①写… Ⅱ．①于… Ⅲ．①武器-世界-儿童读物
Ⅳ．① E92-49

中国国家版本馆 CIP 数据核字 (2023) 第 055742 号

出 版 人：陈高潮　　　　策 划 人：杨 宇　　　责任编辑：王亚娟
装帧设计：郑金霞　　　　责任印制：王 卓

法律顾问：北京恒理律师事务所　丁 玲　张馨瑜

写给孩子的世界兵器　单兵利器

XIE GEI HAIZI DE SHIJIE BINGQI DANBING LIQI

于子欣　主编

出 版	北京工艺美术出版社	
发 行	北京美联京工图书有限公司	
地 址	北京市西城区北三环中路6号　京版大厦B座702室	
邮 编	100120	
电 话	(010) 58572763（总编室）	
	(010) 58572878（编辑室）	
	(010) 64280045（发　行）	
传 真	(010) 64280045/58572763	
网 址	www.gmcbs.cn	
经 销	全国新华书店	
印 刷	天津海德伟业印务有限公司	
开 本	700 毫米×1000 毫米　1/16	
印 张	8	
字 数	79千字	
版 次	2023年11月第1版	
印 次	2023年11月第1次印刷	
印 数	1～20000	
定 价	199.00元（全五册）	

高精尖的兵器，是强大国防的基础；强大的国防，则是生活安定、经济繁荣的保障。让孩子了解兵器相关的知识，并非要其做"好战分子"，而是通过适当引导，培养孩子热爱科学、珍惜和平的优良品质，更能促使其立志报效祖国。所以，家长可以引导和培养孩子对兵器知识的兴趣。

市面上有关兵器的书籍极多，这些书籍通过各种角度对兵器特别是现代兵器进行介绍。我们在认真揣摩孩子的心理、知识面和认知水平的基础上，编著了这套《写给孩子的世界兵器》，目的是有针对性地为孩子们打造一套易读、有趣而又不乏专业性的兵器知识科普读物。

我们在各分册中分门别类地对枪械、坦克、战机、战舰、导弹等兵器进行了介绍，且选择的都是世界各国的尖端兵器。对每一种兵器，我们都会有趣地介绍它的研发历程和在战场上的"表现"，至于枯燥的基本参数、设计结构及性能，也尽量用

深入浅出的文字进行介绍。此外，我们还精心为每种兵器提供了涉及各个角度、多处细节的插图，方便孩子加深对该兵器的了解。除此之外，本书还用小栏目的形式介绍一些有关兵器的趣味小百科。这样的内容编排可以提升孩子的阅读兴趣，并启发他们深入了解兵器，最终树立为祖国国防建设设计出更加先进的兵器的远大理想。

"国虽大，好战必亡；天下虽安，忘战必危"。战争离我们并不遥远，孩子作为祖国的未来，一定要坚定保家卫国的信念，努力学习各种知识，才能在将来为建设祖国、保卫祖国作出贡献。希望我们这套《写给孩子的世界兵器》，能够为扩充孩子的知识面、提升孩子保家卫国的信念尽一点儿绵薄之力。

CONTENTS 目录

《《 贴身卫士——手枪 》》

《《 致命杀手——步枪 》》

目录

CONTENTS

贴身卫士

手枪

美国M1911手枪

M1911手枪，是柯尔特公司研制出来的美国历史上第一款制式半自动手枪，这款手枪在研制成功后立刻受到美军的喜爱。

研发历史 >>>

19世纪末期，美国部队在菲律宾与当地人发生武装冲突，那时，美军配备的是柯尔特9毫米口径左轮手枪，不过这款手枪的性能不太好，因此，美军决定制造一款新型手枪用来装备军队。

基本参数	
口径	11.43毫米
全长	210毫米
重量	1.105千克
弹容量	7发
枪弹初速	251米/秒
有效射程	50米

20 世纪初，在美国军方新一代军用制式手枪的招标大会上，柯尔特公司和萨维奇公司研制的手枪进入最终竞标环节。两家公司在对自己的手枪进行改进后，经过军方比较，柯尔特公司最终赢得竞标。1911 年 3 月 29 日，柯尔特公司的手枪成为美国陆军的制式手枪，被命名为 M1911。1913 年，鉴于 M1911 手枪良好的功能性，这款手枪被美国海军与美国海军陆战队选作制式手枪。在武器市场上，M1911 手枪也凭借自身优良的功能和稳定的结构而受到各国军人的青睐。

柯尔特公司在 1923 年完成对 M1911 手枪的改进，在 1926 年被美军正式采用，并重新命名为"0.45 英寸口径 M1911A1 自动手枪"，经过改进后的 M1911A1，成为美军装备的第一支半自动手枪。

设计结构 >>>

M1911 手枪采用枪管短后坐式工作原理，射击方式为半自动，而其闭锁方式是枪管偏移式，同时这款手枪采用了单动发射机构与空仓挂机机构。M1911 手枪具有双重保险，即握把保险与手动保险。握把保险的作用是，持枪者必须在握住手枪握把、掌心紧压保险机关时才能射击；手动保险位于手枪套筒左侧末端，将保险向上拨起就可以锁紧击锤和阻铁，从而使套筒无法移动。

性能解析 »»

  M1911 手枪的功能较为优秀，其使用的大口径子弹威力较大，在有效射程内可以迅速使敌人丧失战斗能力，并且这款手枪不易出现故障，很少"掉链子"，因此比较适合作战时使用。同时，这款手枪的结构较为简单，零件数量也比较少，拆解起来也

较为方便，便于维修和保养。不过M1911手枪也有一些不足之处，其弹匣的子弹容量仅有7发，即使加上枪膛内的1发子弹，也只有8发，同时体积与重量也较大，后坐力也不小。

服役情况 >>>

M1911手枪的使用历史较长，它作为美军制式手枪的历史长达74年，算是第一次世界大战、第二次世界大战、朝鲜战争、越南战争等众多战争的"见证者"，也算是沙场上的美国部队中最常见的武器。美国生产的M1911和M1911A1手枪的总数在270万支以上，因此这款手枪可以说是全球累计制造量最多的手枪之一。

兵器 小百科

我们常说的自动手枪，其实是可以自动装填弹药的单发手枪（单发就是射手扣动一次扳机仅能发射一发枪弹）。因此，这类手枪应该被称为自动装填手枪与半自动手枪。今天各国军队配备的手枪超过半数都是这一类。

美国M9手枪

M9手枪是意大利伯莱塔公司替美国部队制造的一类军用手枪，这款手枪曾经长时间作为美国部队使用的主要制式手枪。

研发历史 >>>

1978年，美国空军认为有必要生产一种新型9毫米口径的半自动手枪，从而替代M1911手枪，于是组织了很多枪械公司进行选型试验。1980年，美国空军认为意大利伯莱塔公司

基本参数	
口径	9毫米
全长	217毫米
重量	0.97千克
弹容量	15发
枪弹初速	375米/秒
有效射程	50米

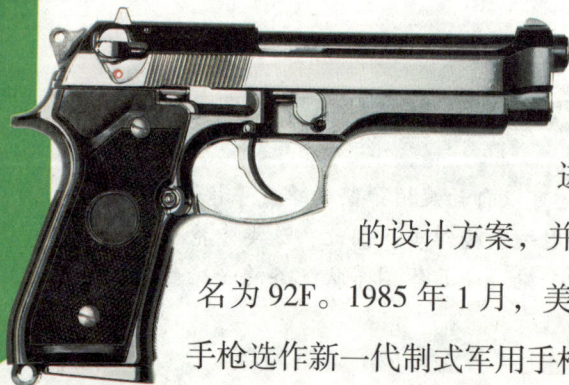

提交的92S-1手枪的设计方案更好，不过这个方案并没有立刻落实，因为当时美国陆军等军种也在思考采用何种新型辅助武器。

为了能够适应各军种的需求，军方重新组织了一次选型试验。伯莱塔公司对92S-1手枪进行改进后，提交92SB-F手枪的设计方案，并获得了认可。这款手枪后来更名为92F。1985年1月，美国陆军正式宣布将伯莱塔92F手枪选作新一代制式军用手枪，并改名为M9。

2003 年，美国军方研制出 M9 手枪的改进型，即 M9A1 手枪。这款新型手枪与改进前相比，区别主要在于加入了皮卡汀尼导轨（Picatinny rail）及配备了战术灯、激光指示器和其他附件。M9A1 手枪还装备了物理气相沉积（PVD）胶面弹匣来提高可靠性。这些改进提高了美军在阿富汗、伊拉克等地区作战时的优势。

设计结构 >>>

M9 手枪采用了 15 发可拆式弹匣供弹模式，其保险装置和弹匣释放钮两面均可操作。M9 手枪配备 M12 手枪套（这款手枪套也是伯莱塔 UM84 手枪套系统的一部分），不过有些士兵会用其他类型的手枪套来代替这款手枪原手枪套。

M9 手枪的套筒座和握把均由铝合金制成，只有握把外层的护板由木头制作，从而使这款手枪坚固耐用，且重量较轻。这款手枪的保险结构较为先进，没有采用以前的按钮式，而是改进为摇摆杆。同时这款手枪的扳机护圈与改进前相比有所增大，便于士兵扳动扳机。

性能解析 >>>

M9 手枪便于维修，而且不易发生故障。如果这款手枪在战斗中受损，即使比较严重，通常也可以在半小时内维修好，有时甚至连 10 分钟都用不了。从试验数据来看，这款手枪不管在风沙、泥浆，还是水中都可以进行有效射击，并且它的枪管使用寿命高达 10 000 发。这款手枪的击发时间短，可以做到快速射击。另外，M9 手枪的枪管前部可以被牢牢锁定，从而提高了射击精度。这款手枪不仅安装有击锤跌落保险，还在枪管下方配备了用来锁定枪机的组件，因此这款手枪即使从 1.2 米高的地方掉到地

面上也不会发生走火的风险。

服役情况 >>>

1991年，美国的"沙漠风暴"行动，促进了M9手枪的生产，当时生产这款手枪的工人执行三班倒的工作制度，基本每个月都会给军队生产出1万把以上的M9手枪。等到海湾战争结束，生产这款手枪的工厂接连不断地收到参与过"沙漠盾牌"行动或"沙漠风暴"行动的美军士兵的感谢信。后来，M9手枪又在波黑战争、索马里内战中发挥了重要作用。

如今，美国海岸警卫队把M9手枪用作防护类武器，不过也有一些M9手枪配备给后备部队。另外，美国空军警卫队也把M9手枪用作防护武器。

兵器 小百科

M9手枪具有较高的可靠性，这也是它被称为"世界第一手枪"的重要原因。但这款手枪弹匣的托弹簧力较弱，有时士兵需要对托弹簧进行拉伸才能恢复托弹簧力，不过这样做会减少弹匣子弹的容量，到最后往往只能在容弹量15发的弹匣里装10发子弹。

德国瓦尔特PPK手枪

瓦尔特PPK自动手枪，最初并不是为普通士兵设计的，而是为特工及刑侦人员等设计的，这款手枪一度被视为世界上性能最优良的手枪之一。

研发历史 >>>

1929年，德国的卡尔·瓦尔特兵工厂设计并生产了一款新型自动手枪，这款手枪就是后来闻名世界的瓦尔特PP手枪。"PP"的意思是警用手枪，即这款手

基本参数	
口径	7.65毫米
全长	170毫米
重量	0.66千克
弹容量	8发
枪弹初速	320米/秒
有效射程	50米

枪是专门为德国警察研制的一款自卫手枪。这款手枪最大的特点是，成功地把转轮手枪的双动发射机构应用于自动手枪，这种创新意义重大。此后，这种结构理念体现在几乎所有的现代半自动手枪上。迄今为止，这种双动发射机构是世界上应用时间最长、应用范围最广泛的一项手枪结构科技成果。

尽管瓦尔特PP手枪算是十分优良的手枪，但设计师依然觉得这款手枪在性能上有提高的空间。1931年，为

了满足刑事侦查人员、高级官员以及秘密特工的需求，卡尔·瓦尔特兵工厂又在 PP 手枪的基础上研制了更小型的 PPK 手枪。

设计结构 >>>

瓦尔特 PPK 手枪的结构非常简单，只有 39 个零件，其中有 29 个通用零件。瓦尔特 PPK 手枪采用双动发射机构、外露式击锤，配有机械瞄准具，保险装置包括手动保险、击针保险和跌落保险装置等。保险装置位于套筒尾部左侧，弹匣扣位于握把左侧、扳机后方，弹匣下部配备了一种塑料延伸体，从而使射手可以握得更牢固。

性能解析 >>>

瓦尔特PPK手枪在弹药方面的要求较低，能发射多种口径的弹药，不过使用不同口径的弹药时，枪口初速等参数也会发生变化。与PP手枪相比，PPK手枪的功能没有太大变化，但体积更小，便于携带，也便于隐藏。同时，出于对安全性的考虑，设计师还在这款手枪的握把底面靠后的位置配备了一个背带环。

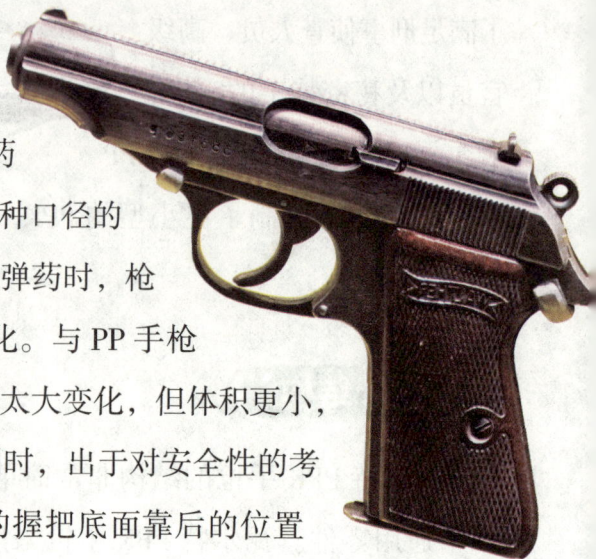

服役情况 >>>

瓦尔特PPK手枪尽管属于警用手枪，但军事警察和德国空军也有配发，1939年后曾进入部队服役。此外德军各类参谋人员也是PPK手枪的用户。时至今日，PPK手枪依然在欧美地区乃至世界各地广泛使用。

兵器 小百科

1945年4月，希特勒在一座隐蔽的地堡中用PPK手枪结束了自己的生命。另外，这款手枪也出现在很多电影和小说里，广受影迷喜爱的特工"007"就经常使用这款手枪。

德国HK USP手枪

USP 手枪是 HK 公司设计的一种半自动手枪。这款手枪有着优良的性能，受到很多国家的军队、警察的喜爱，在很多国家被当作制式武器。

研发历史 >>>

20 世纪 60 至 80 年代，HK 公司设计出了很多性能优异的手枪，从而在德国的武器市场中占据了一席之地，这些手枪也成为 HK 公司的"聚宝盆"。

基本参数	
口径	9毫米
全长	194毫米
重量	0.748千克
弹容量	15发
枪弹初速	285米/秒
有效射程	50米

到 20 世纪 90 年代，手枪的设计理念发生了变化，逐渐偏向轻量化，制造原料也逐渐更新换代，HK 公司为了保住自己的武器市场，推出了 USP 手枪。

设计结构 >>>

USP 手枪的结构可以分成枪管、套筒、底筒座、复进簧组件和弹匣 5 个部分，由 53 个零件构成。枪管由铬钢经冷锻制

成；套筒由高碳钢加工而成；底筒座由强化玻璃纤维塑料制成；复进簧组件则是特殊的双重复进簧装置；弹匣由嵌合了不锈钢的工程塑料制成。考虑到滑套与枪身的重量均衡问题，设计师还在这款手枪中配备了钢架来降低重心，从而增强射击的稳定性。

性能解析 >>>

USP手枪的耐用性强，动作可靠，其采用的双重复进簧装置，可以有效抵消后坐力，因此这款手枪快速射击时的精度较高，射手也能比较容易地控制手枪。握把的设计符合人体工程学，手感舒适，自然瞄准时指向性极佳，握把底部两侧的半圆形凹槽让人即便戴着手套也能轻易取出弹匣。这款手枪还能与多种战术组件搭配使用，较好地满足了士兵在特殊环境下的作战需求。

服役情况 〉〉〉

USP 手枪受到世界很多国家军队和警察的喜爱，先后配备于德国、韩国等国，并在世界范围内逐渐取代了勃朗宁"大威力"手枪和 HK P9S 手枪。此外，从 2006 年开始，这款手枪配备于爱沙尼亚防卫队，从而替代了马可洛夫手枪。

兵器 小百科

USP 手枪在游戏中是最受玩家欢迎的手枪之一，该枪的威力较大，子弹数量适中，灵活性好，它在复杂的战场上可以保持良好的战斗状态，因此深受玩家喜爱。

德国毛瑟C96手枪

毛瑟 C96 手枪，是毛瑟兵工厂推出的一款半自动手枪，该枪是世界上第一款真正的军用半自动手枪。

研发历史 >>>

C96 手枪的研发历史具有一定的趣味性，这款手枪并非在军方的要求下研发而成的，而是偶然研发成功的。当时毛瑟兵工厂的一些科研设计人员，在空闲时间思考手枪的设计方案，研究半自动手枪的工作原理，并尝试设计新的手枪，但毛瑟兵工厂的老板毛瑟兄弟一开始并没有表态支持，因为他们当时研究的重点是步枪。

1895 年，费德勒三兄弟成功制造出了 7.63 毫米口径的样枪，其威力接近步枪，得到了毛瑟兄弟的认可。1895 年，关于这款手枪的专利申请得到批准后，这款手枪在次年正式生产，直到 1939 年才停产，先后生产的毛瑟 C96 手枪约 100 万支。

基本参数	
口径	7.63毫米
全长	312毫米
重量	1.13千克
弹容量	6/10/20/40发
枪弹初速	425米/秒
有效射程	100米

设计结构 》》》

　　C96 手枪的设计方案几乎无可挑剔，以至于从这款手枪被生产出来开始，长达 40 年都没有人对这款手枪进行内部结构方面的改进。这款手枪采用的是枪管短后坐式工作原理，其枪管后部配备有较长的节套，节套内还配有枪机，这样一来，由于枪机和枪管节套的后坐与复进，射击时的装填、开锁等动作便可以自动完成。

　　C96 手枪还有一个有趣的特点，那就是这款手枪的枪套是木制盒子，如果把枪套倒装在握柄后面，这款手枪就能作为冲锋枪使用，也就意味着这款手枪可以作为肩射武器使用，这也体现出当时较为流行的手枪射击理念。

性能解析 >>>

C96 手枪的性能可以说十分优良，其闭锁方式为闭锁卡铁起落式，是最早采用空仓挂机机构的手枪。这款手枪本身的结构使其功能比同时期的其他手枪都更加完善。枪管内刻有 6 条右旋膛线，搭配 7.63 毫米的枪弹，因此这款手枪能发射大威力手枪弹，具有很高的初速，再加上较大的弹匣容量，使这款手枪具有较强的火力。

服役情况 >>>

除德国军队外，中国、意大利、土耳其、俄国等国的军队也曾装备 C96 手枪，以取代转轮手枪。C96 手枪真正的用武之地是

在中国战场上，以其火力猛、轻便小巧、弹容量大等特点，受到中国军队的青睐。1896—1939 年，毛瑟兵工厂累计生产了 100 余万支 C96 手枪，其中约 70% 被出口到中国。

兵器 小百科

虽然 C96 手枪的功能较为优良，但是它处在一种尴尬的地位。因为它的尺寸大于一般手枪，而威力又小于一般的步枪，因此士兵们难以对这款手枪的功能进行准确定位，以至于这款手枪被很多人认为非常"鸡肋"。

德国鲁格P08手枪

鲁格 P08 手枪，是一款军用半自动手枪，是两次世界大战中德军最具代表性的手枪之一，至今仍处于世界著名手枪行列。

研发历史

1893 年，美籍德国人雨果·博查特发明了 7.65 毫米口径的博查特 C93 手枪，这是世界上第一款半自动手枪，但这款手枪有工艺复杂、操作不便等缺点。后来，和他在同一个工厂工作的乔治·鲁格在这款手枪的基础上研发了新款手枪，即鲁格 P08 手枪。随后 7.65 毫米口径的鲁格 P08 手枪被瑞士选为陆军制式手枪，成为世界上第一款军用制式手枪。1904 年 9 月 12 日，德国海军正式列装鲁格 P08 手枪。1908 年 8 月 22 日，德国陆军正式采用改进后的 9 毫米口径的 P08 手枪作为制式武器。

基本参数	
口径	7.65毫米/9毫米
全长	222毫米
重量	0.871千克
弹容量	8/32发
枪弹初速	350~400米/秒
有效射程	50米

设计结构

鲁格 P08 手枪最大的特点是采用了肘节式闭锁结构，在设计上参考了马克沁重机枪和温彻斯特杠杆式步枪的肘节式原理。这种结构和人的手肘类似，枪机伸直时，有很强的抵抗力，弯曲时很容易收缩。鲁格 P08 手枪采用了枪管短后坐式工作原理，枪管前段的片状准星呈三角形斜坡状，尾端是带有 V 形缺口式照门的弧形表尺。此枪具有两种口径，分别是 7.65 毫米口径型和 9 毫米口径型。另外，鲁格 P08 手枪有多种变型枪，包括长管型、重管型、骑枪型等。

性能解析 >>>

鲁格 P08 手枪外观优雅，是一把设计得足够精致的军用手枪，深受士兵的喜爱。鲁格 P08 手枪的握把和枪管呈现完美的 120°，在射击时手感极为舒适。该枪的性能也相当可靠，即使枪体沾满泥浆，依然可以击发。另外，鲁格 P08 手枪的射速较快，具有出色的可控性。但是鲁格 P08 手枪的枪体有很多细小零件，因此在战场上非常容易因泥沙、尘土的侵入而发生故障。

服役情况 >>>

鲁格 P08 手枪被世界多个国家用于军队装备，其中瑞士军队从 20 世纪初到 70 年代，一直装备鲁格 P08 手枪。鲁格 P08 手枪在第一次世界大战、第二次世界大战时期就开始被战车兵、伞兵等军方战斗人员使用，一些境内保安警政人员也使用该枪。

兵器 小百科

鲁格 P08 手枪的设计者乔治·鲁格不仅设计出了这款著名的手枪，还发明了两种子弹，其中最有名的是 9 毫米 ×19 毫米鲁格弹（又名帕拉贝鲁姆 9 毫米手枪弹），是全球使用最广泛的手枪子弹之一。

瑞士西格-绍尔P220手枪

西格－绍尔P220手枪是一款质优价廉的军用手枪，是西格－绍尔系列手枪中最早的型号。

基本参数	
口径	可变换
全长	198毫米
重量	0.75千克
弹容量	9发
枪弹初速	345米/秒
有效射程	50米

研发历史 >>>

1949年，瑞士西格公司推出了西格P210半自动手枪，但由于价格昂贵且产量低，难以满足军队使用的需求，因此军方让西格公司研发一款价格低廉而且便于大量生产的新型手枪。规模较

小的西格公司便与德国绍尔公司合作研制出了一款新型手枪。由于这款手枪的研发工作是西格与绍尔这两家公司共同完成的，因此被称为西格 – 绍尔 P220 手枪。后来研发人员在 P220 手枪的基础上进行改进，设计出了 P225、P226、P229 等功能不同的手枪。

设计结构 >>>

P220 手枪的一大亮点是对延迟后坐闭锁方式进行了简化，闭锁时只需要用到套筒的抛壳口和弹膛外部的闭锁块，而不用特意在枪管上配备其他闭锁装置，也不用设计专门的闭锁沟槽。底把采用了当时比较少见的铝合金材质，大大减轻了手枪的重量，底把表面还经过了抛光处理。P220 手枪的套筒由一块 2 毫米厚的钢板冲压、加工而成。而枪管、待击解脱柄、空仓挂机和分解旋柄均由优质钢材冷锻制作，击锤、扳机和弹匣扣均为铸件，复进簧则由缠绕钢丝制成。握把侧片是塑料材质。

性能解析 >>>

P220 手枪能发射口径不同的子弹，不过当所用子弹的类型发生变化时，套筒与枪管也要进行相应的更换。该枪稳定性可靠，因此设计师没有采用待击解脱柄以外的保险装置，这么做也可以保证不会在战场上贻误战机。

服役情况 >>>

瑞士、丹麦、日本都曾用 P220 手枪装备过军队，日本甚至获得过生产 P220 手枪的授权，后来日本把本国生产的这一类型的手枪命名为美蓓亚 P9。其他国家的武装力量也配备过 P220 手枪，不过如今基本上都被大容量弹匣手枪替代了。

兵器 小百科

P220 手枪闻名世界，受到全球军事迷的广泛称赞，一度有"世界第一枪械"的美誉。一些军事迷为了买到 P220 手枪的限量版可谓挥金如土，但那些限量版的 P220 手枪在性能方面与一般的 P220 手枪其实没有太大区别。

奥地利格洛克17式手枪

格洛克17式手枪是奥地利格洛克公司研制的一款半自动手枪，这款手枪性能优良、动作可靠，至今仍处于世界著名手枪前列。

研发历史 >>>

20世纪80年代初，奥地利陆军寻求一款新手枪以取代服役多年的瓦尔特P38手枪。那时的格洛克公司只是个名不见经传的机械制造公司，为了抓住这次机会，公司领导广泛征求设计思路，还专门询问了奥地利军方和北约的有关部门，并以此为基础设计了全新的手枪造型和结构，而且采用了全新的材料和工业技术。1983年，格洛克17式手枪问世，经过一系列严格检验，最终成为奥地利陆军的制式手枪。

基本参数	
口径	9毫米
全长	202毫米
重量	0.625千克
弹容量	10/17/19/31/33发
枪弹初速	370米/秒
有效射程	50米

设计结构 >>>

格洛克 17 式手枪采用枪管偏移式闭锁结构，枪身使用了大量塑料零件，如套筒座、发射机座、扳机和发射机座销等，这使得该手枪的重量非常轻。格洛克 17 式手枪的保险装置为扳机式，因此枪的外部没有配备手动保险装置。扳机式保险装置的操作十分便捷，用手指扣动扳机即可关闭保险，而当手指从扳机上离开时，手枪就回到了保险状态。这一设计对使用者在紧急情况下拔枪自卫来说非常重要。另外，格洛克 17 式手枪的扳机阻力较大，如果不是故意按动扳机的话是很难击发的。

性能解析 >>>

格洛克 17 式手枪使用的子弹是 9 毫米 ×19 毫米鲁格弹，弹匣的型号较多，便于在各种环境下作战，弹容量从 10 发到 33 发不等。手枪外形流畅，从衣兜里快速拔出也不会勾住衣服。枪体大量采用工程塑料配件，重量轻，握把的设计符合人体工程学，几乎不用瞄准就可拔枪射击，且发射精度高。

格洛克 17 式手枪有着很高的可靠性，材料坚固耐用。在格洛克公司的试验中，格洛克 17 式手枪曾在连续经受了冰冻、沙土、泥浆、深水、涂油的情况下仍能正常射击。格洛克 17 式手枪的零件较少，全枪包括弹匣在内只有 32 个零部件，因此也便于维修。

服役情况 >>>

格洛克 17 式手枪曾在 1983 年被奥地利军队用作制式手枪，并先后受到数十个国家武装力量的青睐。如今，除了奥地利，美国、德国等国家也给国内的武装力量配备了一定数量的格洛克 17 式手枪。

兵器 小百科

格洛克 17 式手枪虽然名字里有"17"，但它其实是这一系列手枪中的第一款，至于为什么会用"17"来命名，据说是因为生产这款手枪的公司的门牌号是 17。

苏联/俄罗斯马卡洛夫 PM手枪

马卡洛夫 PM 手枪的设计师是马卡洛夫，这款手枪也被称为校官手枪，是同时代性能最佳的紧凑型自卫手枪之一。

基本参数	
口径	9毫米
全长	161.5毫米
重量	0.73千克
弹容量	8发
枪弹初速	315米/秒
有效射程	50米

研发历史 >>>

第二次世界大战结束后，苏联军方意识到托卡列夫手枪在战场中能起到的作用并不大，而且火力也不够强，有些手枪还不容易携带。因此，苏联军方决定研制新的军用自卫手枪来替代托卡列夫手枪，要求是要比托卡列夫手枪结构更紧凑、性能更可靠。

1948 年，苏联枪械设计师尼古拉·马卡洛夫以瓦尔特 PP 手枪为基础，根据苏联军方的要求，对其进行改进和创新，最终研制出了马卡洛夫 PM 手枪。1951 年，马卡洛夫 PM 手枪取代托卡列夫手枪，成为苏军的制式手枪。

设计结构 >>>

马卡洛夫 PM 手枪采用击锤回转式击发机构和双动发射机构。射击时火药燃气产生的压力经过弹壳底部传到套筒的弹底窝，再借助套筒的重量与复进簧的力量，降低套筒后坐的速度，等弹头射出枪口后，才开始完成抛壳等动作。马卡洛夫 PM 手枪配备了滑套卡榫，在最后一发子弹射出后弹匣托板将抵住卡榫，从而让滑套停留在后方，射手更换弹匣后，用拇指按下卡榫即可上膛。

性能解析 >>>

马卡洛夫 PM 手枪最佳的射击距离为 15 ~ 20 米。其弹匣可以装 8 发手枪弹，弹匣壁镂空，既能减轻重量，也方便射手观察剩余的子弹数目。虽然马卡洛夫 PM 手枪结构简单、便于携带、性能优异且造价低廉，但是枪弹的杀伤力不足，连防弹背心都打不穿。

服役情况 >>>

配备马卡洛夫 PM 手枪的部队较多，俄罗斯、叙利亚等十余个国家和地区的武装力量都不同程度地配备了这款手枪。2003 年，俄罗斯计划用 MP-443 手枪替代马卡洛夫 PM 手枪作为警察配枪，但由于俄罗斯使用马卡洛夫 PM 手枪的警察实在太多，财政问题是一大难关，最终只能放弃换枪计划。

兵器 小百科

马卡洛夫 PM 手枪配备的子弹是马卡洛夫手枪弹。这种手枪弹的研制不是一蹴而就的，1940 年，有一位工程师研制出了一种名为 PP39 的手枪弹，后来的马卡洛夫手枪弹便以 PP39 手枪弹为基础研制出来的。

美国/以色列 "沙漠之鹰" 手枪

"沙漠之鹰"手枪是一种大口径手枪，由美国马格南研究所设计，并由以色列军事工业公司进行生产，这款手枪无论是体积还是重量都比较大，威力较强，在世界上有较高的知名度。

基本参数	
口径	12.7毫米
全长	270毫米
重量	2千克
弹容量	7发
枪弹初速	402米/秒
有效射程	200米

研发历史 >>>

美国马格南研究所成立之初，试图研发一款可以发射9毫米口径子弹的手枪，并把这项计划称为"马格南之鹰"。这款手枪

最初的设计目的是用来打猎和射靶。经过艰苦钻研之后，美国马格南研究所成功设计出"沙漠之鹰"的原型枪。但马格南研究所的经济实力不足以支持对"沙漠之鹰"原型枪的改进和生产，于是马格南研究所找到了以色列军事工业公司，说服其加入对"沙漠之鹰"原型枪的改进、生产工作。最后，这款手枪的零件由以色列军事工业公司生产，组装、加工工作则由马格南研究所完成。

设计结构 >>>

"沙漠之鹰"手枪最引人注目的一点就是采用了导气式开锁原理与枪机回转式闭锁。这样设计是由于这款手枪子弹的威力较大，如果采用刚性闭锁原理，则枪身可能承受不住子弹的冲击力而伤及自身。"沙漠之鹰"手枪的体积与重量比一般的手枪大得多。枪管采用固定式设计，在射击时十分稳定，顶部设有导轨，用来安装瞄准镜。套筒两侧各有一个保险机柄，左右手均可操作。

性能解析 >>>

"沙漠之鹰"手枪在射击时产生的噪声比较大，后坐力也比较大，发生故障的概率也比较

高。过高的杀伤力和后坐
力使得警方和军方使用这
款手枪进行射击时需要格
外小心，以免伤到自身或周围
无辜的人。由于这款手枪足以射穿轻质隔
墙，射击时的安全隐患较高，因此在和平时期，
这款手枪往往只能用于竞技、狩猎、自卫。

服役情况 >>>

除了美国和以色列的军队配备了这款枪，波兰陆军
机动反应作战部队等也装备了"沙漠之鹰"手枪。

兵器 小百科

"沙漠之鹰"手枪的外形十分酷炫，火力特别猛，因此这款手枪常常出现在好莱坞的电影里，每次在电影拍摄时需要具有强大威慑力的手枪作为道具时，"沙漠之鹰"手枪总是被选中。

致命杀手

步枪

美国M1加兰德步枪

M1 加兰德步枪是人类历史上第一款在军队中大量配备的半自动步枪，在第二次世界大战中作为美军的单兵武器而广为人知。

研发历史 >>>

在美国春田兵工厂的安排下，约翰·坎特厄斯·加兰德于 1920 年开始负责半自动步枪的设计工作。1929 年，美国军方在阿伯丁试验场举办了新式步枪选型试验活动，加兰德设计的步枪也参与其中。经过反复斟酌，美国军方最终于 1932 年，选中了加兰德设计的步枪。试验期间，加兰德按照美国军械委员会的要求，把样枪口径由 7.62 毫米改成 7 毫米，但是入选后，美国军方要求枪械口径必须是 7.62 毫米，以免军队后勤枪支管理混乱。

基本参数	
口径	7.62毫米
全长	1 100毫米
重量	4.37千克
弹容量	8发
枪弹初速	853米/秒
有效射程	457米

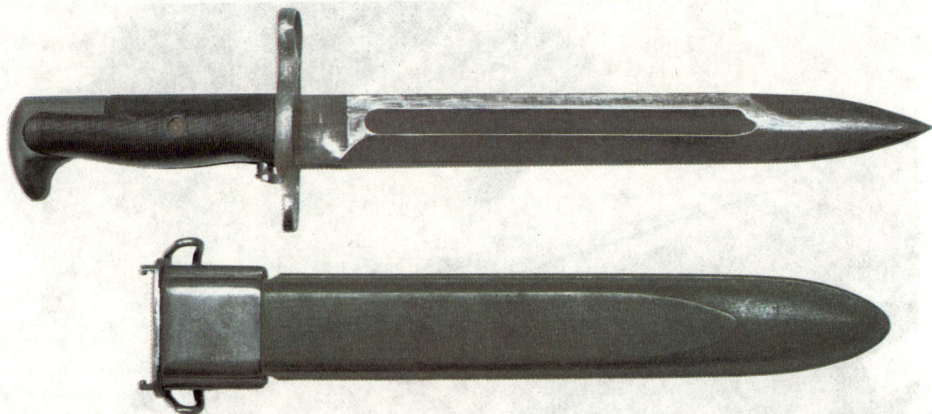

接下来几年，加兰德都在改进这款步枪。1936年，该款步枪改进完毕，被命名为 M1 加兰德步枪。1937年，M1 加兰德步枪作为美军的制式步枪而投入生产，M1 加兰德步枪就此成为世界上第一款进入现役并大量生产的半自动步枪。

设计结构 >>>

M1 加兰德步枪使用导气式的枪机运作原理，枪机以回转闭锁的方式在导向凸轮的牵引下沿着导槽转动，从而发射子弹。枪管下方安装的复进杆可以前后运动，并与推动拉柄相连接。复进杆向前推动到前膛部分时，就会从气缸中退出并与复进簧相衔接。复进杆向后拉动到后膛部分时，就会偏向右上方，冲出木质

护手并碰撞枪机拉柄。该款步枪的枪机不长，照门位于枪机的上方。枪机的亮片前向推杆位于该枪的后膛之后，可以通过旋转的方式与枪机的凹槽相容。枪机可以从凹槽处直接拆卸下来，方便拆解和保养。

性能解析 >>>

M1 加兰德步枪的性能超过当时很多手动后拉枪机式步枪，在射击速度和射击精度方面具有显著的优越性，能够在战场上有效地压制敌军。此外，M1 加兰德步枪结构较为简单，拆解和保养比较方便，不易损坏，经久耐用，得到在沙漠、岛屿、丛林等作战环境中的士兵的广泛认可，是第二次世界大战时期性能最好的步枪之一。

M1 加兰德步枪投入生产之初，其生产数量并不多，军队配备的速度也不快。直到 1941 年，由于美国参加了第二次世界大战，M1 加兰德步枪才开始大展身手，生产数量迅速增加，被大量配备给士兵。战场证明它的性能非常可靠、坚固耐用，能够适应多种作战环境。美军在第二次世界大战中一直把 M1 加兰德步枪当作主要的步兵武器，在战争结束后依然如此。1957 年，美军将 M14 自动步枪确定为制式武器并大量装备。至此，M1 加兰德步枪才退出美军的装备序列。不过，M1 加兰德步枪后来依然得到许多国家的青睐，时至今日我们在兵器舞台上仍然能够看到它的身影。

兵器 小百科

半自动步枪又称自动装弹步枪，是一种能够自动装填子弹并上膛的步枪。非自动步枪，即后拉式枪机步枪，则需要手动装填子弹并上膛，每打一枪就要拉一次枪栓，射击速度自然受到影响。半自动步枪在射击后，可以在部分火药气体和后坐力的作用下自动退弹壳、装填子弹并上膛，以便继续射击。

美国巴雷特M82狙击步枪

巴雷特 M82 狙击步枪是一款由美国巴雷特公司研制的，具有特殊用途的重型狙击步枪。

研发历史 >>>

基本参数	
口径	12.7毫米
全长	1 219毫米
重量	14千克
弹容量	10发
枪弹初速	853米/秒
有效射程	1 850米

M82 狙击步枪是由朗尼·巴雷特（Ronnie Barrett）设计的一款半自动狙击步枪，使用的枪弹规格为 12.7 毫米 × 99 毫米。这种口径的弹药最早用于勃朗宁

M2HB 重机枪。M82 狙击步枪的研发工作始于 20 世纪 80 年代早期。1982 年，巴雷特公司成功研制出第一把样枪，并命名为 M82。1986 年，在 M82 狙击步枪的基础上，M82A1 狙击步枪研制成功。1987 年，巴雷特公司又研制出更加先进的 M82A2 无托式狙击步枪。截至目前，M82A1M 狙击步枪是 M82 家族的最新成员，美国海军陆战队将其命名为 M82A3 SASR（特殊用途狙击步枪），并大量列装。

设计结构 >>>

M82 狙击步枪采用了枪管短后坐式工作原理。射击时，枪管首先短距缩回，接着由回转式枪机安全闭锁。往后拉枪栓，枪栓就会进入弯曲轨，再一扭转，就能解锁枪管。在枪机解锁枪管的同时，枪机拉臂瞬间后退，把枪管的部分后坐力转移到枪机，从而完成枪机动作的循环。之后枪管被固定下来，而枪机继续弹回，在后坐力的作用下弹出弹壳。在撞针归位时，枪机把一颗子弹从弹匣里推出并送入膛室与枪管对准，扳机则会弹到撞针后方的待击位置。

M82 狙击步枪的膛室包括上部与下部两个结构，由薄钢板经过冲压，再用十字栓加以固定而成。枪管内存在一些凹孔，枪口制动器也安装在枪管上。M82 狙击步枪通常装备 Leupold Mark 4 望远瞄准镜，同时配备两脚架和可折叠式提把。

性能解析 >>>

M82 狙击步枪具有非常远的射程，可以达到 1 850 米，甚至还有超过 2 500 米的命中记录，而且命中率高，并能够配置高能弹药，可有效摧毁雷达站、卡车、战斗机等目标。由于它能够打穿水泥和砖墙，所以可以用来攻击躲藏在掩体后面的对手，非常适合城市作战。

服役情况 >>>

除了军队，美国很多执法机关也钟爱 M82 狙击步枪，如纽约警察局。M82 狙击步枪被美国海岸警卫队用于反毒行动，有效打击了那些在海岸附近游荡的运毒快艇。20 世纪 90 年代，大量 M82A1 狙击步枪还被用于"沙漠之盾"和"沙漠风暴"行动。

兵器 小百科

我们可以在很多影视剧中看到 M82 狙击步枪的身影，有时甚至能看到该枪击落客机的场景，不过这些影视剧往往夸大了该枪的性能。其实只有停放的飞机才有可能被 M82 狙击步枪击中，至于高速飞行的飞机，即使在射程内，也很难被弹匣里仅有 10 发子弹的 M82 狙击步枪击落。

美国雷明顿M40狙击步枪

雷明顿 M40 狙击步枪，是美国雷明顿公司推出的一款狙击步枪，它被美国人看作现代狙击步枪的先驱。

研发历史 >>>

基本参数	
口径	7.62毫米
全长	1 117毫米
重量	6.57千克
弹容量	5发
枪弹初速	777米/秒
有效射程	900米

M40 狙击步枪属于雷明顿 700 步枪的一个衍生型号。雷明顿 700 步枪诞生于 1962 年；采用旋转后拉式枪机，自诞生之日起就因其威力强大和射击精度高而备受称赞。雷明顿 700 步枪后来还衍生出 M24 狙击手武器系统。

20 世纪 60 年代，在越南战争的影响下，研制新型狙击步枪的计划得到美国海军陆战队的批准。经过多次试验，美国海军陆战队于 1966 年正式确定对雷明顿 700 步枪进行改良，在此基础上研制出 M40 狙击步枪。

经过多年的实战检验，20 世纪 70 年代，M40 狙击步枪的改进型号 M40A1 狙击步枪研制成功，它采用了新式瞄准镜和玻璃纤维枪托。1980 年，M40A1 狙击步枪又得到重大改进，性能得到极大提升。此后 M40 狙击步枪又出现其他衍生型号，如 2001 年的 M40A3 狙击步枪和 2009 年的 M40A5 狙击步枪。

设计结构 >>>

M40 狙击步枪采用木制枪托和重枪管，用整体式弹仓来供弹，属于手动狙击步枪。用于分解枪机的卡榫安装在扳机护圈前面，用于拆卸托弹簧与托弹板的卡榫安装在弹仓底盖前部。该枪的瞄准镜为永久固定式，具有 10 倍的放大率。

性能解析 >>>

M40 狙击步枪的精度较高，最大有效射程为 900 米。其瞄准镜的镜管非常稳定坚固，即使用力敲击也不会出现晃动。但由于越南战场的环境非常炎热潮湿，该枪的木制枪托和瞄准镜经常受潮，从而出现膨胀等问题，严重影响了士兵的正常使用。

服役情况 >>>

M40 狙击步枪在刚服役时就参加了越南战争，在这场战争中，M40 狙击步枪完全压制了使用 SVD 狙击步枪的越南狙击手，使当时的美国海军陆战队的狙击手声名大噪。M40 狙击步枪的改进型 M40A3 狙击步枪研制成功后，被用于 2001 年的阿富汗战争和 2003 年的伊拉克战争中。

兵器 小百科

美国狙击手查克·马威尼是狙击界的一位传奇人物，他的大多数战果是使用 M40 狙击步枪取得的。马威尼曾说："第一次见到 M40 狙击步枪，我就对它爱不释手。"

苏联AK-47突击步枪

AK-47是由苏联著名枪械设计师米哈伊尔·季莫费耶维奇·卡拉什尼科夫设计的一款突击步枪。自问世以来，该步枪以其强大的火力、可靠的性能、低廉的造价而被人们所青睐。

研发历史 >>>

1944年，设计一款新式步枪的念头在卡拉什尼科夫的心中产生了。他在M1加兰德步枪的启发下研制出M1944试制型样枪，该样枪采用回转式枪机，枪弹为M43步枪弹。此后他不断尝试，终于在1946年研制出能够连续射击的样枪，命名为AK-46突击步枪，奠定了AK系列枪械的发展基础。接下来，卡拉什尼科夫继续试验，改进了活塞系统和导气装置，还在泥水、风沙等恶劣环境中测试，终于在1947年研制出一款性能优良的步枪，命名为AK-47突击步枪。

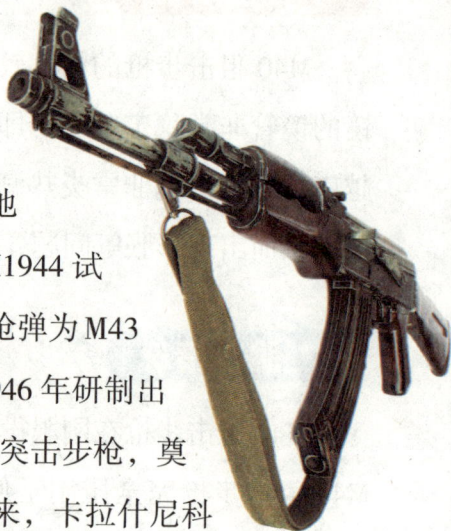

1947年，苏联军队把AK-47突击步枪确立为制式装备。该枪最终定型于1949年，此后便大

基本参数	
口径	7.62毫米
全长	870毫米
重量	4.3千克
弹容量	30发
枪弹初速	710米/秒
有效射程	300米

量生产并出口到其他国家和地区。时至今日，仍有许多国家还在使用 AK–47 突击步枪，世界各地几乎都能见到它的身影。在当前的全球局部战争中，使用 AK–47 突击步枪的军队非常多。

设计结构 >>>

AK–47 突击步枪的工作原理为气动式自动原理，枪管上部安装有导气管，采用回转式闭锁枪机，枪机在活塞的推动下运动。该枪的发射机构由不到位保险、机框、阻铁、快慢机、扳机、击锤、单发杠杆等组成，发射机构可以直接控制击锤，既能单发又能连发射击。该枪使用 M43 中间型威力枪弹，枪弹规格为 7.62 毫米 ×39 毫米，其弧形弹匣可容纳 30 发子弹。

性能解析 >>>

AK–47 突击步枪具有动作可靠、勤务性好的优点，可以在风沙、泥水中使用，性能优良、坚实耐用、故障率低，深得士兵的喜爱。相比第二次世界大战时期的其他步枪，虽然 AK-47 突击步枪的射程只有约 300 米，明显处于劣势，但是它的火力非常强大，在近距离作战中具有明显的优势。此外，该枪不但造价低廉，而且结构比较简单，容易拆解、保养和维修。

服役情况 >>>

20 世纪 60 年代，越南战争爆发，AK-47 突击步枪在战争中凭借其超高的可靠性和凶猛的火力，发挥了巨大的作用。

AK-47 突击步枪及其改进型号在第三世界国家中备受好评，无论是政府军还是反政府武装都装备了大量 AK-47 系列突击步枪，甚至部分发达国家也对 AK-47 突击步枪较为青睐。

兵器 小百科

如今，AK-47 突击步枪已经成为一种文化符号，具有丰富的象征意义，不单单代表着一款步枪，非洲南部国家莫桑比克甚至还将其绘制在国旗上。20 世纪 70 年代，军界中流传着一句话："美国出口的是可口可乐，日本出口的是索尼电器，而苏联出口的则是卡拉什尼科夫。"

俄罗斯SV-98狙击步枪

SV-98 是俄罗斯伊兹马什工厂生产的一款手动狙击步枪，这款步枪以高精度闻名于世。

研发历史 >>>

SVD 狙击步枪从 20 世纪 60 年代起就成为苏联军队的制式狙击步枪，现在的俄罗斯军队也大量装备了该款狙击步枪。毫无疑问，SVD 狙击步枪是一种非常有效的战术支援武器，然而该枪很难在中远距离上做到精准狙击，无法适应中远距离作战，也不宜用于执行解救人质之类的任务。

基本参数	
口径	7.62毫米
全长	1 200毫米
重量	5.8千克
弹容量	10发
枪弹初速	820米/秒
有效射程	1 000米

在这种背景下，远程精准狙击步枪的研发工作就极其重要。1998 年，伊兹马什工厂研制出 SV-98 狙击步枪，该款枪械的设计师为弗拉基米尔·斯特龙斯基。同年，由于性能可靠，俄罗斯反恐怖部队和一些执法机关开始试用 SV-98 狙击步枪。2005 年，SV-98 狙击步枪得到俄罗斯军方的正式认可。2010 年，SV-98 狙击步枪出口到亚美尼亚。

7.62 снайперская
винтовка СВ-98

设计结构 〉〉〉

　　SV-98 狙击步枪的机匣和枪管都是用冷锻法制作的，其枪管材质为自由浮置式重型碳素钢，枪管是否镀铬则由用户自行决定。SV-98 狙击步枪采用非自动发射方式，其枪机为旋转后拉式。间距对称的 3 个闭锁凸耳安装在机头，闭锁槽安装在机闸上，开闭锁动作通过闭锁凸耳与闭锁槽相互配合来完成。护木与枪托连为一体，枪托的主体材质为复合板材，枪托支架、两脚架、可调贴腮板、可拆卸的携行提把等部件可以固定在枪托上。

性能解析 〉〉〉

　　SV-98 狙击步枪具有极高的射击精度，最远狙击距离在白天

可达到 1 000 米，在晨昏等低光照度条件下也可达到这个距离，在夜间则能达到 500 米。它不但把使用同类枪弹的 SVD 狙击步枪远远甩在身后，而且丝毫不弱于享有"精度天下第一"美誉的奥地利 TPG-1 狙击步枪。但它的分解步骤非常烦琐，所以在战争期间如果对其进行定期保养，往往会贻误战机。

服役情况 >>>

俄罗斯联邦司法部、联邦安全局、联邦警卫局、内务部等执法机关与反恐部队大量采购 SV-98 狙击步枪配备给狙击手。

兵器 小百科

SV-98 作为一款射击精度极高的狙击步枪，深受世界各国军迷的喜爱。不过，它也是有名的使用寿命短、保养烦琐的枪。由于现代狙击行动的首要需求就是高精度，因此 SV-98 狙击步枪的缺陷也算不上特别严重。

德国HK G36突击步枪

HK G36 是德国黑克勒－科赫公司推出的第三代突击步枪，这是一款与 G3 系列完全不同的优良突击步枪，体现了黑克勒－科赫公司在武器设计理念上的重大转变。

研发历史

20世纪90年代，包括许多北约组织成员国在内的很多国家都已经把军队制式步枪的口径改为 5.56 毫米。在这种背景下，德国联邦国防军也决定研发新款突击步枪，并提出了新的研发要求。经过层层筛选，最终获选的是黑克勒－科赫公司研制的 HK 50 突击步枪。德军以 "Gewehr 36" 作为该枪的军用代号，简称为 HK G36，并于 1995 年正式采用。1997 年，该枪被确立为德军制式步枪。

基本参数	
口径	5.56毫米
全长	999毫米
重量	3.6千克
弹容量	30/100发
枪弹初速	920米/秒
有效射程	800米

设计结构

HK G36 突击步枪的主要材质为玻璃钢加强复合材料，这种材料以不锈钢为骨架，不但坚固耐用，而且重量较轻。相比 M16 突击步枪所采用的气动系统，HK G36 突击步枪所采用的短行程活塞导气系统更加可靠。该枪使用转栓式枪机，弹匣虽然在外观上与 SIG SG 550 突击步枪十分相似，但无法实现通用。短板式弹匣卡榫安装在弹匣座后面，可以实现双手操作，把它朝着弹匣方向压就能取出弹匣。HK G36 突击步枪所有型号的枪托都是折叠式的，排壳口不会因枪托折叠而影响运作，枪机拉柄可以实现双手操作。机匣的材质为玻璃纤维聚合物，不需专用工具即可拆解枪械。

性能解析 >>>

HK G36 突击步枪所采用的黑色工程塑料使其具有较强的抗腐蚀能力，全枪质量也减轻了很多。该步枪结构简单、操作方便，

因为该步枪的主要部件只用了 3 个销钉固定在机匣上，所以不用工具就可以拆开进行擦拭和维护。该步枪还安装了精准的瞄准装置，大大提高了射击精度。

服役情况 >>>

很多国家的军队与警队把 HK G36 突击步枪当作常备武器，如法国警察总署特勤队、葡萄牙共和国民警卫队、葡萄牙海军陆战队、荷兰警队、美国国会警察局、波兰警察部队等。

兵器 小百科

HK G36 突击步枪在使用前期以其优良的性能受到士兵的喜爱，但后期暴露出了严重的质量问题，其中一个问题就是过度使用该步枪会导致步枪的塑料部件软化。

德国StG44突击步枪

StG44 是德国在第二次世界大战期间研制的一种突击步枪，是世界上第一款真正意义上的突击步枪。

研发历史 >>>

随着传统步枪在战争中失去优势地位，自动步枪逐渐取代了传统步枪。但是对自动步枪来说，当时所生产的标准步枪弹药威力过大，于是在 20 世纪 30 年代后期德国陆军开始研究一种威力比较小的短药筒弹药。1941 年，德国成功研制出规格为 7.92 毫米 ×33 毫米的短药筒弹药。1942 年 7 月，黑内公司研制出一款使用 7.9 毫米 ×33 毫米短枪弹的原型枪——MKb-42。随后，黑内公司又对 MKb-42 步枪进行了改进，将改进后的步枪命名为 MP43 步枪。1944 年，MP43 步枪又进一步完成改进，并被命名为 MP44 步枪，后又正式改称 StG44 突击步枪，并开始大量生产。

基本参数	
口径	7.92毫米
全长	940毫米
重量	4.62千克
弹容量	30发
枪弹初速	685米/秒
有效射程	300米

设计结构 >>>

StG44突击步枪采用了导气式自动原理，枪机采用的是偏转式闭锁方式，当枪弹击发以后，一小部分气体顺着枪管上的小孔经过导气管导入机匣，然后推动枪机向后完成抛壳、重新上膛、再击发等任务。StG44突击步枪的弹匣呈弧形，枪管上方是导气管，一直延伸到枪口附近。该枪的机匣等零件采用冲压工艺，大大降低了生产成本。

性能解析 >>>

StG44突击步枪的火力非常强大，连发射击时产生的后坐力非常小，所以很容易掌握。StG44突击步枪的威力和普通步枪接近，在 400 米距离内具有良好的射击精度。该枪弹匣重量适中，方便携带，所以士兵可以大量携带，进而保证火力的持续性。StG44 突击步枪充分结合了步枪和冲锋枪的特性，深受德国部队的好评。

服役情况 >>>

StG44 突击步枪参加过多次战争，主要包括第二次世界大战、法越战争、伊拉克战争和叙利亚内战。苏联在 1945 年前缴获了大量的 StG44 突击步枪，并在冷战期间将其提供给一些友好国家。美军也在伊拉克叛军和民兵手中缴获过此枪。朝鲜战争时期，联合国军法国营的德国籍雇佣军也装备了 StG44 突击步枪。在当代非洲很多的地区冲突中，仍然有人使用这款 StG44 突击步枪。

兵器 小百科

StG44 突击步枪是一款使用弹匣供弹的自动步枪，在 StG44 突击步枪之前，已经有很多自动步枪采用弹匣供弹，但为什么 StG44 被定义为第一款突击步枪呢？这是因为 StG44 突击步枪最先使用了中间威力型枪弹。

奥地利AUG突击步枪

AUG突击步枪是奥地利斯泰尔–曼利夏公司研制的一款突击步枪，是世界上第一款正式列装、采用模块化和无托式设计的军用步枪。

研发历史 〉〉〉

20世纪60年代后期，斯泰尔–曼利夏公司开始研制AUG突击步枪。"AUG"的意思是"陆军通用步枪"。因为当时配备的Stg.58自动步枪存在一些问题，所以奥地利军方决定研发新式步枪，于是AUG突击步枪应运而生。该枪原本只有三种枪型，即步枪、轻机枪和卡宾枪，冲锋枪则是后来新增的。奥地利陆军于1977年将该枪命名为Stg.77。1978年，该枪开始大规模生产。

基本参数	
口径	5.56毫米
全长	690~790毫米
重量	3.8千克
弹容量	30/42发
枪弹初速	940米/秒
有效射程	450~600米

设计结构 〉〉〉

相比于枪管长度相同的其他步枪，AUG突击步枪的整枪长度缩短了5%，而且未影响弹道表现，这得益于模块化和无托式的设计结构。1.5倍光学瞄准镜是 AUG 突击步枪多数型号的标准配置。该枪的弹匣为半透明式，便于随时了解子弹存量。该枪的控制系统实现了左右对换，射击模式分为半自动和全自动两种，控制扳机即可切换射击模式，扣动扳机就进入第一段的半自动射击模式，再扣动就切换为第二段的全自动射击模式。

性能解析 >>>

　　AUG 突击步枪具有射击精度高、性能可靠的优点，在全自动射击和目标捕获方面也有出色的表现，丝毫不逊色于美国的 M16A1、比利时的 FN CAL、捷克的 Vz58 等知名步枪。AUG 突击步枪设计优良、质量极好、外形美观，深受军方的青睐。

　　AUG 突击步枪的所有型号都存在把手太小的

问题，要是近身搏斗，枪身比较容易折断。因为该枪结构复杂，前握把比较靠近活塞，所以长时间射击很可能会灼伤手。

服役情况 〉〉〉

装备 AUG 突击步枪的国家有奥地利、澳大利亚、新西兰、爱尔兰和沙特阿拉伯等。此外，许多国家的军队与执法机构也大量装备了 AUG 突击步枪，诸如比利时 ESI 特警队、法国国家宪兵干预队、德国特别行动突击队、爱沙尼亚特别行动队、波兰行动应变及机动组、美国海关、英国特种空勤团等。

兵器 小百科

光学瞄准镜是利用光学原理制成的瞄准装置，由镜头、镜体和照明装置组成。光学瞄准镜最主要的功能是让目标影像和瞄准线在一个聚焦平面上重叠，即使眼睛有一些偏移也不会影响瞄准点。因此，突击步枪配备光学瞄准镜可以有效地提高射击精准度和射程。

法国FR-F2狙击步枪

FR-F2 狙击步枪是 FR-F1 狙击步枪的改进型，总体性能大幅度提升，是当今世界上最优良的狙击步枪之一。

基本参数	
口径	7.62毫米
全长	1 200毫米
重量	5.3千克
弹容量	10发
枪弹初速	820米/秒
有效射程	800米

研发历史 >>>

FR-F2 狙击步枪的生产商是法国地面武器工业公司。FR-F2 狙击步枪定型于 1984 年底，法国军队从 20 世纪 80 年代中期开始大规模装备，用来替换较为陈旧的 FR-F1 狙击步枪，不过这两款枪械具有完全相同的战术使命和装备级别。FR-F2 狙击步枪至今仍是法国军队的主要制式武器之一。

设计结构 >>>

作为 FR-F1 狙击步枪的改进型，FR-F2 狙击步枪在发射机构、枪机、机匣等基本结构上与 FR-F1 狙击步枪基本相同，主要是在武器的人机工效上进行了改进，例如，使用无光泽的黑色塑料覆盖前枪托表面；两脚架的架杆从原型枪的两节伸缩式变成三节伸缩式。FR-F2 狙击步枪没有配置机械瞄准镜，而是采用光学瞄准镜，不仅配置了 4 倍白光瞄准镜，还配置了微光瞄准镜用于夜间射击，因此 FR-F2 狙击步枪可以全天候使用。

性能解析 >>>

FR-F2 狙击步枪具有强大的火力、较高的射击精度和较小的射击声音，非常适合中远距离的隐藏偷袭行动。FR-F2 狙击步枪用聚合物纤维护木代替了原型枪的木质护木，有利于射手持握枪械，射击时也更加舒服，绝对能够排在目前世界上最优秀的狙击步枪的行列中。

服役情况 >>>

法国宪兵特勤队和法国反恐怖部队从 20 世纪 90 年代开始便大量装备了 FR-F2 狙击步枪，这是因为该枪非常适合在较远距离攻击目标，可以用来处理恐怖分子劫持人质等突发事件。时至今日，法国军队依然装备了大量 FR-F2 狙击步枪，陆军步兵排的标准装备中必有 FR-F2 狙击步枪的身影。

兵器 小百科

FR-F2 狙击步枪的主要任务是提供精准的火力支援，实际上属于步兵班组的装备。因此，这款栓动步枪虽然是按照专业狙击步枪的规格来设计的，但是不能算作狙击步枪。从装备级别的角度来说，该枪更合适的定位应该是"精确射手步枪"。

陷阵先锋

冲锋枪

德国MP5冲锋枪

MP5 冲锋枪由德国 HK 公司生产，是德国 HK 公司生产最多且名声最大的枪械产品。

研发历史 >>>

MP5 冲锋枪的设计基于 HK 54 冲锋枪。HK 54 冲锋枪中的数字"5"意为德国 HK 公司的第五代冲锋枪，数字"4"意为使用 9 毫米 ×19 毫米手枪子弹，1966 年西德政府使用后将它命名为 MP5；同年，瑞士也开始使用 MP5 冲锋枪，成为第一个德国以外使用 MP5 冲锋枪的国家。

设计结构 >>>

MP5 冲锋枪采用了半自由枪机和滚柱闭锁方式，这个方式与 HK G3 自动步枪相同。当 MP5 冲锋枪处于待击状态时，封闭楔铁的封闭斜面将两个滚柱朝外挤开，使其卡入枪管节套的封闭槽内，枪机便使弹膛

基本参数	
口径	9毫米
全长	680毫米
重量	2.54千克
弹容量	15/30/100发
枪弹初速	375米/秒
有效射程	200米

处于封闭状态。射击之
后，在火药气体的作用
下，弹壳推动机头向后退。
一旦滚柱全部离开卡槽，枪机
的两部分就一同后坐，直至冲撞
抛壳挺时才把弹壳从枪右边的抛壳窗抛
出来。

性能解析 >>>

　　MP5冲锋枪性能优良，尤其是半自动、全自动射击准确度非
常高，而且射击速度快、后坐力小、重新装弹快速，将它威力稍
低的缺点完全掩盖了。但MP5冲锋枪的结构极其复杂，很容易出

现故障，单价高昂，并且新一代的冲锋枪较重。其使用的手枪子弹虽然在解救人质或发生混战中可以避免误杀人质或队友，但该枪射程短且不易射穿防弹衣，所以很难射中远距离或身穿防弹衣的敌人。

服役情况 >>>

1977 年，MP5 冲锋枪在一次反恐怖行动中被使用，4 名恐怖分子全部被击中，3 人死亡、1 人重伤，人质获救。20 世纪 80 年代，MP5 冲锋枪被美国特种部队选定使用。21 世纪初，MP5 冲锋枪被用于打击墨西哥毒品行动中。MP5 冲锋枪几乎成为反恐怖特种部队的标志。

兵器 小百科

冲锋枪又称"手提机枪"，一般是指双手持握、发射手枪子弹的单兵连发枪械。它是介于手枪和机枪之间的武器，比步枪更加小巧方便，有利于在危急状况下突然开火，火力大且射击速度快，非常有利于冲锋或近战，因此得名"冲锋枪"。

德国MP40冲锋枪

MP40 冲锋枪也称施迈瑟冲锋枪，火力猛烈，是德国军队在战场上的撒手锏。

研发历史 >>>

第二次世界大战发生前，德国就拥有MP18 冲锋枪，这种冲锋枪实用性很强，但是它的保险机构有很大的缺陷，在受到强烈的震动时极易走火。20 世纪 30 年代，枪械设计师海因里希·沃尔默对 MP18 冲锋枪的保险机构及机匣等部位进行了改良，改进后的冲锋枪被命名为 MP38 冲锋枪。

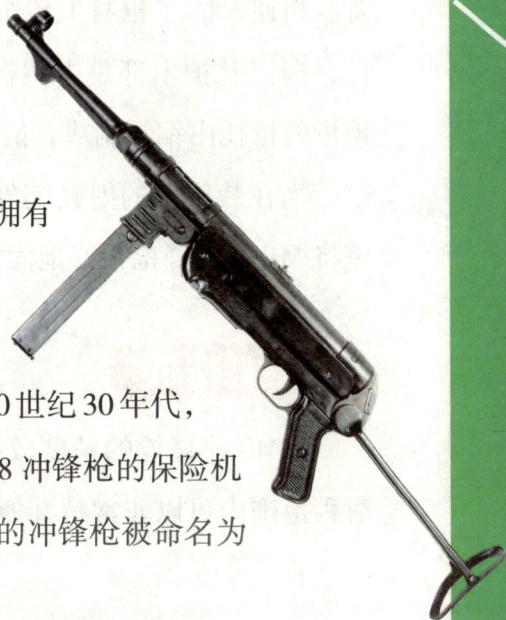

第二次世界大战开始后，为了给德军提供更优良的冲锋枪，海因里希·沃尔默又对 MP38 冲锋枪做了改良，主要是将枪械机构和生产工艺进行简化，这样更有利于大批量生产。此次改良后的冲锋枪被命名为 MP40 冲锋枪。

基本参数	
口径	9毫米
全长	833毫米
重量	3.97千克
弹容量	32发
枪弹初速	381米/秒
有效射程	100米

设计结构 >>>

MP40 冲锋枪配置的子弹为 9 毫米口径的鲁格弹，采用直型弹匣供弹。该枪采用开放式枪机原理、圆管状机匣，除了枪身上传统的木制构件，握把及护木都是由塑料制成的。该枪的枪托由钢管制成，能够向前折叠到机匣下方，方便携带。当在装甲车的射孔朝外射击时，可凭借枪管底部的钩状座将 MP40 冲锋枪很好地固定在车体上。

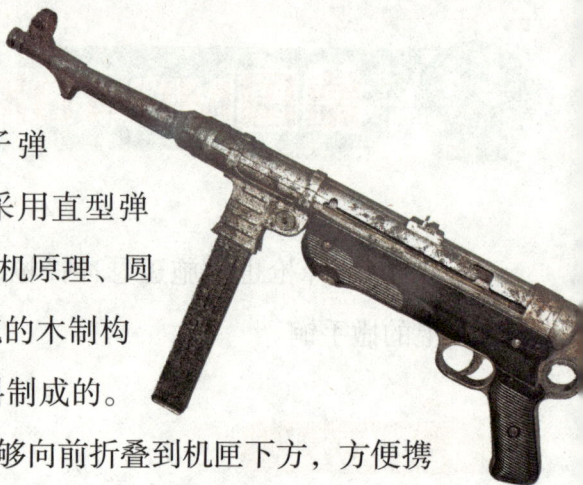

性能解析 >>>

MP40 冲锋枪的精度较高，射击后坐力很小，因此它在有效射程范围内可以非常精准地射击，也可以在近距离作战中使火力

形成密集之势。MP40 冲锋枪小巧精致，便于携带，枪身折叠之后只有 62 厘米，非常适合装甲兵、伞兵和山地部队在狭窄的环境中使用。MP40 冲锋枪的最大缺点是射速太低，理论上，MP40 冲锋枪的射速是每分钟 500 发，但实际上要低很多。

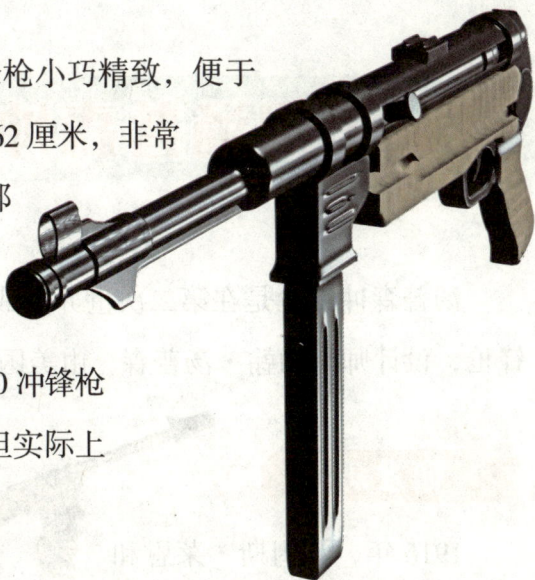

服役情况 >>>

　　MP40 冲锋枪是第二次世界大战中德国军队普遍使用的冲锋枪。最开始，MP40 冲锋枪只应用于装甲兵和空降部队，随着产量的不断增加，MP40 冲锋枪逐步适配到各基层部队。

兵器 小百科

　　MP41 冲锋枪是德国在第二次世界大战期间亨耐尔兵工厂生产的，目的在于尝试制造一款冲锋枪与 MP40 冲锋枪展开竞争，两者基本结构相同，只是 MP41 冲锋枪枪托改为固定木托，加装了快慢机。德军对此并无兴趣，该枪一直未被采用，生产数量很少。

美国汤普森冲锋枪

汤普森冲锋枪是在第二次世界大战中极受美军青睐的一款冲锋枪，设计师是约翰·汤普森，由美国自动军械公司批量生产。

研发历史 >>>

1916年，汤姆斯·莱恩和汤普森将军共同创立了美国自动军械公司。为取代当时流行的拉栓式步枪，汤普森将军的设计小组研制了一种自动武器，并命名为"汤普森冲锋枪"。汤普森冲锋枪是该公司研制的最有名的武器之一，该枪刚生产出来时，功能尚有缺陷，之后设计师约翰·汤普森对其进行了多次改进，1918年，最终款汤普森冲锋枪面世。之后，汤普森冲锋枪又陆续推出M1919式、M1921式、M1923式、M1928/M1928A1式、M1式及M1A1式等。1938年，美军将M1928A1式冲锋枪作为制式武器正式装备军队。

基本参数	
口径	11.43毫米
全长	852毫米
重量	4.9千克
弹容量	20/30/50/100发
枪弹初速	282米/秒
有效射程	250米

设计结构 >>>

汤普森冲锋枪采用开放式

枪机，即枪机和有关工作部件全部被卡在后方。当扣动扳机后，枪机被释放向前推进，将子弹从弹匣推上膛并且射出子弹，再将枪机后推，将空弹壳抛出，循环操作准备发射下一颗子弹。

改进后的汤普森冲锋枪采用鼓式弹夹，虽然这种弹夹可以持续射击，但是太过沉重，非常不利于携带。

性能解析 >>>

早期的汤普森冲锋枪射速可达 1200 发 / 分钟，这使得汤普森冲锋枪不得不配置一个十分沉重的扳机，同时弹药量也会在一定时间内极速下降，从而导致枪管在自动射击时极易上扬。与现代的 9 毫米冲锋枪相比，汤普森冲锋枪算是比较重的，这也是它的缺点之一。尽管这样，汤普森冲锋枪依旧是最有威力且可靠的冲锋枪之一。

服役情况 >>>

汤普森冲锋枪还没有大量装备部队时，第一次世界大战已经

结束，因此，该枪最开始主要装备于保安部门和警局等。1944 年的诺曼底登陆把汤普森冲锋枪引入欧洲大陆，从此，美国汤普森冲锋枪与苏联 PPSh–41 冲锋枪共同在欧洲战场上发挥作用。第二次世界大战期间，汤普森冲锋枪被各国大量订购，战后逐渐成为收藏家的收藏珍品。

兵器 小百科

　　汤普森冲锋枪开枪时会发出"嗒嗒"的声音，就像打字机打字时发出的声音，因此也被称为"芝加哥打字机"；因为它拆卸后可以被藏在小提琴盒里，所以又被称为"芝加哥小提琴"。

英国司登冲锋枪

司登冲锋枪是英国在第二次世界大战期间大量生产的一款冲锋枪，被英军一直装备至 20 世纪 60 年代。

研发历史 >>>

第二次世界大战初期，英军还没有制式冲锋枪，所以只能花费重金从美国买进汤普森冲锋枪，另外，英军从德军手里缴获了大批 9 毫米口径的枪弹。于是英军决心自己设计制作一款冲锋枪，标准是既轻便，成本又不能太高，还能将缴获来的枪弹利用上。在这样的背景下，司登冲锋枪于 1941 年研制成功，并于同年生产，并开始服役。

基本参数	
口径	9毫米
全长	760毫米
重量	3.18千克
弹容量	32发
枪弹初速	365米/秒
有效射程	100米

设计结构 >>>

司登冲锋枪的内部设计十分简单，开放式枪机、枪管短、后坐式工作原理、横置式弹匣，弹匣装上后可当作前握把。它使用 9 毫米口径枪弹，能够在

堑壕战中拥有持久的火力。

性能解析 >>>

司登冲锋枪的优点在于结构简单、成本低廉、可大批量生产、威力较强，另外，较轻的重量和紧凑的结构让它的灵活性也非常强。不过该枪的弊端也不少，如外观粗糙、射击精度不高、经常走火、供弹可靠性差、极易卡弹，其中走火和卡弹是它最令人诟病的地方。

服役情况

1941 年—1945 年，英国、澳大利亚、加拿大一共生产了数百万支司登冲锋枪，被英军及其他盟军广泛应用于第二次世界大战中后期。司登冲锋枪的第一次应用是在迪耶普奇袭战。而到诺曼底登陆时，该枪已经作为标准制式冲锋枪被英军装备。

兵器 小百科

第二次世界大战初期，英国一线士兵为司登冲锋枪起了非常多的绰号，如"伍尔沃思玩具枪""水管工人的杰作"等。由于不少盟军士兵并非死于敌方之手，而是被己方的司登冲锋枪误伤，所以短时间内，司登冲锋枪成了盟军士兵深恶痛绝的武器。

以色列乌兹冲锋枪

乌兹冲锋枪是一种轻型冲锋枪，其结构简易，有利于大量生产。世界各国军队、警队和执法机构都配备有乌兹冲锋枪。

研发历史 >>>

1948年，以色列军队正式组建。对士兵而言，初次使用新式武器十分困难；对政府而言，武器的保养维修、零件储备等方面的问题繁多。在这种情形下，以色列急需制造一种可靠、轻巧、制造简单的冲锋枪。

基本参数	
口径	9毫米
全长	650毫米
重量	3.5千克
弹容量	50发
枪弹初速	400米/秒
有效射程	120米

1948年，以色列国防军上尉乌兹·盖尔开始设计新型冲锋枪。在研究了各类冲锋枪的优缺点后，他研制出了乌兹冲锋枪。该枪

于 1951 年投入生产，1956 年投入大批量生产后，各国的订单连续不断。

设计结构 >>>

乌兹冲锋枪采用开放式枪机，枪管采用短后坐式工作原理，弹匣改置于握把内，机匣覆盖了部分枪管，在枪机封闭、射击瞬间，枪机的前部有相当长的一截被套在枪管的尾部。这样不但可以将全枪的长度减短，还可以在出现早发火或迟发火等故障时，减少对枪支和持枪者的伤害。而且因为该枪采用前冲击发，能够减少部分火药气体压力冲量，所以其枪机重量小于采用闭膛待击的自由式枪机的重量。

性能解析 >>>

乌兹冲锋枪最显著的特征是与手枪相似的握把内的藏弹匣设

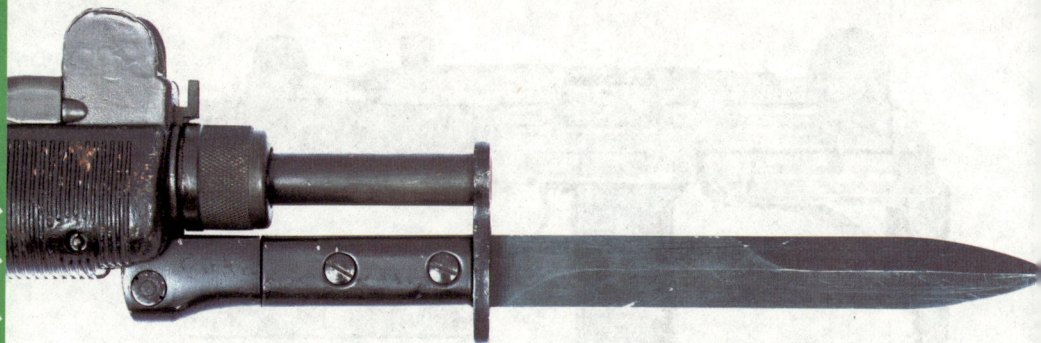

计，能使射击者在与敌人近距离交火时（包括黑暗的环境）快速更换弹匣，保持持久的火力。但是，这个设计也使枪的高度受到了影响，导致卧姿射击时需要更大的场地。另外，在风沙较大的地区或沙漠中作战时，射手常常需要拆卸清理乌兹冲锋枪，以避免射击时出现卡弹等情况。

服役情况

乌兹冲锋枪大批量生产后，被用作当时军官、炮兵部队及车组成员的自卫武器，也是精锐部队的前线必备武器。第三次中东战争时的以色列军官觉得乌兹冲锋枪的紧致外形及火力非常适合作战，所以对该枪青睐有加。

兵器小百科

乌兹冲锋枪一经问世，就受到极大认可，对当时的冲锋枪市场造成了很大影响。美国特勤局特工就曾使用乌兹冲锋枪，这也增强了其影响力。

苏联PPSh-41冲锋枪

PPSh-41 冲锋枪，别名"饱嗝枪""巴巴莎"，是苏联在第二次世界大战期间生产的一种冲锋枪。

研发历史 >>>

第二次世界大战爆发后，德国猛烈的进攻，使苏联不得不将兵工厂迁移到条件艰苦、交通不便的偏远地区。新修建的兵工厂具有劳动力不足、机械设备老旧等问题。苏军以前配备的 PPD-40 冲锋枪，结构繁杂，制造流程复杂，而且需投入的财力物力较多。此时，苏联已经不能大批量生产 PPD-40 冲锋枪了。

基本参数	
口径	7.62毫米
全长	843毫米
重量	3.63千克
弹容量	35/71发
枪弹初速	488米/秒
有效射程	250米

在这种情况下，格奥尔基·谢苗诺维奇·什帕金对 PPD-40 冲锋枪的结构进行简化，最终在 1940 年生产出了一种新式冲锋枪，将它命名为 PPSh-41 冲锋枪。

设计结构 >>>

PPSh-41 冲锋枪采用自由式枪机原理，开膛待击，装有可进行单发转化、连发的快慢机，适配子弹规格为 7.62 毫米 ×25 毫米的托卡列夫手枪弹。PPSh-41 冲锋枪的机匣呈铰链式，便于分解与清理武器。枪管与膛室内侧都镀了铬，以防生锈，这个在当时独一无二的设计赋予了 PPSh-41 冲锋枪惊人的可靠性和耐用性。因为自动机行程较短，加上良好的精度，三发短点射基本能击中同一点。

性能解析 >>>

PPSh-41 冲锋枪的射击速度是 1 000 发 / 分钟，远远超过当时其他大部分军用冲锋枪的射速。PPSh-41 冲锋枪采用的木制枪托，枪身和沉重的散热筒使其重心后移，这有助于保证枪身的平衡性。其枪身与步枪一样可以用于格斗，

在高寒环境下其材质也适合握持。但 PPSh-41 冲锋枪仍有比较明显的缺陷，如弹药装填困难、坠地时易发生意外、枪身极为沉重等。

服役情况 >>>

苏联在第二次世界大战时期生产了大量的 PPSh-41 冲锋枪，在斯大林格勒战役中，该枪发挥了重要作用，是苏军步兵代表性装备之一。虽然在 1951 年 PPSh-41 冲锋枪被 AK-47 突击步枪所代替，但后来较长一段时间内仍深受世界各国军队和民兵的喜爱。

兵器 小百科

第二次世界大战期间，德国军队缴获大批 PPSh-41 冲锋枪之后，企图将子弹规格替换成 9 毫米 ×19 毫米子弹，从而使其达到德国标准。很快，德军士兵获得一套能够将 PPSh-41 冲锋枪改为发射 9 毫米枪弹的工具。改后的冲锋枪甚至得到了一个德意志国防军的编号，即 MP41。

俄罗斯PP-2000冲锋枪

PP-2000冲锋枪是一款专用于反恐特种部队作战的新型武器，该枪兼具冲锋枪和个人防卫武器的特点，适合室内近战。

研发历史 >>>

俄罗斯的陆军和特种部队与恐怖分子作战多年，军方认为：在城区、山地或丛林环境中的作战小分队由于地形复杂而无法得到重武器火力支援，为应对这种状况，可行性高的方法是自身配有易携带的强火力轻武器。俄罗斯图拉仪器制造设计局一直致力于军队的武器装备研制工作，他们在了解这种情况后，很快推出了这款PP-2000新式冲锋枪。2001年，PP-2000冲锋枪被申请了设计专利。2004年，该枪出现在欧洲防务展上，首次向世人公开。PP-2000冲锋枪的公开展出，让世界众多武器专家产生了极大兴趣。

基本参数	
口径	7.65毫米
全长	517毫米
重量	1.4千克
弹容量	20发
枪弹初速	320米/秒
有效射程	150米

设计结构 >>>

PP-2000冲锋枪采用传统的后坐力操作，枪身的材质为

耐用的单块式聚合物，枪口可装配消声器。该枪的机匣、握把和扳机护圈由高强度塑料做成一个整体的部件。战术导轨位于机匣顶部，其上可装配全息瞄准镜或红点瞄准镜。快慢机柄位于握把上方、机匣左侧。拉机柄可以左右转动，由大拇指直接操作。该枪可以发射9毫米×19毫米帕拉贝鲁姆手枪弹，主要发射的子弹为俄罗斯生产的7N21和7N31穿甲弹。

性能解析 >>>

　　PP-2000冲锋枪结构简单，零部件少，不但降低了造价，还使后期的维护更加便捷。PP-2000冲锋枪具备重量轻，良好的操作性能，人机工效较高。该枪还采用了独创的减速机构，理论射速适中，适合连发射击，可以保证射击的密集度和有效性。PP-2000冲锋枪的杀伤力非常大，它主要使用的枪弹拥有其他手枪弹无法比拟的穿甲能力。这不仅能令该枪在对付具有防护装备的

有生目标时有更强的杀伤力，还能够攻击障碍物后面或车辆内的目标。

服役情况 >>>

PP-2000 冲锋枪作为一款军民通用的冲锋枪，可以作为个人防卫武器配备于非军事人员，也可以配备于特种部队、特警队，用于室内近战。2006 年，俄罗斯内务部特种装备与通信技术研究所在莫斯科国际防务展上看中了 PP-2000 冲锋枪，在经过试验考核后，PP-2000 冲锋枪被纳入内务部特种装备序列。

兵器 小百科 ≪ ⊰ ⊰ ⊰

人们在描述子弹时，总是会提到"穿甲力"这个词，那么究竟什么是"穿甲力"呢？其实，穿甲力就是子弹在发射后贯穿装甲的能力。装甲可以是防弹背心、头盔等个人防护装备，也可以是坦克、战车等的装甲防护装备。

奥地利斯泰尔TMP冲锋枪

斯泰尔 TMP 冲锋枪由奥地利斯泰尔－曼利夏公司研发，是一款兼具冲锋枪和手枪两种功能的武器，其中"TMP"意为"战术冲锋手枪"。

研发历史 >>>

斯泰尔 TMP 冲锋枪于 1989 年研制成功，1992 年开始批量生产。在最初的几年里，该枪的销量不大，于是斯泰尔－曼利夏公司转变策略，将其作为普通的冲锋枪进行销售，但销量依然不理想。最终，斯泰尔－曼利夏公司不得不将 TMP 冲锋枪的设计转卖给瑞士的鲁加－托梅公司，该公司将其稍加改良后，重新命名为 MP9 冲锋枪后进行销售。

基本参数	
口径	9毫米
全长	280毫米
重量	1.3千克
弹容量	30发
枪弹初速	400米/秒
有效射程	100米

设计结构 >>>

斯泰尔 TMP 冲锋枪采用了 AUG 突击步枪配备的射控扳机，使用单发模式时需要轻按扳机，使用全自动模式时

需要完全按下扳机。这是一种枪机回转式闭锁方式，只带有 1 个闭锁凸榫，其设定位置有三个，分别为保险、单发和连发。保险卡榫在中间位置时，会限制扳机的运动，此时只能单发射击。

斯泰尔 TMP 冲锋枪的结构和传统的冲锋枪不同，它分上、下两个机匣，枪管、枪机都装在上机匣内，扳机组、击锤组和保险装置都在下机匣。斯泰尔 TMP 冲锋枪没有枪托，但在机匣上有整体式的前握把，前握把前倾，可以在此处安装战术配件。该枪的枪口处能够安装消声器或圆筒形的消焰器，枪口衬套上有螺纹。该枪的供弹具为半透明弹匣，弹匣解脱钮位于扳机护圈和握把连接处。斯泰尔 TMP 冲锋枪还有半自动民用型，被命名为斯泰尔 SPP 冲锋枪，两者的口径相同，但民用型枪管较轻，并且移除了前握把。

性能解析 >>>

斯泰尔 TMP 冲锋枪最出色的地方在于它能让射手在连发时保持射击稳定，准确度比其他的冲锋枪高。该枪零件较少，材质多为塑料，既降低了成本，又易于生产。由于结构简单，所以不容易发生故障。斯泰尔 TMP 冲锋枪的人机工效好，易于上手，操作方便。此外，除了手动保险机构，斯泰尔 TMP 冲锋枪还有不到位保险和跌落保险，防止未完全闭膛时意外击发或者因猛烈撞击而意外走火。

服役情况 >>>

斯泰尔 TMP 冲锋枪自诞生以来销往世界多个国家，主要使用该枪的国家是意大利和西班牙。一般情况下，两国士兵在训练和作战时都会使用斯泰尔 TMP 冲锋枪。

兵器 小百科

斯泰尔 TMP 冲锋枪属于 PDW 概念的武器，"PDW"是"单兵自卫武器"的缩写，就是那些不使用轻武器作为战斗工具的人员所使用的自卫武器。PDW 一般包括方便携带的手枪、步枪和冲锋枪，不会是机枪、火箭筒等沉重的武器。

意大利伯莱塔M12冲锋枪

伯莱塔 M12 冲锋枪是意大利伯莱塔公司推出的一款冲锋枪，其刚一问世就装备了意大利军队，是一款深受世界军火界欢迎的枪械。

基本参数	
口径	9毫米
全长	660毫米
重量	3.48千克
弹容量	40发
枪弹初速	380米/秒
有效射程	200米

研发历史 >>>

伯莱塔 M12 冲锋枪于 1961 年成为意大利陆军的制式冲锋枪，后来多个国家也装备了该冲锋枪。

伯莱塔 M12 冲锋枪的改良型伯莱塔 M12S 冲锋枪在 1978 年面世，两者口径大小相同，但 M12S 冲锋枪采用 32 发弹匣。

设计结构 >>>

伯莱塔 M12 冲锋枪采用埋入式或嵌入式包络枪机，主要使用冲压件制造。枪管长达 200 毫米，内部和外部都镀有铬，其中被枪机包覆的长达 150 毫米，此种设计将枪机的整体长度大大缩短了。该枪的射击方式为全自动和单发射击两种，可发射 9 毫米子弹，后照门可设定不同的瞄准距离。此外，该枪配备手动扳机阻止装置、按钮式枪机释放装置，能自动令枪机停止在闭锁安全位置。

性能解析 >>>

伯莱塔 M12 冲锋枪结构紧致，小巧轻便，方便携带，操作简单，性能可靠，可作为战场上的利器。其后改进的 M12S 冲锋枪，弹道更加稳定，子弹密集性更高，非常适合突袭。

服役情况 >>>

第二次世界大战后，伯莱塔 M12 冲锋枪被公认为全世界最好的冲锋枪之一，该枪面世后很快成为意大利军队的制式武器。同时，巴西和印度尼西亚被特许生产和装备部队，而一部分执法机构，像美国的 SWAT 分队也有配置，甚至在利比亚内战中，也有这款冲锋枪的身影。

兵器 小百科

第三代冲锋枪界的佼佼者分别是伯莱塔 M12 冲锋枪、以色列乌兹冲锋枪、德国 MP5 冲锋枪。这三款名枪都具有显著的民族特色，而且在银幕上的知名度很高，同时活跃于各类枪战游戏中，是军迷们的关注对象。

比利时FN P90冲锋枪

FN P90 冲锋枪，是比利时 FN 公司推出的一种个人防卫武器类别的枪械。

研发历史 >>>

第二次世界大战后，突击步枪的兴起很大程度上取代了冲锋枪的地位，后者不再装备于一线战场，而是装备于二线后勤部队。FN 公司发现当时手枪子弹、步枪子弹等现有的子弹无法达到个人防卫武器的标准。在此情况下，比利时 FN 公司开发出了一种新型枪弹。

1986 年，为满足北约 AC225 计划和美国小型武器主导计划

基本参数	
口径	5.7毫米
全长	500毫米
重量	2.54千克
弹容量	50发
枪弹初速	716米/秒
有效射程	150米

的要求，比利时 FN 公司开始研制相关单兵自卫武器。1990 年，FN P90 冲锋枪设计定型。1991 年，正式投入量产。

设计结构 >>>

FN P90 冲锋枪采取无托设计、顶置弹匣，弹匣的容量为 50 发，且弹匣与枪管上方平行，弹匣是由塑料制成的，为了预防夜间反光，制作时混合了着色材料，呈现浅褐色。因为弹匣内的枪弹垂直于枪管，所以弹匣入口处呈圆柱形，里面装有引导枪弹旋转 90°的螺旋槽。虽然枪身较短，但枪管依旧有 263 毫米长，这样可以保证子弹有较高的射速。

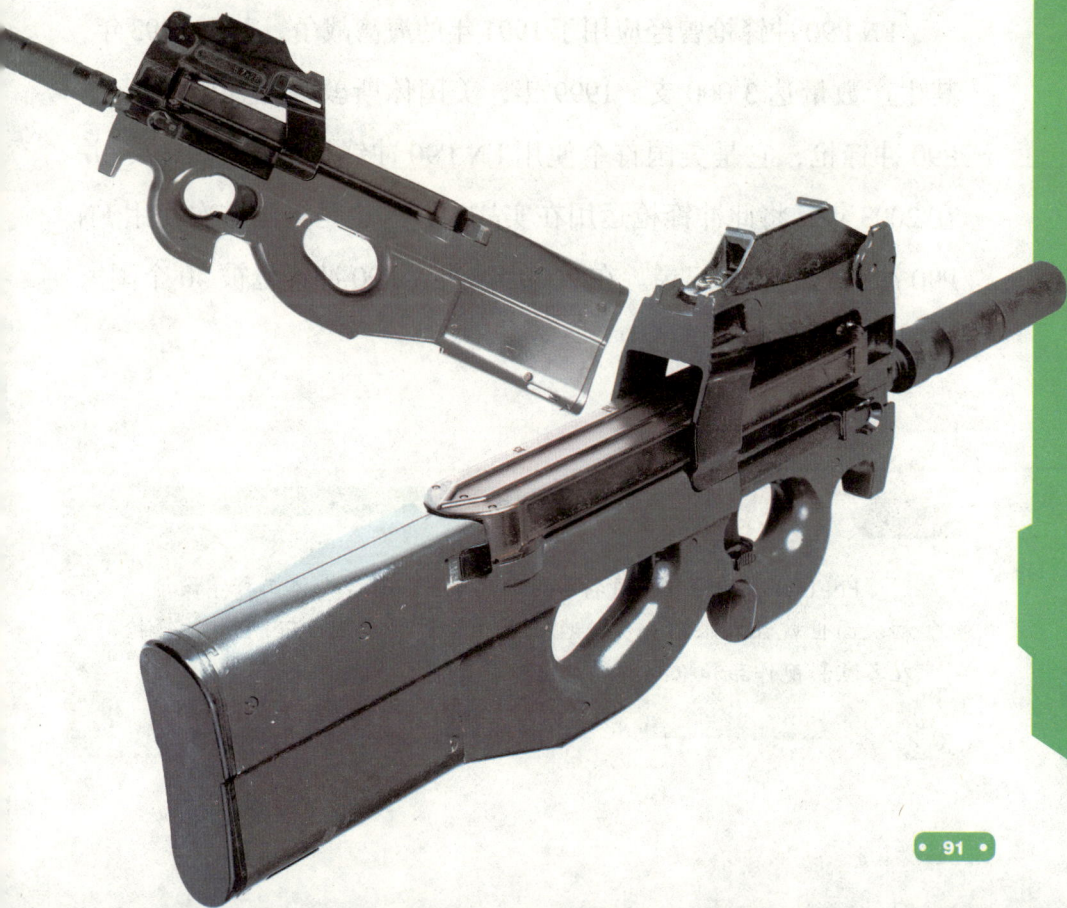

性能解析 >>>

FN P90 冲锋枪可以在一定限度内同时取代短管突击步枪、冲锋枪、手枪等枪械，它配置的子弹规格为 5.7 毫米 ×28 毫米，可以将后坐力降到低于手枪，而且穿透力还高于手枪。它的优点是小巧便携、高穿透力、易于保养、高容量弹匣、高命中率、高制止力，以及构造简易等；缺点是价格高昂，且配置的子弹的威力比 9 毫米鲁格弹要小。

服役情况 >>>

FN P90 冲锋枪曾经应用于 1991 年的海湾战争，截至 1993 年，其生产数量达 3 000 支。1999 年，美国休斯敦警方开始使用 FN P90 冲锋枪，它是美国首个使用 FN P90 冲锋枪的警务单位，并在 2003 年，将此冲锋枪运用在实战中，这也是美国首次使用 FN P90 冲锋枪的实战纪录。在 2009 年，FN P90 冲锋枪被 40 个国家应用在军方或警务单位中。

兵器 小百科 ‹‹‹

FN P90 冲锋枪外形奇特，科幻感十足，符合人体工程学设计，初次面世就让人眼前一亮。也正是出于这种原因，FN P90 冲锋枪在各类影视作品和枪战游戏中出镜率非常高。

美国M1917式重机枪

M1917式重机枪是第一次世界大战和第二次世界大战期间美军的主力重机枪。因为具有优异的射击稳定性，该枪被波兰、比利时等国纷纷仿制。

研发历史

1900年，一种工作原理为枪管短后坐式的重机枪横空出世，发明者是杰出的机械设计师约翰·摩西·勃朗宁。勃朗宁取得了这项研发的专利权后，又对初代重机枪进行了较大的改进，在1910年创造出水冷式重机枪的样枪。

在第一次世界大战初期，美军从法国购置了M1915式重机枪，然而这种枪未能满足美军的需求。故而，美国军方决定在国内找到一款性能更好的机枪来取代它。此时美国国防部注意到了勃朗宁研制的重机枪。之后，美国战争部某委员会对这种枪展开了射击试验，可是在结束了多达2万发枪弹的射击试验后，依然有人对勃朗宁重机枪的性能表示怀疑。

勃朗宁因此拿出一种使用加长单弹链的机枪。美国军队

基本参数	
口径	7.62毫米
全长	968毫米
重量	47千克
弹容量	250发
枪弹初速	853.6米/秒
有效射程	900米

对这种机枪展开了长达48分12秒的连续射击试验，对试验结果尤为满意，并和勃朗宁签署了合同。1917年，这种机枪作为制式武器装备美国军队，并且有了正式的名字——M1917式重机枪。

设计结构 >>>

M1917式重机枪在射击完成后，火药气体对弹壳底部产生作用，推动枪机和枪管一齐后坐8毫米。而机匣里的两个开锁斜面在同一时间下压闭锁卡铁两侧的销轴，致使闭锁卡铁滑出枪机下端的闭锁槽，迫使枪机开锁，并离开枪管与节套，单独后坐。开锁后，枪管、节套、加速杆等在共同复进的过程中，完成一个自动循环过程。

该枪采用弹链供弹，利用枪机后坐能量带动拨弹机构运动。M1917式重机枪的瞄准装置是可横向调节的片状准星与立框式表尺。枪管采用水冷方式冷却，在枪管外套有一个套筒，能够盛放3.3升水。枪管可以从套筒中拧紧或拧出，以调整弹底间隙。此外，该枪还配备了三脚架。

性能解析 >>>

总的来看，M1917式重机枪具备优异的性能，动作可靠，火力猛。这种枪不具备很大的体积，然而加上脚架足足有47千克。M1917式重机枪具有水冷结构，不便于在无水和高寒地区使用。

服役情况 >>>

除美国军队外，装备 M1917 式重机枪的国家还有菲律宾、挪威、波兰、阿根廷、瑞典等国。第一次世界大战后期，美国加入战局，M1917 式重机枪开始成为美军主力重机枪，一直到第二次世界大战中的太平洋群岛争夺战期间，依然是火力援助主力武器，验证了其绝佳的可靠性，即便接连射击了 39 500 发子弹，也只有一个零件出现问题，所以，尽管美军配备了风冷式的 M1919 重机枪，但是 M1917 式重机枪在军中依然占据着一席之地。

兵器 小百科

装配有固定枪架、能长时间连续射击的重机枪被英、美等国称为"中型机枪"。相比轻机枪，重机枪重量重，具有稳定的枪架，远距离射击精度和火力持续性很好，有利于实施间隙、散布、超越射击。重机枪主要用于压制和肃清 1 000 米内的敌方势力火力点、有生目标和薄壁装甲目标，锁控交通枢纽，援助步兵冲锋，也可进行高射、肃清敌军势力低空目标。

美国M2重机枪

M2 重机枪也称 M2 勃朗宁重机枪，是世界上著名的大口径重机枪之一，直到现在，它的衍生型号仍在服役。

研发历史 >>>

M2 重机枪是 M1917 式重机枪的口径放大升级版，是由勃朗宁和温彻斯特武器公司的技术人员一起研发的，主要用来对抗德国的坦克。应美国军械局的要求，勃朗宁设计出 12.7 毫米口径的重机枪。新枪在 1921 年基本设计完

基本参数	
口径	12.7毫米
全长	1 650毫米
重量	58千克
弹容量	110发
枪弹初速	930米/秒
有效射程	1 830米

成，被列为美军的制式武器，并被命名为 M1921 重机枪。柯尔特在 1930 年对 M1921 重机枪进行改进。1932 年，美军正式将改进的 M1921 重机枪命名为 M2 重机枪。

设计结构 >>>

M2 重机枪采用卡铁起落式闭锁结构，选用枪管短后坐式工作原理。射击的时候，弹头沿枪管向前运动，受到膛内火药气体压力的影响，枪管与枪机同一时间后坐。弹头射出枪口以后，闭

锁卡铁脱离楔闩上的闭锁支承面，定型板上的开锁斜面压下其两侧的销轴，整个闭锁卡铁便与枪机下的闭锁槽分离，枪机开锁之后，枪管节套猛撞加速子，加速子上端撞击枪机尾部，促进枪机后坐。

这种枪的扳机装在机匣尾端且附带2个握把，射手能通过开放枪机或闭锁来调整半自动或全自动发射。为了适配多种装备，它能快速改成机匣右方供弹，且不需要专用器具。

性能解析 >>>

M2重机枪采用大口径枪弹，具有火力猛、威力强大、射程远、弹道平稳、精度高的优点。M2重机枪射速可达每分钟450~550发，其后坐作用系统可以让它在全自动发射时保持稳定状态，因而它具有很高的命中率。但由于该枪笨重，因此常架设在坦克、装甲车上，主要用来攻击轻装甲目标和低空防空目标。

服役情况 >>>

在世界上杰出的大口径机枪排行榜上，我们一定可以看到 M2 重机枪的身影，现在有超过 50 个国家配备了 M2 重机枪，并且大部分北约成员国都在使用它。除此之外，M2 重机枪常常用作飞机上的空用机枪或遥控式固定武器。

兵器 小百科

M2 重机枪在第二次世界大战中屡立战功，最高光的时刻莫过于"传奇战士"奥迪·墨菲在面对德军进攻时，拖着伤腿爬上一辆着火的 M10 坦克歼击车，使用车载 M2 重机枪向德军扫射，仅一个小时就击杀了几十名德军。

美国M249轻机枪

M249轻机枪是在比利时FN Minimi轻机枪的基础上改进而成的，该枪是美国三军的制式班用机枪，也是步兵班中火力比较持久的连射武器。

基本参数	
口径	5.56毫米
全长	1 041毫米
重量	7.5千克
弹容量	100发
枪弹初速	915米/秒
有效射程	1 000米

研发历史 >>>

20世纪60年代，各国的班用武器都朝着小口径化方向发展，而美军装备的M16轻机枪持续射击性不好，M60通用机枪又过于沉重，于是美国在1966年提出了研制自动武器的规划。1970年7月，美国陆军正式批准轻机枪的研究，但美国军方并没有明确轻机枪的口径，只是将其命名为"班用自动武器"（SAW）。

美国开始正式招标后，有不少枪械公司来投标。经过各公司的竞争，最终比利时FN公司胜出。1982年，美国最终决定采用比利时FN公司研制的XM249轻机枪。随后，美国又对XM249轻机

枪做了一些测试，结果都符合他们的要求，于是将 XM249 轻机枪正式更名为 M249 轻机枪。

设计结构 >>>

　　M249 轻机枪是一种导气式自动武器，采用枪机回转式闭锁机构。在扣动扳机时，由于复进簧的推力，枪机连动座前移，子

弹从弹链脱离进入膛室。子弹击发后，膨胀气体从枪管进入导气管，最后又回到枪机内，使弹壳、弹链扣排出，枪机连动座重回待机状态。M249轻机枪的护木下前方装有折叠式两脚架，也可以用固定式三脚架和车用射架。此外，M249轻机枪在FN Minimi轻机枪的基础上加装了枪管护板，采用了新的液压气动后座缓冲器。

性能解析 >>>

M249轻机枪以优异的性能和强有力的火力输出深受众多士兵的喜爱。M249轻机枪的射击精度高，能够提供稳定的持续作战射速，即使在寒冷天气或环境恶劣的情况下依然能顺畅运作。M249轻机枪的枪管靠凸轮定位，可以快速更换，即使枪管发生故障或过热时，射手也不需要花费过多的时间来修理。但该枪在设计和保养方面存在一些问题，比如背带环的位置令射手不适、机匣缝隙容易积聚污物等。

服役情况 >>>

M249 轻机枪在美军中从 1984 年服役至今，在多个战场上都有它的身影。在 1991 年的海湾战争中，美国陆军装备了 1 000 支 M249 轻机枪。在 2001 年的阿富汗战争中，美国部队所装备的 M249 轻机枪全部更新为 PIP 款型，并与装备 M240 通用机枪的士兵互相搭配来提供强大的火力支援。在 1992 年波黑战争、1993 年索马里联合军事行动、1999 年科索沃战争中，美军都大规模装备了 M249 轻机枪。

兵器 小百科

美国 M249 轻机枪有 3 种供弹方式，分别是弹匣供弹、下垂式弹链供弹和弹链箱供弹，这在当今的机枪中是首屈一指的。

英国刘易斯轻机枪

刘易斯轻机枪是由美国陆军上校刘易斯研制的一款机枪。该枪经历过第一次世界大战和第二次世界大战，以良好的综合性能获得了军队的青睐。

研发历史 >>>

20世纪初期，刘易斯研发出了一种新型轻机枪，想把它卖给美国军队，但是却被美国军方拒绝了。这使刘易斯灰心丧气，他把自己的新设计方案带到比利时，去了一家兵工厂工作。

基本参数	
口径	7.7毫米
全长	1 283毫米
重量	11.8千克
弹容量	47/97发
枪弹初速	745米/秒
有效射程	800米

后来，随着第一次世界大战的爆发，比利时兵工厂的员工带着大量武器设计方案逃往英国。刘易斯设计的轻机枪得到了一位设计师的关注，开始在英国的伯明翰轻武器公司的工厂里生产。1915年，该枪凭借其优秀的性能，被英国军队采用。

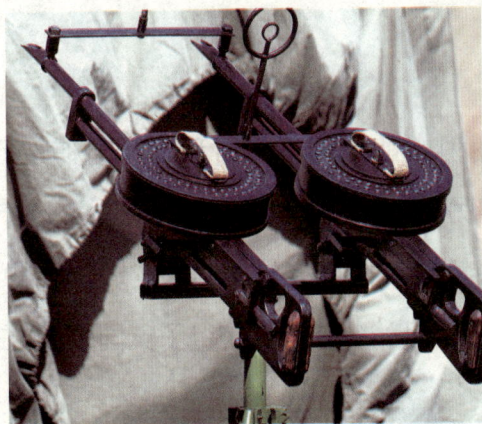

设计结构 >>>

　　刘易斯轻机枪的散热设计十分独特，枪管外部采用圆柱形散热套管，枪管内部装有铝制的散热薄片，开火时，可以将高速喷出的火药燃气吸入套管内，为枪管降温。机枪弹鼓采用中心固定式，开火时，弹鼓可以通过轴承转动把子弹直接推入枪内。这款创新型的抽风式冷却系统，相较于当时机枪普遍选用的水冷装置更加轻便、实用。

性能解析 >>>

　　刘易斯轻机枪具有优秀的射击能力，不仅射程远、射速快，还能够提供强大的火力支援。另外，这种枪的弹匣装弹较多，这意味着持续射击时间长，能够对敌军进行有效压制。它凭借独特的冷却系统、良好的可靠性以及充足的备弹量，获得了英国政府的青睐。

服役情况 >>>

第一次世界大战时期，不仅英国军队配备了刘易斯轻机枪，很多国家也配备了这种机枪，如法国、俄国、挪威、加拿大、澳大利亚、德国等。英军在第二次世界大战初期依旧采用刘易斯轻机枪，后来，布伦轻机枪的出现取代了刘易斯轻机枪的地位。日本曾选用和仿造了刘易斯轻机枪，日本的仿造品称为92式防卫机枪，被当作海军轰炸机和侦察机的防卫机枪。

兵器 小百科

一开始刘易斯轻机枪是塞缪尔·麦肯林设计的，之后美国陆军上校艾萨克·牛顿·刘易斯完成了研发阶段。

以色列Negev轻机枪

Negev（内格夫）轻机枪是以色列国防军的制式多用途轻机枪，主要装备于特种部队和正规部队。

研发历史 >>>

以色列国防军原本使用的是FN MAG58通用机枪，尽管该枪性能很好，但作为单兵武器来说太过笨重，不利携带。因此，以色列国防军迫切需要一种新型轻机枪来增强步兵的火力。

以色列军事工业公司依照军方的标准，为他们制造了一种新型轻机枪——Negev轻机枪。在性能上，Negev轻机枪和FN Minimi轻机枪差不多，而且在1990年以色列便已经配备了少部分的FN Minimi轻机枪。和Negev轻机枪相比，FN Minimi轻机枪经历过实战检验，并且价格实惠。然而，FN Minimi轻机枪没有得到恰当的维护，致使性能减弱，故而在以色列国防军中丧失了原先的地位。除此之外，以色列军事工业公司以政治手段施压军方，令其"支持国产"，最终，以色列国防军选择购置较FN Minimi轻机枪而言价格更高的"国产货"Negev轻机枪。

基本参数	
口径	5.56毫米
全长	1 020毫米
重量	7.5千克
弹容量	150发
枪弹初速	950米/秒
有效射程	1 000米

设计结构 >>>

Negev 轻机枪选用导气式工作原理、枪机回转闭锁方式、开膛待击，可以采用弹匣或弹链两种途径供弹。Negev 轻机枪能快速分解为 6 个大部件，觇孔式照门和柱形准星皆能调节风偏和高低，还附带氚光照明的折叠夜视瞄准具（和 Galil 步枪上的机械瞄准具类似）。Negev 轻机枪采用的枪托可以展开或折叠存放，凭借这种灵活性，它既能用于近距离战斗，又能进行传统的军事应用。

性能解析 >>>

Negev 轻机枪作为一种制式多用途武器，不仅可以作为轻机枪使用，还可作为突击步枪使用，该枪具有较长的枪管，在远射程上精度高。Negev 轻机枪适应沙漠环境，在作战中表现出色。

此外，Negev 轻机枪还具有折叠枪托这一优点，便于携带。

服役情况 >>>

现在，常规部队使用的是标准型的 Negev 轻机枪，只有少数特种部队才会配备突击型 Negev 轻机枪。以色列特种部队在沙漠作战时一般使用标准型 Negev 轻机枪，以色列军队更是将标准型 Negev 轻机枪推广为国防军的制式武器。

兵器 小百科

除了充当单兵携行的轻机枪，Negev 轻机枪还可装备在坦克、装甲车、舰艇、直升机上，用来提供强大的火力支援。

德国MG42通用机枪

MG42 通用机枪是德国设计的一款机枪，是第二次世界大战中最杰出的机枪之一。

研发历史 >>>

20 世纪 30 年代，MG34 通用机枪配备德军以后，经过实战的检验，展现出良好的可靠性，获得了德国军方的认可，自此之后，其被德国步兵当作火

基本参数	
口径	7.92毫米
全长	1 220毫米
重量	11.05千克
弹容量	250发
枪弹初速	755米/秒
有效射程	1 000米

力支柱。可 MG34 通用机枪有个较大的缺陷——它复杂的构造令制造流程十分烦琐，故而无法被大量生产。然而战争所需的是能大批量生产的机枪，即便德国全部工厂全力以赴地制造 MG34 通用机枪，依然不能达到德军前线作战所需的武器数量。基于这一点，德军一直要求武器研制部门改进 MG34 通用机枪。终于，在

德国设计师格鲁诺夫的努力下，MG34 通用机枪在经历多项重要改进后发展为 MG42 通用机枪。

设计结构 >>>

MG42 通用机枪采用枪管短后坐式工作原理、滚柱撑开式闭锁机构、击针式击发机构。枪管由盖环和卡榫组成，位于枪管套筒后侧。枪管复进装置由 4 根弹簧、推杆、导杆和顶圈组成，统一安装在一个套筒内，并兼有复进和缓冲双重作用。射手扣动扳机以后，扳机在杠杆原理的作用下解除阻铁，被复进簧释出的枪机快速朝前滑动，并且把弹链或弹匣上的子弹送进药室，待到枪机到达闭锁定位的时候，本来被抑制的击锤便随之击打枪机的撞针完成击发的过程（倘若开敞式枪机缺乏自由浮动式撞针，枪机便无异于自动击打撞针）。

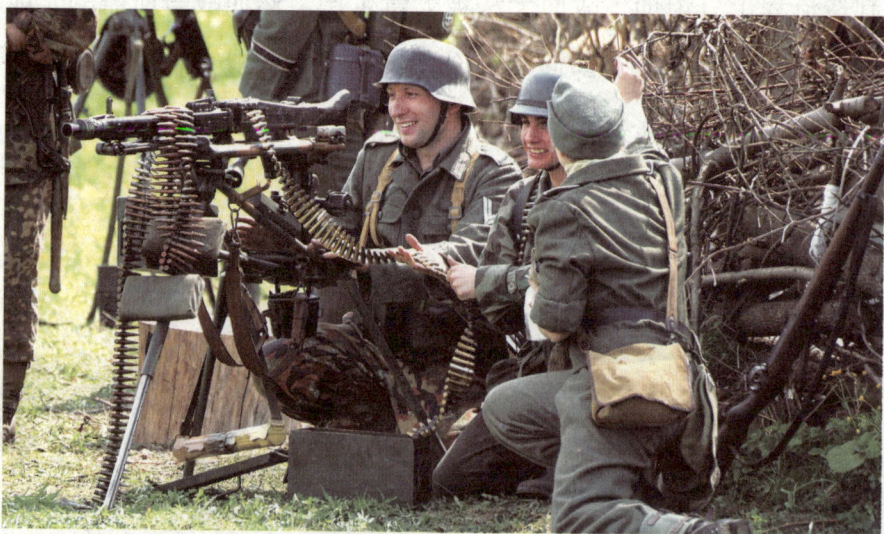

性能解析 >>>

MG42 通用机枪压制能力相当出色。该枪的射程和射速都优于其他国家的通用机枪，而且在实战中也有出色的表现，即使在 –40℃ 的严寒中，该枪依然可以保持稳定的射击速度，在几秒的时间内就可以更换枪管，十分便利。然而 MG42 通用机枪有着非常大的耗弹量，迫使德军为了节约弹药采用点射的方式作战。

服役情况 >>>

不仅各国陆军的地面部队和一些地区的民兵使用 MG42 通用机枪和其衍生型机枪，其设计的关键点还被东欧国家参考：苏联参考 MG42 通用机枪的设计研制出空用 7.62 毫米 GShak 航空机枪，匈牙利研制出坦克用机枪。

兵器 小百科

因为 MG42 通用机枪具有十分奇特的枪声，故而各国军人为其取了很多绰号，如"希特勒的电锯""希特勒的拉链""骨锯""亚麻布剪刀"等。

苏联/俄罗斯PK/PKM通用机枪

PK/PKM 通用机枪是卡拉什尼科夫设计的通用机枪，用于取代当时设计老旧的 RPD 轻机枪和 SG43 中型机枪。

研发历史 >>>

苏联枪械设计师尼克金和沙科洛夫在 20 世纪 50 年代初设计了一款 7.62 毫米口径、弹链式供弹的机枪——尼克金 - 沙科洛夫机枪。同时，还有一位枪械设计师卡拉什尼科夫也在开展同样的工作，他设计的是 PK 通用机枪。这三位设计师设计的机枪采用的都是导气式原理，并且外形十分相似。

基本参数	
口径	7.62毫米
全长	1 173毫米
重量	8.99千克
弹容量	100/200/250发
枪弹初速	825米/秒
有效射程	1 000米

1961 年，苏军在对两种机枪进行对比试验后，最终采用了卡拉什尼科夫设计的 PK 通用机枪。1969 年，卡拉什尼科夫推出了 PK 通用机枪的改进型，并将其命名为

PKM 通用机枪。

设计结构 >>>

　　PK/PKM 通用机枪以 AK-47 突击步枪为原型，两者有着和回转式枪机闭锁系统类似的气动系统。通用机枪枪机容纳部（裹住枪管等零件的上机匣）采用钢板压铸成形研制法，枪托中央是空的，而且枪管外围有很多沟纹，导致 PK 通用机枪仅重 9 千克。导气活塞和导气管都在枪管下方，导气管通过一个弹簧钢销固定在机匣上，维护时可以自行拆卸。PK/PKM 通用机枪还搭配了一个折叠式两脚架，并安装在导气管上。

性能解析 >>>

　　PK/PKM 通用机枪具有可靠耐用、维护简单、子弹兼容性高、精度高等优点，因此受到各国士兵的青睐。PK/PKM 通用机枪除

了可射击地面有生目标，还可用作防空机枪。

服役情况 >>>

PK/PKM 通用机枪在冷战时期被世界各国广泛应用，并在很多地区冲突中"参与了战斗"。现在除了俄罗斯，很多国家也生产 PK/PKM 通用机枪，如波兰、匈牙利、保加利亚和罗马尼亚等。

兵器 小百科

PK/PKM 通用机枪因其出色的表现被称为"俄罗斯机枪之最"，与 AK 系列突击步枪、SVD 狙击步枪一起被戏称为"三头死神"，足见其威力之强大。

比利时FN MAG通用机枪

FN MAG 通用机枪是一种气动式操作的通用机枪，是目前世界上最流行的通用机枪之一。

研发历史 >>>

第二次世界大战结束后，许多国家都在试图利用 MG42 通用机枪的原理设计一款属于自己的通用机枪。比利时 FN 公司的设计师欧内斯特·费尔菲在 20 世纪 50 年代创造性地研

基本参数	
口径	7.62毫米
全长	1 263毫米
重量	11.79千克
弹容量	M13弹链
枪弹初速	825~840米/秒
有效射程	600米

发了一种通用机枪——FN MAG 通用机枪（MAG 指"导气式机枪"）。FN MAG 通用机枪的研发参考了德国 MG42 通用机枪和美国 M1918 轻机枪的设计，将二者的优势综合起来并在此基础上加以改进。

设计结构 >>>

FN MAG 通用机枪采用导气式工作原理，弹链供弹

机构采用双程供弹方式，还搭配了两脚架和三脚架。该枪采用气冷式枪管，枪管可以迅速更换，枪管正下方还设有导气孔。该枪的气体调节器采用排气式原理，并装在导气箍中，调节器套筒内有一个气塞，气塞上有三个排气孔。通过气体调节器的调节，可以改变理论射速。垂直倾斜的闭锁杆起落式闭锁结构和枪管后膛通过一个铰接式接头和枪机机框连接起来，达到闭锁状态。

性能解析 >>>

FN MAG 通用机枪具有很多优势，包括战术运用广泛、适合持续射击、结构坚实、机构动作可靠、射速可调等，广泛应用于全球各地的武装冲突中。

服役情况 >>>

现在全球有七八十个国家和地区配备了 FN MAG 通用机枪，如美国、加拿大、英国、比利时、瑞典、以色列等，总量超过 15 万挺。新西兰国防军现今采用的 FN MAG 通用机枪可同时作为步兵轻机枪、重型持续火力机枪以及装在 UH–1H 直升机上的灵活安装机枪。

兵器 小百科

FN MAG 通用机枪的身影经常在电影中出现，在某一部电影中，主人公曾在己方的水上飞机和敌方的快艇追逐时，使用 FN MAG 通用机枪在飞机机头上对敌方进行扫射。

比利时FN Minimi轻机枪

FN Minimi 轻机枪是比利时 FN 公司研发的一款轻机枪，被世界多个国家采用为制式装备。

基本参数	
口径	5.56毫米
全长	1 038毫米
重量	7.1千克
弹容量	20/30发
枪弹初速	925米/秒
有效射程	1 000米

研发历史 〉〉〉

FN Minimi 轻机枪是在 20 世纪 70 年代初期开始研发的。当时北约各国主流通用机枪采用的是 7.62 毫米枪弹，FN Minimi 轻机枪最初也计划采用这种枪弹，但是比利时 FN 公司出于推广本公司研发的 5.56 毫米 SS109 枪弹，使其成为新一代北约制式弹药的目的，在参加美国陆军举办的班用自动武器（SAW）评选的时候，就让 FN Minimi 轻机枪发射 5.56 毫米 SS109 枪弹。

设计结构 >>>

FN Minimi 轻机枪作为导气式自动武器，采用开膛待击的方式，增强了枪膛的散热效果。导气箍上设置了一个旋转式气体调节器，可调位置有三个：一个是在一般条件下使用，能对射速进行限制，避免过大的弹药消耗量；一个是在遭遇复杂气象时使用，通过增加导气管里的气流量来降低故障率，提高射速；最后一个是在发射枪榴弹的时候使用。

FN Minimi 轻机枪的枪托下安装有折叠式两脚架，配有可快速更换的长或短的重枪管。

性能解析 >>>

FN Minimi 轻机枪因为选用小口径弹药，其重量较通用机枪而言较轻，总重量是 7.1 千克，可靠性高，更适宜当作援助武器，所以多个国家为其士兵配备了这种小口径轻机枪来代替通用机枪。即使在各种恶劣的气

候条件下，FN Minimi 轻机枪仍然具有良好的射速，不会出现技术故障。该枪还采用了新研制的两用供弹机，既可用弹链供弹，又可使用美国 M16 步枪的弹匣供弹，而且不需要更换供弹机部件，大大节省了换弹的时间。

服役情况 >>>

比利时空军和陆军的正规部队装备的是标准型 FN Minimi 轻机枪，伞兵部队装备的是伞兵型 FN Minimi 轻机枪。美国陆军和海军陆战队于 1982 年 2 月正式装备了 FN Minimi 轻机枪。随后，数十个国家受到美国和北约的影响，纷纷选用 FN Minimi 轻机枪作为制式班用机枪。

兵器 小百科

FN Minimi 轻机枪分为车载型、标准型（长枪管）和伞兵型（短枪管）三种类型。标准型主要装备陆军和空军，伞兵型主要装备伞兵部队，车载型可安装在装甲车辆上。